张德然　刘　斌　张栋栋◎著

概率论方法论

Probability Methodology

中国科学技术大学出版社

内 容 简 介

本书以典型的概率论问题为载体，以解决问题的方法为主线，理论联系实际，宏观与微观结合，从共性与个性的层次区分中系统地论述了概率论的方法特征及应用策略，通过对典型概率论问题的剖析与解决，让读者充分领略到概率论问题解决的方法与技巧，对优化思维、发展智力、提高素质，特别是培养习得者创新意识和创造能力有积极的作用。

本书可供高等院校本科及以上的学生在学习“概率论”课程时同步使用，同时也可作为概率论与思维科学研究工作者、高等院校教师的参考用书。

图书在版编目(CIP)数据

概率论方法论 / 张德然，刘斌，张栋栋著. -- 合肥 ：中国科学技术大学出版社，2025. 6. -- ISBN 978-7-312-05964-3

Ⅰ. O211

中国国家版本馆 CIP 数据核字第 2024JM1036 号

概率论方法论

GAILÜLUN FANGFALUN

出版 中国科学技术大学出版社

安徽省合肥市金寨路 96 号，230026

http://press.ustc.edu.cn

https://zgkxjsdxcbs.tmall.com

印刷 安徽省瑞隆印务有限公司

发行 中国科学技术大学出版社

开本 787 mm×1092 mm 1/16

印张 12

字数 285 千

版次 2025 年 6 月第 1 版

印次 2025 年 6 月第 1 次印刷

定价 52.00 元

前　言

2004年5月，由我编写的《概率论思维论》出版，恩师茆诗松教授欣然提笔作序："这是一种可贵的尝试，这是一个迟到的惊喜！"之后，恩师曾建议我再写一本《概率论方法论》，但由于工作等诸多原因一直未能达其所望。通过近年来的本科及研究生教学实践，发现相当多的学生喜欢概率论，但在学习中仍有较多困惑，尤其表现在解决具体问题时力不从心。思维与方法是知识转化为能力的桥梁，也是更上一层楼的云梯。日本著名数学教育家米山国藏曾说过：科学工作者所需要的数学知识相对来说是不多的，而数学的精神、思维与方法却是绝对必要的。数学的知识可以记忆一时，但数学的精神、思想和方法却随时随地发挥作用，可以使人受益终身。可见，要扭转这种被动学习的局面，"学会思考"是重中之重，因为"一个人到学校上学不仅为了取得一份知识的行囊，而且是要得到多方面的学习能力，学会思考"。

概率论思维是分析、处理和解决概率论问题的根本想法，概率论方法是分析、处理和解决概率论问题的具体策略。正确想法的产生、科学方法的形成，不仅依赖于知识的积累，还与一个良好的"规范"有关。G.波利亚主张"铸题成模，以模解题"，高斯也说："去寻求一种最美最简洁的证明，乃是吸引我去研究数学的主要动力。"要成功地解决各类概率论问题，除了融之以情外，还要操之以力，因为概率论问题的解决常有"意料之外"，又有"意料之中"，这里的"意料之中"就是"铸题成模，以模解题"，"意料之外"就是"联想化归，提升创新"。从此种意义上讲，正确掌握概率问题的解题方法是何等重要！也正是基于此，本书兼顾一般与特殊，从理论与实践的结合上探索思维，强调方法，突显常规，注重创新，力求使读者读完这本书后能够有不同的感觉，做到"知其然"又"知其所以然"，坦然面对概率论的各类问题，并且形成追求最佳解答的理念。

概率论是研究随机变量统计规律性的科学，丰富的内容除融合了数学各学科的诸多研究方法外，同时也凸显出许许多多学科自身独到的思维和方法，这些方法不仅使概率论问题的解决精彩纷呈，而且还可以向其他学科渗透，促进其他学科问题的解决，所以以概率论主要问题为载体，深入挖掘经典方法很有价值。

本书的撰写过程中，在融入著者近年来一些教学和科研成果的同时，还参阅了相关书籍和文章，因篇幅有限，无法将其一一列出，特向相关作者们表示感谢。本书的第1、2章由刘斌撰写，第3章的前3节由张栋栋撰写，第3章的后2节由张德然撰写，全书由张德然统稿。由于著者水平有限，加之撰述此类图书也是一种新的尝试，尽管做了较大努力，但由于时间急促，难免有不妥之处，恳请专家及读者批评指正。

张德然

2025年3月

目　　录

第 1 章　总　　论

1.1　概率论方法简介

1.1.1　概率论方法综述

15—18 世纪，人们研究了大量的随机现象，发现存在完全不确定规律性，从而开辟了随机数学的新领域，建立了概率论。其主要方法就是观察与试验，前提往往也是“等可能”的。著名的概率统计学者威廉·费勒尔（Willian Feller）在他著的《概率论及其应用》一书说过：“等可能性的假设常常需要真正的试验的记录来说明。”可以这样说，对于许多随机现象，没有试验，就会使我们对它的认识陷入愚昧无知。早期在对概率问题的研究中，观察与试验总是紧密联系在一起的，观察常常可用试验做基础，而试验又可使观察得到的性质或规律得以重现或验证。并且，观察是概率论思维中不可缺少的最基本的方法，可以这样说，没有观察就没有思维，更没有结果，因为它侧重于探索发现，尤其是在解决具体问题时，它的时效性表现得尤为突出。① 随着研究范围的扩展，产生了多种相对应的概率的定义与计算方法。1933 年，苏联数学家柯尔莫哥洛夫（Kolmogorov，1903—1987）首次提出了概率的公理化定义，这个定义概括了历史上几种概率定义中的共性，又避免了各自的局限性和含混不清之处，不管什么随机现象，只有满足该定义中的三条公理，才能说它是概率。

概率的公理化定义：设 Ω 为一个样本空间，F 为 Ω 的某些子集组成的一个事件域，如果对任一事件 $A\in F$，定义在 F 上的一个实值函数 $P(A)$ 满足：

(1) 非负性公理　若 $A\in F$，则 $P(A)\geqslant 0$；

(2) 正则性公理　$P(\Omega)=1$；

(3) 可列可加性公理　若 $A_1, A_2, \cdots, A_n, \cdots$ 互不相容，则 $P(\bigcup_{i=1}^{\infty} A_i)=\sum_{i=1}^{\infty} P(A_i)$，则称 $P(A)$ 为事件 A 的概率，称 (Ω, F, P) 为概率空间。

概率的公理化定义刻画了概率的本质，虽然它没有告诉人们如何去确定概率，但由此可导出概率的一系列性质及运算公式，从而提供了众多的计算事件概率的间接方法。所以，从古典概率而论，求解概率的方法不外乎两类：一类为直接计算方法；另一类为间接计算方法。前者可根据问题的具体背景直接用相应的概率定义求，后者则通过事件间的联系，寻求对应概率之间的关系，通过概率公式求解。

---

① 张德然. 概率论思维论[M]. 合肥：中国科学技术大学出版社，2004：93.

随机变量的引入，是概率论发展史上的重大事件，它使概率论研究的对象由事件扩大为随机变量，不仅使得事件的表达形式更为简洁，同时也为使用近代数学的方法解决概率问题提供了理论依据和具体方法。如何才能发挥近代数学的优势，更好地为概率论问题的解决提供有效的途径呢？显然，要完成一个转换，就是要千方百计地把概率问题转化为确定性数学的问题。比如说，随机变量的函数是随机变量，如果从二者的取值这个角度入手，很自然地就实现了随机性向确定性的转化，如此等等。G.波利亚在“怎样解题”中指出：“你以前见过它吗？你是否见过相同的问题而形式稍有不同？你是否知道一个可用得上的定理？”话语不多，却道明了一个道理：当你遇到一个新问题时，首先要积极联想，设法把陌生的问题通过适当的变更，化归为熟悉的问题，这就是“化生为熟”的思维策略，其目的就是遇新思陈，推陈出新，起着用同求异、化难为易的作用。简言之，就是在解决概率论问题时，思考的重点就是把所需要解决的问题转化为已能解决的问题，这就是数学思维与方法中的“化归法”。所以，在此阶段中，巧妙“转换”，联想“化归”是完成形形色色概率论解题的核心方法。

16世纪的笛卡儿、17世纪的欧拉、18—19世纪的拉格朗日、高斯、阿贝尔、雅克比、伽罗瓦，还有近代的庞加莱、拉马努杨和现代的爱尔特希等，他们不仅是解题的能手，而且也是发明创造的大师。① 历史资料表明，他们的成果大都建立在多学科的融通之上。近年来，随着概率论理论与应用地深入与发展，多学科的融通使得诸多概率问题的解决如虎添翼，简洁的过程、漂亮的结果常常让人回味，并由此产生新理论、新方法。

概率论与数理统计的研究对象都是随机变量，解决问题的思维是随机思维。所谓随机性数学思维，就是以随机性数学问题为载体，通过发现问题、解决问题的形式，达到对现实世界的空间形式和数量关系的本质的一般性认识的思维过程。[2] 特殊的研究对象赋予它特殊的内涵，它是人脑和随机现象交互作用，并按一般思维规律认识随机现象、统计规律的内在理性活动。其特征主要表现为随机性、概括性、问题性、辐射性、指向性和创造性。思想是方法的精神实质和理论基础，方法则是实施有关思想的技术手段。虽然不确定数学与确定性数学之间由于研究对象的不同存在着一定的差别，但在处理问题的思维与方法上有着很多类同。众所周知，初等数学和高等数学等相关学科都是概率论和数理统计解决问题的工具，基于此，我们常常可以把概率论和数理统计的问题转化为确定性数学的问题。如概率论中的一般加法公式、减法公式、逆事件的概率公式、乘法公式、全概率公式与贝叶斯公式就是在概率的公理化定义下，按照确定性数学的逻辑推理演绎而得。近代概率中的常见问题归纳起来，常见的不外乎是定常数、求概率、由分布律求分布函数、由分布函数求分布率、由密度函数求分布函数、求随机变量函数的分布、求数字特征等，虽解决的方法与过程形形色色，其共性就是要先转化，把随机转化成特定情景下的确定。当然在一些技术处理上学科的优势也会表现得比较充分。

1.1.2 概率论方法的主要特征

1.1.2.1 随机性

由于概率论是从数量上研究随机现象统计规律的学科，用随机的眼光去观察现象，用随

① 徐利治.漫谈数学的学习与研究方法[M].大连：大连理工大学出版社，1989：49.

机的思想去分析问题，透过表面上的偶然去寻找内部蕴涵着的必然。一贯的遵守形成了概率论中的基本方法。以概率收敛和按分布收敛分别展示了大数定律与中心极限定理的丰富内涵。如切比雪夫大数定律：

定理[①] 设$\{X_n\}$为一列两两不相关的随机变量序列，若每个X_i的方差存在，且有共同的上界，即$\mathrm{Var}(X_i)\leqslant c(i=1,2,\cdots)$，则对任意的$\varepsilon>0$，有

$$\lim_{n\to\infty}P\left(\left|\frac{1}{n}\sum_{i=1}^{n}X_i-\frac{1}{n}\sum_{i=1}^{n}E(X_i)\right|<\varepsilon\right)=1$$

它显然有别于高等数学中的收敛，因为它的直观描述可以认为当n无限增大时，$\frac{1}{n}\sum_{i=1}^{n}X_i$极大可能地靠近$\frac{1}{n}\sum_{i=1}^{n}E(X_i)$，即有

$$\frac{1}{n}\sum_{i=1}^{n}X_i\xrightarrow{p}\frac{1}{n}\sum_{i=1}^{n}E(X_i)$$

这就是随机性的体现，尤其是伯努利大数定律，它为用频率的稳定中心值定义概率提供了理论根据，也提供了一个求事件概率的普遍方法，尽管不常用。只有是随机变量，才可能有概率分布，从随机性出发，中心极限定理描述了按分布收敛。

以林德伯格-列维(Lindeberg-Levy)中心极限为例：设$\{X_n\}$是独立同分布的随机变量序列，且$E(X_i)=\mu$，$\mathrm{Var}(X_i)=\sigma^2>0$存在，则对任意实数$y$，有

$$\lim_{n\to\infty}P\left(\frac{\sum_{i=1}^{n}X_i-n\mu}{\sigma\sqrt{n}}\leqslant y\right)=\frac{1}{\sqrt{2\pi}}\int_{-\infty}^{y}\mathrm{e}^{-\frac{t^2}{2}}\mathrm{d}t=\Phi(y)$$

此定理展示了这样一个事实：只要$\{X_n\}$独立同分布、方差存在，不管原来的分布是什么，只要n充分大，就可以用正态分布去逼近随机变量和的分布。显然，此种背景下有关和的概率可求了，这种隐藏在随机性背后的规律性有着广泛的应用。比如：

【例1.1.1】 某种产品由20个相同部件连接而成，每个部件的长度是均值为2 mm、标准差为0.02 mm的随机变量。假如这20个部件的长度相互独立同分布，且规定产品总长为(40±0.2)mm时为合格品，求该产品的不合格率。

解 记X_i为第i个部件的长度，则$Y=X_1+X_2+\cdots+X_{20}$为总长度，且$E(X_i)=2$，$\sigma_i=0.02$，可用林德伯格-列维中心极限定理近似计算合格品率：

$$\begin{aligned}P(39.8\leqslant Y\leqslant 40.2)&\approx\Phi\left(\frac{0.2}{\sqrt{0.008}}\right)-\Phi\left(-\frac{0.2}{\sqrt{0.008}}\right)\\&=2\Phi(2.236)-1=0.9746\end{aligned}$$

所以不合格率为0.0254。

针对研究对象的随机性，构建出了对应的随机性解决问题的方法。

1.1.2.2 概括性

随机现象时刻存在，如果我们总是针对形形色色的各种随机现象去具体研究求概率的方法，而不加提炼与概括的话，那么就构不成概率论这门学科。因而，从基础概率中求概率的频率方法、古典方法、几何方法、主观方法到概率的公理化定义及其确定的方法，从近代概

---

① 茆诗松，程依明，濮晓龙．概率论与数理统计教程[M]．北京：高等教育出版社，2011：233．

率中定常数、求概率、由分布律和分布密度求分布函数、求随机变量函数的分布、求数字特征到判断随机变量的独立性等，其相应的概率论的方法都是在对各种背景下的随机现象进行大量的观察，并经过提炼、概括而形成的。概率论的方法一旦形成，就会舍弃其研究对象的具体内容，运用到一切合适的场合之中。

例如，对于下列问题我们可构造不同的样本空间：

抽查一件产品：$\Omega=\{$正品，次品$\}$；

掷一枚硬币：$\Omega=\{$正面，反面$\}$；

新生婴儿性别：$\Omega=\{$男，女$\}$；

一次射击：$\Omega=\{$命中，不命中$\}$；

检查一台车床：$\Omega=\{$正常工作，需要维修$\}$。

如上等等，这些虽是不同的随机试验，但抛开每个样本点的具体属性，都可以用一次伯努利试验来描述，从而样本空间可抽象为

$$\Omega=\{\text{成功，失败}\}$$

进一步就可把上述所有试验概括成两点分布。这种概括在未来的"化整为零"和"聚零为整"的思维策略实施中发挥着重要作用。从宏观意义上来讲，近代概率中的种种分布也都是概括性的体现。

1.1.2.3 层次性

概率论所接触到的问题千姿百态、形形色色，由于客观上显示出不同层次，因而对应解决问题的方法也必须具有层次性。从宏观上说，有针对问题的直接法，也有迂回求解的间接法；有仅用概率理论求解的单纯法，也有多学科并用的融合法，等等。从微观上说，对同一个概率问题，也应有一个清晰的层次划分。如对一个复杂的"由因求果"问题一般我们常采用全概率公式求解，所考虑概率的结果(B)是第一层次，导致 B 发生的各个原因(A_i)是第二层次，对各 A_i 的进一步处理是第三层次，只有三个层次由下到上一一处理正确，才能确保问题的圆满解决。多分布的融合在近年来的各类考试中常见，因为它的确可以考察与培养一个人利用多方面知识解决问题的综合能力。这类问题的处理方法就凸显了层次性。

【例 1.1.2】 设随机变量 X 的概率密度函数为 $f(x)=\begin{cases}2x & (0<x<1)\\ 0 & (\text{其他})\end{cases}$，现在对 X 进行 100 次独立重复观测，以 Y 表示观测值不大于 0.1 的次数，写出 Y 的分布律。

解决这个问题，第一层次：$Y\sim B(100,p)$；第二层次：求出 p；第三层次：写出 Y 的分布律。从而有如下解法：

解 由题意，$Y\sim B(100,p)$，即

$$P(Y=k)=C_{100}^{k}p^{k}(1-p)^{100-k}\quad(k=0,1,2,\cdots,100)$$

由于

$$p=P(X\leqslant 0.1)=\int_{0}^{0.1}2x\mathrm{d}x=0.01$$

所以

$$P(Y=k)=C_{100}^{k}(0.01)^{k}(0.99)^{100-k}\quad(k=0,1,2,\cdots,100)$$

1.1.2.4　针对性

概率论方法是生长在概率论知识这块"皮"上的"毛"。概率论问题是概率论方法的载体,概率论方法通过概率论问题的解决来显化。解析几何的创始人笛卡儿说过:"我所解决的每个问题,都成为以后解决其他问题的规则。"概率论也是如此,针对不同的背景有不同解决问题的具体方法。如对于随机抽样问题,若采取有放回抽样,就可以用二项分布来描述;若采取不放回抽样,就要用超几何分布来刻画。因此,有针对性地通过合理的转换方式进行问题的化归促使问题迎刃而解是概率论方法中一个主要方法。

【例 1.1.3】（贝特朗悖论）在半径为 r 的圆内任意地做一条弦,试求此弦长度 L 大于圆内接等边三角形边长 $r\sqrt{3}$的概率 P。

解法 1　由于任意弦交于圆周两点,不是一般性,先固定其中一点于圆周上,以此点为顶点做一等边三角形,显然只有落入此三角形内的弦(图 1.1)才满足要求,这样弦的另一端拋过的弧长为整个圆周长的$\frac{1}{3}$,故所求的概率为

$$P_1 = \frac{CD\text{ 的弧长}}{\text{圆周的弧长}} = \frac{1}{3}$$

解法 2　弦长只跟它与圆心的距离有关,与方向无关。因此可以假定它垂直于某一直径。显然,当且仅当它与圆心的距离小于$\frac{1}{2}r$ 时,即弦的中点 M 落在图 1.2 的 GH 上,有 $L>r\sqrt{3}$,于是

$$P_2 = \frac{GH\text{ 的长}}{EF\text{ 的长}} = \frac{1}{2}$$

解法 3　圆内弦的位置被其中点唯一确定,显然,当且仅当其中点属于半径为$\frac{1}{2}r$ 的同心圆C_1 内时(图 1.3),弦长大于 $r\sqrt{3}$。即若 $M\in C_1$,则 $L>r\sqrt{3}$,故 P 应等于二面积之比,即

$$P_3 = \frac{\pi\left(\frac{r}{2}\right)^2}{\pi r^2} = \frac{1}{4}$$

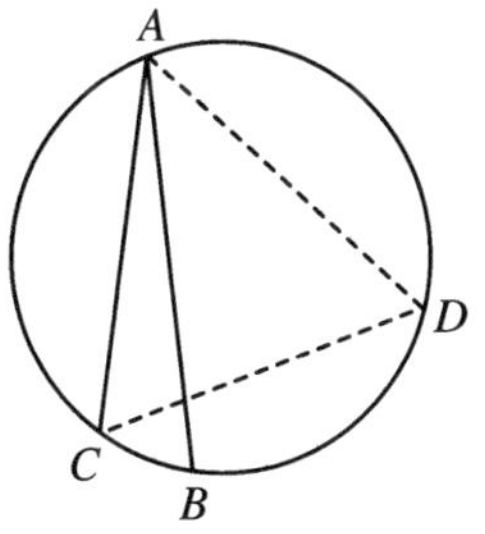

图1.1　例 1.1.3 解法 1 示意图

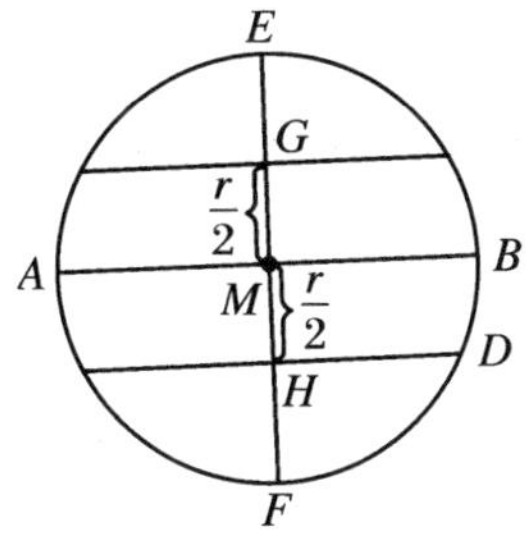

图 1.2　例 1.1.3 解法 2 示意图

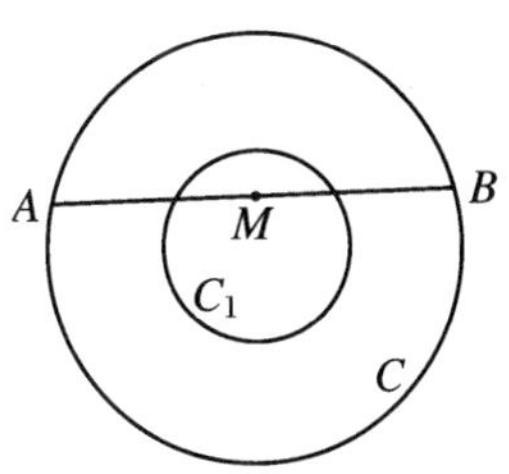

图 1.3　例 1.1.3 解法 3 示意图

同一问题竟得出了 3 种不同的答案,究其原因,发现是在取弦时采用了不同的等可能假设,从而构造了相应的不同样本空间。解法 1 中,假定端点在圆周上呈均匀分布,Ω 是全圆周;解法 2 中则假定弦的中点在直径上服从均匀分布,Ω 是直径;解法 3 中又假定弦的中点

在圆内均匀分布，Ω 对应于圆面积。对应于各自的假定而言，样本空间的构造均是正确的，在此基础上所得结论也无可非议。归根到底，之所以出现了殊途各异，问题就出现在题中语言“任意”的不确定性。

和几何概率一样，古典概率也有一些类似于“贝特朗悖论”的问题。

【例 1.1.4】 将 3 个球随机地放入 3 个盒子中，如果每盒的容量不限，求盒中球的最大数分别是 1,2,3 的概率。

解法 1 令 $B_i=\{$盒中球的最大数为 $i\}(i=1,2,3)$，假设球与盒均可区分。

因一个球可放入 3 个盒中任一个，故有 3 种可能方法，那么将 3 个不同的球放入 3 个不同的盒中有 $3\times3\times3$ 种可能的方法，即样本点总数为 3^3。

B_1 是指“各盒中至多一个球”，我们可将第一个球放入任何一只盒中，有 3 种方法；再将第二个球放入空的二盒之一，有 2 种放法；最后将剩下的一球放入剩下的空盒中，从而 B_1 所包含的样本点数为 3!，所以

$$P(B_1)=\frac{3!}{3^3}=\frac{2}{9}$$

B_2 是指“3 个盒中有一个盒是 2 个球，其他各盒中至多 1 个球”。现从 3 个球中任取 2 个球(有 C_3^2 种取法)将它们放入 3 盒中的某一盒(有 C_3^1 种放法)，再将剩下的 1 个球放入剩下的 2 个空盒中某一个(有 2 种放法)，从而 B_2 所包含的样本点数为 $C_3^2\times C_3^1\times2$ 个。所以

$$P(B_2)=\frac{C_3^2\times C_3^1\times2}{3^3}=\frac{2}{3}$$

B_3 是指“盒中球的最大数为 3”，此时 3 个球均放入某盒中，仅有 3 种放法，所以

$$P(B_3)=\frac{3}{3^3}=\frac{1}{9}$$

解法 2 假设球不可区分，而盒可以区分。

此时我们只能以盒中球的个数来区分所有结果，因此全部样本点(基本事件)为

$$|\circ\circ\circ|-|-|,\ |-|\circ\circ\circ|-|,\ |-|-|\circ\circ\circ|,\ |\circ\circ|\circ|-|,\ |\circ\circ|-|\circ|,$$
$$|\circ|\circ\circ|-|,\ |-|\circ|\circ\circ|,\ |\circ|-|\circ\circ|,\ |-|\circ\circ|\circ|,\ |\circ|\circ|\circ|$$

共 10 个，其中 B_1 包含 1 个，B_2 包含 6 个，B_3 包含 3 个，所以

$$P(B_1)=\frac{1}{10},\quad P(B_2)=\frac{6}{10},\quad P(B_3)=\frac{3}{10}$$

解法 3 假设球盒均不可分。

此时只能用盒中球的数目来区分，全部样本点为

$$|\circ\circ\circ|-|-|,\ |\circ\circ|\circ|-|,\ |\circ|\circ|\circ|$$

所以

$$P(B_i)=\frac{1}{3}\quad(i=1,2,3)$$

这正是概率论方法的针对性，了解到这一点，所谓的“悖论”也就不奇了。

同样，在古典概率中类似于上述所谓“悖论”者也可以举出很多。对应于一题多解，可谓是殊途同归，但它仍然体现了概率方法的针对性，和上述“悖论”比较起来，由于已知条件明确，它体现了解决问题的多途径，而对于每一途径，同样是针对已知条件及在其基础之上的再挖掘而得的可靠信息。

1.1.2.5　融合性

融合性是概率论方法的一个主要特征，它表现为纵向融合和横向融合。纵向融合是指本课程前后不同知识背景下所用方法的融合，如例 1.1.2。横向融合是指概率论方法与其他学科解决问题方法的融合，如例 1.1.5。

【例 1.1.5】 假定国际市场上每年对我国某种出口商品的需求量是随机变量 X（单位：吨），它服从[2000,4000]上的均匀分布，设每售出 1 吨这种商品可挣得外汇 3 万元，假若销售不出而囤积仓库，则每吨需花费保养费 1 万元，问：需要组织多少货源，才能使收益最大？

解　设组织该种商品 a 吨，由题意只需考虑 $2000 \leqslant a \leqslant 4000$，收益 Y 是随机变量，且是 X 的函数。因为

$$X \sim f(x) = \begin{cases} \dfrac{1}{2000} & (2000 \leqslant x \leqslant 4000) \\ 0 & (\text{其他}) \end{cases}$$

$$Y = g(X) = \begin{cases} 3a & (X \geqslant a) \\ 3X - (a - X) & (X < a) \end{cases}$$

所以

$$\begin{aligned} E(Y) = E[g(X)] &= \int_{-\infty}^{+\infty} g(x)f(x)\mathrm{d}x = \frac{1}{2000}\int_{2000}^{4000} g(x)\mathrm{d}x \\ &= \frac{1}{2000}\left[\int_{2000}^{a}(4x - a)\mathrm{d}x + \int_{a}^{4000} 3a\mathrm{d}x\right] \\ &= \frac{1}{1000}(-a^2 + 7000a - 4000000) \end{aligned}$$

令 $\dfrac{\mathrm{d}}{\mathrm{d}a}E(Y) = \dfrac{1}{1000}(-2a + 7000) = 0$，解得 $a = 3500$（吨）。即当 a 为 3500 吨时，可使期望收益最大，最大期望收益 $E(Y)$ 为 8250 万元。把数学分析的方法融进概率论方法中，使得问题的解决十分精彩。

由于诸多概率论问题都可以转化为中等数学、高等代数及数学分析等学科的问题，所以确定性数学方法的介入自然而然。反之，利用概率论与众多数学学科的联系，也可以用概率论的方法解决其他学科的问题。诸如通过概率建模，可以证明代数等式、证不等式、解排列组合应用题、求无穷级数和、求极限、求积分、证明维尔斯特拉斯定理等，巧妙的构思不仅使问题得以解决，同时解题方法使人真正感受到了“删繁就简三秋树，标新立异二月花”的内涵，美的享受将会激励学习者以更大的热情积极投入学习之中，成功的尝试会产生源源不断的正能量，从而使得创新意识强化和创新能力提升。

【例 1.1.6】 证明 $\left(\sum_{i=1}^{n} a_i b_i\right)^2 \leqslant \left(\sum_{i=1}^{n} a_i^2\right)\left(\sum_{i=1}^{n} b_i^2\right)$。

这是著名的柯西不等式，我们可以利用数学分析的方法加以证明，也可以用高等代数等方法去证，但要用概率的有关理论和方法来证，更使人感到清晰明了，尤其是设计的多维随机变量的分布背景，不仅把抽象的问题直观化了，而且也为在更大的范围内构建概率模型解决问题提供了启示。

证明　设 (X, Y) 有如下联合分布：

$X \backslash Y$	b_1	b_2	b_3	$\cdots$	b_n	p_i
a_1	$\frac{1}{n}$	0	0	$\cdots$	0	$\frac{1}{n}$
a_2	0	$\frac{1}{n}$	0	$\cdots$	0	$\frac{1}{n}$
a_3	0	0	$\frac{1}{n}$	$\cdots$	0	$\frac{1}{n}$
$\vdots$	$\vdots$	$\vdots$	$\vdots$		$\vdots$	$\vdots$
a_n	0	0	0	$\cdots$	$\frac{1}{n}$	$\frac{1}{n}$
p_n	$\frac{1}{n}$	$\frac{1}{n}$	$\frac{1}{n}$	$\cdots$	$\frac{1}{n}$	1

且由 Schwarz 不等式

$$|E(XY)|^2 \leqslant E(X^2)E(Y^2)$$

得

$$\left(\frac{1}{n}\sum_{i=1}^{n} a_i b_i\right)^2 \leqslant \left(\frac{1}{n}\sum_{i=1}^{n} a_i^2\right)\left(\frac{1}{n}\sum_{i=1}^{n} b_i^2\right)$$

即有

$$\left(\sum_{i=1}^{n} a_i b_i\right)^2 \leqslant \left(\sum_{i=1}^{n} a_i^2\right)\left(\sum_{i=1}^{n} b_i^2\right)$$

1.1.2.6 可操作性

可操作是一切方法的本质属性，概率论方法之所以可称作方法，就是因为在对应的背景下按其规定的程序、路径和手段实施，就能达到预期的目的。可以这样说，它的产生是在反复多次的试验与应用中凝练而成，它的优化与创新更是在反复多次的探索与调整中获得。从应用这个角度，一种方法可以在同类与相似问题中直接或调整后适用，这就更凸显了可操作性。

1.1.3 概率论思维与概率论方法

思维是具有意识的人脑对客观事物的本质属性和内部规律性概括的间接反映。思维以感知为基础又超越于感知的界限，是认识过程的高级阶段。概率论思维是从属于一般思维的，它是人脑和概率论研究对象交互作用并按照一般思维规律认识概率论内容的内在理性活动。①

《哲学百科全书》认为，方法是“按给定程序达到既定成果必须采取的步骤”；《苏联大百科全书》认为：“方法表示研究或认识的途径、理论或学说，即从理论上或实践上把握现实的、为解决具体课题而采用的手段或操作的总和。”概而言之，方法是人们在认识和改造客观世

① 张德然. 概率论思维论[M]. 合肥：中国科学技术大学出版社，2004：1.

界中所采用的方式、手段的总称。① 基于此,概率论方法是指从概率论角度提出问题、解决问题的过程中采用的各种方式、手段、途径等。

基于上述,我们可以看出,概率论思维是分析、处理和解决概率论问题的根本想法,概率论方法是分析、处理和解决概率论问题的具体策略。思维与方法是密切相关的,方法在思维下有序实施,思维通过方法具体体现,从涵盖空间来看,思维比方法更宽泛一些。思维是方法的精神实质和理论基础,方法则是实施有关思想的技术手段。具体而论,对于概率论学科整体而言,它有着许许多多卓有成效的分析问题与解决问题的方法,诸如实验法、化归法、数学归纳法、见逆还原法、整体化一法等,它既有与各学科相类似的方法,也有自己独特的方法,从而形成了宏观一系列指导性的启迪链,而对于各自的特定问题背景下,这些方法又和问题联袂展示了同中有异的风格,它是具体解决问题实现既定目标的具体途径。因此,可以这样认为:宏观的方法就是概率论思维,微观的方法就是概率论思维指导下的解决特定问题的具体实施。

1.2 探索与应用概率论方法应注意的几个问题

所谓方法,《中文大辞典》中注解为:行事之条理和判定方形之标准。《墨子·天志中》说:“中吾矩者,谓之方,不中吾矩者,谓之不方,是以方与不方,皆可得而知之,此其故何,则方法明也。”②方法,是对研究活动本身的反思,不仅是一种技巧技术,也是一门艺术,其实质在于规律的应用,遵循规律就成了方法。③ 那么,在概率论的学习与研究中,如何去寻求这种方法?显然,方法来自解决问题的一定过程之中,它在很强的目的性和计划性的活动中孕育而生,又在很强的目的性和计划性的实践中凝练而成。从这种意义上说,在遇到一个概率论问题时,你就必须把看到的(问题中显示出的信息)与存储的知识进行匹配,从中获得感觉信息,然后将这些信息发送给大脑以抽取并加工相关的信息,最终形成的便是可试探的方案,最后通过反思和推理,就形成了真正意义上的方法。所以,以下几点值得注意。

1.2.1 理清问题,通过联想打通已知和未知的通道

概率论的解题过程或推理过程,就是要去寻找或证明某种客观存在的数值(概率、数字特征等)或关系,其全部过程有其客观必然性。因此,只有把它理解得非常自然、非常直观、甚至成为一目了然的东西,那么不论问题多么复杂,这时候,你就能使用自己的语言去表述你所理解的一切。因为理解了,就等于厘清了问题,打通了已知和未知的通道,输出和输入自然而然,问题也就迎刃而解了。对于初学者,可以把待求概率的事件设出来,同时把题中所有已知也用事件表示出来,对照已知、未知找联系,联系中断找媒介,一番周折方法就会产生。

① 叶立军.数学方法论[M].杭州:浙江大学出版社,2008:8.

② 中华书局编辑部.诸子集成·墨子闲话·天志中[M].北京:中华书局,1986:129.

③ 斐娣娜.教育研究方法导论[M].合肥:安徽教育出版社,2005:4.

1.2.2 学会建构,通过常见模型直接或间接解决问题

基础概率讲概型,近代概率论分布,总的来说都是建立概率模型,即都是通过条件确定模型,依据模型计算概率。基于这一点,在寻求概率论的求解方法时,常规做法就是恰到好处地找到或通过转化成为某一标准模型,从而利用模型的相应计算方法或推理求解。因而,准确地理解概率论中的一些基本概念和熟练地掌握概率论的一些基本理论尤其重要,因为做不到这一点,就失去了方法产生的源,即使能解决一些问题,也只能是就题论题,无法在大范围里拿到解决问题的金钥匙。反之,对一些常见模型心知肚明,在解决众多问题中就会得心应手,哪怕是与模型有一些距离,也会想到通过一些数学手段迁移而至。

【例 1.2.1】 证明$\binom{a}{0}\binom{b}{n}+\binom{a}{1}\binom{b}{n-1}+\cdots+\binom{a}{n}\binom{b}{0}=\binom{a+b}{n}n=\min\{a,b\}$。

显然,此题用代数的知识(比如系数对应法)可证。但若对超几何分布很熟悉,根据证明题的结构自然会联想到如下概率论证明方法:

证明 设计概率模型如下:一袋中装有 a 个红球,b 个白球,从中随机摸出 n 个,$n=\min\{a,b\}$。令 $A_k=\{$取出的 n 个球中有 k 个红球$\}$,从而有

$$P(A_k)=\frac{\binom{a}{k}\binom{b}{n-k}}{\binom{a+b}{n}}\quad(k=0,1,2,\cdots,n;n=\min\{a,b\})$$

由于 A_k 互不相容,且 $P(A_0\cup A_1\cup A_2\cup\cdots\cup A_n)=P(\Omega)=1$,所以有

$$\frac{\binom{a}{0}\binom{b}{n}+\binom{a}{1}\binom{b}{n-1}+\cdots+\binom{a}{n}\binom{b}{0}}{\binom{a+b}{n}}=1$$

将分母移至另一侧则得结论。

当然,有时某些实际问题所表现的现实原型是很复杂的,由于概率模型与现实原型的关系是一种反映与被反映的关系,所以概率模型的构造要经过抽象、提炼,使之融入一个熟知的共性大家庭,或者成为能够包罗更广意义下的宝囊,二者必有其一。

1.2.3 善于反思,通过回顾提炼与创新概率模型与方法

辨认与识别过程包含自下而上和自上而下两种加工,它们共同作用以获得对世界一致的理解。[①] 同样,一个概率问题的解决,它经历了对问题相关的由小到大和由大到小环境里的观察、试验或分析推理等,才一步一步走向最终目标。成功给人带来喜悦,这种喜悦不仅仅来自特定问题的解决,还给人带来了希望,这就是方法的魅力。哲学家们往往具有纵观全局的气魄,喜欢从事物的联系上思考最基本最普遍的问题。[②] 对概率论的思考也不例外,特

---

① 理查德·格里格,菲利普·津巴多著,王垒,等.心理学与生活[M].北京:人民邮电出版社,2004:132.

② 徐利治.漫谈数学的学习与研究方法[M].大连:大连理工大学出版社,1989:49.

定问题的解决，能不能带动一大批问题的解决？即能不能实现：解决一例，联想一片，包罗一批？此方法是不是解决此类问题的最佳方法？“蓦然回首，那人却在灯火阑珊处”，这一切，都是通过问题解决后的反思完成的，并且这也是形成“方法库”和拓广创新的前提。

除此之外，反思还可以极大延缓知识与方法的遗忘速度。德国心理学家艾宾浩斯(H. Ebbinghaus)的研究表明，“保持和遗忘是时间的函数”，遗忘的进程是先快后慢。及时地反思，就可以大大提高记忆率。

据历史记载，笛卡儿在一次患病之后，一天早上醒来，躺在床上琢磨着几何学与代数学的关系问题，通过联想，忽然想起几何上最简单的对象“直线”能和代数上的最简单的对象“一次方程”联系起来，利用点的坐标概念能在两者之间建立对应关系。这样，笛卡儿不仅形成了解析几何的原始思想，而且还创立了变量概念。[①] 历史和现实都告诉人们，难得回头一望，反思常常孕育联想，联想常常导致创新。从前后联系上和多学科的融会贯通上进行二次思考，因为它带来的不仅仅是知识与方法量的递增，更重要的是质的飞跃和良好习惯带来的终身受益。

1.3 掌握概率论方法的主要策略

宇宙之大，粒子之微，火箭之速，化工之巧，地球之变，生物之谜，日用之繁，大千世界，天上人间，无处不有随机因素在起作用。所以，大数学家拉普拉斯(Laplace)说：“生活中最重要的问题，其中占大多数实际上只是概率问题。”概率统计是认识和理解随机世界的一把钥匙，是生活真正的领路人，如果没有对概率的某种估计，我们将寸步难移，无所作为。可以这样说，在人们视野下诸多问题的解决，实际上就是概率问题的解决。诺贝尔经济学奖获得者萨缪尔森认为：要想成为现代社会中有文化的人，必须对概率论有所了解。重中之重就是对概率论思想与方法的理解与掌握。

1.3.1 兴趣与永恒是掌握概率论方法的关键

爱为学问之始，兴趣是最好的老师。概率论研究的是随机现象，它的研究方法不同于确定性数学，加之构成方法的所用工具涉及多学科，所以有一部分初学者在学习的过程中由于找不到法而不得法，主要表现在要么不知如何下手，要么常常出错而不知错在何处等。逆水行舟，不进则退，要使自己真正掌握概率论的方法，主观努力是首选，首先要有兴趣，有兴趣才能有动力；次之要坚持，持续的爱才会有持续的兴趣，永恒的兴趣就有源源不断的正能量。所以，兴趣与永恒是掌握概率论方法的关键。

---

① 徐利治.漫谈数学的学习与研究方法[M].大连：大连理工大学出版社，1989：49-50.

1.3.2 理解与融通是掌握概率论方法的前提

孔子曰:“工欲善其事,必先利其器。”理解概念、领会思想是掌握概率论方法的前提。

例如,如果对事件的并、积、差与逆等的内涵不清晰,复杂的事件就不能用概率语言描述,那么相关的概率问题就不能用概率方法解决了。比如:三个人独立地破译一个密码,他们能单独译出的概率分别为$\frac{1}{5}$、$\frac{1}{3}$、$\frac{1}{4}$,求此密码被译出的概率。显然,密码被译出意味着三人中至少有一人译出,怎么用概率的语言表达这一事实呢?表达得出,问题迎刃而解,表达不出,无可奈何。从相关性来考虑,这就是事件的和(并)。于是,记事件 A_i 为“第 i 个人译出密码”($i=1,2,3$),B 为“密码被译出”。则由独立性和问题中所给条件即得

$$P(B)=P(A_1\cup A_2\cup A_3)=1-P(\overline{A_{12}}\,\overline{A_2}\,\overline{A_3})=1-\frac{4}{5}\times\frac{2}{3}\times\frac{3}{4}=\frac{3}{5}$$

在概率论的学习中,概率论知识的传授是循序渐进的,从而就会自然导致概率论方法的产生因局限于较窄的背景具有较强的针对性。常常出现这样的现象,在当时的背景下这种解决问题的方法是好的,但随着学习地深入又会有更好的方法。所以,在学习概率论的进程中,要注重概率论前后知识的融会贯通,同时还要注重广泛吸收多学科的研究成果与思想方法,多知识点、多学科的融合常常会碰撞出创新的火花,产生更高层次的收获。

概率论概念与知识是概率论方法的载体,就像前面所讲,概率论方法是生长在概率论知识这块“皮”上的“毛”,皮之不存,毛将焉附。从以后各篇的探讨中大家可以看到,形形色色的概率论问题是形形色色概率论方法滋生的土壤,只有在概率论问题的不断解决中才会酝酿方法,产生方法,凝练方法,拓广应用及创新方法。这一切都告诉我们,概率论方法的获得来自勤奋,只有在深刻理解和掌握概率论的一切理论,并借助于多学科的知识和手段,才能产生出“横扫千军如卷席”的正能量。

1.3.3 实践与反思是掌握概率论方法的保障

如前所述,概率论方法是建立在概率论知识上的,是在解决千千万万个概率论问题的过程中凝练而成的,所以多练、多思考,注重加深理解概率论的理论和方法,量的积累、质的提升两个方面都要抓,做到乐于释疑。在学习概率论的过程中,不管遇到什么问题,哪怕是瞬间产生的疑问都不要放过,要不耻下问,特别是在刚开始学习阶段更应如此。否则就会给以后的学习带来更大的障碍。带着问题听课也应该积极提倡;同时要做题目,尤其是有代表性的题目。华罗庚先生说过:学数学不做练习,好比入宝山而空返。学习概率论更是如此。“深处种菱浅种稻,不深不浅种荷花。”(阮元《吴兴杂诗》)不同的付出就有不同的收获。强化实践与反思是掌握和升华概率论方法的保障。

1.4 概率论方法发展时期划分

概率统计的历史可以追溯到遥远的古代。例如,在公元前2000年的埃及古墓中已有正方体的骰子,在古代的游戏与赌博活动中就有概率思想的雏形。但概率论作为一门学科,酝酿于16世纪前后的200余年之间,产生于17世纪中期前后。[①] 大家公认概率论起源于对赌博问题的研究,关于概率论方法的讨论最初是帕斯卡(Pascal)和费马(Fermat)二人以通信的形式展开的。他们虽然没有提出明确的概念、定义,但他们在估计赌徒获胜的可能性时总是利用有利情形数与所有可能数之比来实现的,这实质上就是早期古典概率的概念。1933年,苏联著名数学家科尔莫哥罗夫(Kolmogorov)发表了著名的《概率论的基本概念》,用公理化结构明确定义了概率。这一公理化体系迅速得到公认,是概率论发展史上的一个里程碑。基于此,虽然大家对概率论的发展时期做了很多种划分,但从概率论的方法而言,我认为,还是以科尔莫哥罗夫公理化体系的出现为分水岭较为合理。因为它的出现,不仅使得概率的定义更严谨了,而且也给出了计算概率的一系列间接方法,与之前的仅针对某些特定模型而计算概率形成了鲜明的对比,1933年以前概率论方法所用工具多为初等数学,1933年后的概率论方法所用工具多为高等数学,同时也为概率论一系列理论与方法产生及相关推理奠定了严格的理论基础。所以,我们不妨把它们分为基础概率时期和现代概率时期。像其他学科一样,基础概率时期的概率论方法是现代概率时期的概率论方法的基础,二者的紧密融合推动着新的概率论方法的产生和发展,从此种意义上来说,它们始终是难以分离的,在解决实际问题中常常出现两个时期方法的交替和协同作用。但为了便于说明,我们暂做如此粗糙的划分。尽管分类方法侧重于整体思维,但是条理化、系统化的信息便于储存和检索,对理解方法、应用方法、记忆方法和发展方法都起着重要的作用。

---

① 顾泠元.数学思想方法[M].北京:中央广播电视大学出版社,2016:27.

第2章　宏　观　篇

宏观的概率论常用方法是指在概率论问题解决过程中常用的基本方法。之所以称为宏观，是因为其他学科的问题解决中也有类同方法。由于随机现象的普遍性及多样性，它几乎体现了数学解题中的所有方法，现就一些主要方法做阐述。

2.1　观　察　法

恩格斯指出："在表面偶然性起作用的地方，这种偶然性始终是受内部隐蔽的规律支配的，而我们的问题只是在于发现这些规律。"①所以，概率论方法的发现，需要观察，也需要试验。即使是对抽象问题的研究，观察与试验同样占有极为重要的地位。

观察是通过视觉获得信息，运用思维辨认其形式、结构和数量关系，从而发现某些规律或性质的方法。② 观察的目的在于获取被研究对象的有关信息和数据，发现事物的特征、联系，为进一步了解其性质、规律、构造模型或模式做准备。由于观察是思维的出发点，必然是有思维参与的一种认识活动，因此，有人认为观察是"思维的知觉"或"思维的窗口。"③

2.1.1　观察的作用

2.1.1.1　通过观察发现规律

观察的目的一般有两类：量的规律和质的规律。其中前者称定量观察，后者称定性观察。

【例 2.1.1】④　连续掷一对均匀的骰子，如果掷出的两点数之和被 7 整除则甲赢；如果掷出的两点之积为 5，则乙赢。求甲在乙之前先赢的概率。

解　设 A_{n-1} ="前 $n-1$ 次试验甲与乙都没赢"。B_n ="第 n 次试验甲赢"($n=1,2,3,\cdots$)。

因为每次试验甲赢，两点之和应为 7，即出现(1,6)，(6,1)，(2,5)，(5,2)，(3,4)，(4,3)情况之一，故每次试验甲赢的概率为$\frac{6}{36}=\frac{1}{6}$。每次试验乙赢，两点数之积应为 5，即出现(1,5)，

---

① 恩格斯. 路德维希・费尔巴哈和德国古典哲学的终结[M]. 北京：人民教育出版社，1972：38.

② 吴炯圻，林培榕. 数学思想方法：创新与应用能力的培养[M]. 厦门：厦门大学出版社，2009：211.

③ 叶立军. 数学方法论[M]. 杭州：浙江大学出版社，2008：211.

④ 孙荣恒. 趣味随机问题[M]. 北京：科学出版社，2005：46-47.

(5,1)情况之一，故每次试验乙赢的概率为$\frac{2}{36}=\frac{1}{18}$。而每次试验甲与乙都没有赢的概率为$1-\frac{1}{6}-\frac{1}{18}=\frac{7}{9}$。又因 A_{n-1}与 B_n 互不影响，即 $P(A_{n-1}B_n)=P(A_{n-1})P(B_n)$，所以甲在乙之前赢的概率为

$$P\left(\sum_{n=1}^{\infty}A_{n-1}B_n\right)=\sum_{n=1}^{\infty}P(A_{n-1})P(B_n)=\sum_{n=1}^{\infty}\left(\frac{7}{9}\right)^{n-1}\times\frac{1}{6}=\frac{9}{2}\times\frac{1}{6}=\frac{3}{4}$$

稍加观察，此概率$\frac{3}{4}$正好等于每次试验甲赢的概率$\frac{1}{6}$，除以甲赢概率与乙赢概率之和$\frac{1}{6}+\frac{1}{18}$，即$\frac{1}{6}\div\left(\frac{1}{6}+\frac{1}{18}\right)=\frac{3}{4}$。由此产生猜想：设 A 和B 为某试验的两个互斥事件，则当独立重复这一试验时，事件 A 发生在事件B 之前的概率为

$$\frac{P(A)}{P(A)+P(B)}$$

极易证明此猜想是正确的。

证明 设 C="A 在B 之前发生"。

① 当 $A+B\neq\Omega$ 时，则由全概率公式，得

$$\begin{aligned}P(C)&=P(A)P(C\mid A)+P(B)P(C\mid B)+P(\Omega-A-B)P(C\mid\Omega-A-B)\\&=P(A)\cdot1+P(B)\cdot0+[1-P(A)-P(B)]P(C)\\&=P(A)+P(C)-[P(A)+P(B)]P(C)\end{aligned}$$

所以，有 $P(C)=\frac{P(A)}{P(A)+P(B)}$。

② 当 $A+B=\Omega$ 时，由全概率公式，得

$$P(C)=P(A)P(C\mid A)+P(B)P(C\mid B)=P(A)=\frac{P(A)}{P(A)+P(B)}$$

2.1.1.2 通过观察获得思路

如果善于观察，在例 1.2.1 中，把等式的右式去除左边各式，得

$$\frac{\binom{a}{0}\binom{b}{n}+\binom{a}{1}\binom{b}{n-1}+\cdots+\binom{a}{n}\binom{b}{0}}{\binom{a+b}{n}}=1$$

不难看出，这正是由超几何分布构成的一个完备事件组，于是思路清晰了，只要构造一个从一袋中装有 a 个红球，b 个白球，从中随机摸出 n 个，$n=\min\{a,b\}$。令 $A_k=\{$取出的 n 个球中有k 个红球$\}$，从而有

$$P(A_k)=\frac{\binom{a}{k}\binom{b}{n-k}}{\binom{a+b}{n}}\quad(k=0,1,2,\cdots,n;n=\min\{a,b\})$$

由 $P(A_0\cup A_1\cup A_2\cup\cdots\cup A_n)=P(\Omega)=1$ 即得。

2.1.1.3 通过观察得到结果

概率模型皆是对现实随机现象的简约、抽象和概括。头脑里多装一些常用模型，触景思辨，结果自现。

【例 2.1.2】 写出以下正态密度对应的随机变量的均值和标准差：

$$p(x) = \frac{1}{\sqrt{\pi}} e^{-(x^2+4x+4)} \quad (-\infty < x < +\infty)$$

利用正态分布密度的标准模式，依据参数的特定位置观察即可得到结果。

解 $p(x) = \frac{1}{\sqrt{\pi}} e^{-(x+4x+4)} = \frac{1}{\sqrt{2\pi}\left(\frac{1}{\sqrt{2}}\right)} e^{-\frac{(x+2)^2}{-2\left(\frac{1}{\sqrt{2}}\right)^2}} \quad (-\infty < x < +\infty)$。

对照正态分布密度函数的标准模式，即

$$X \sim N(\mu, \sigma^2)$$

则

$$p(x) = \frac{1}{\sqrt{2\pi}} e^{-\frac{(x-\mu)^2}{2\sigma^2}} \quad (-\infty < x < +\infty)$$

得

$$\mu = -2, \quad \sigma = \frac{1}{\sqrt{2}}$$

2.1.2 观察的主要内容

观察是认识的开端，是发现问题、了解问题和解决问题的第一步。没有这个开端，相应的工作都无法开展。[①] 从上述观察的作用中我们可以看出观察的重要内容，但观察的内容远远要丰富得多。因为在概率论解题过程中，我们不仅需要观察已知的和需要求解的，还需要观察从已知到求解的整个过程中涉及的一切数量关系和空间形式，随时捕捉有用的解题信息。[②]

2.1.2.1 观察已知和未知，已知未知建联系

一般而言，概率论问题中已知和未知之间都有一条通路，只不过有些较为平坦（已知与未知联系直接），有些较为曲折（已知与未知联系间接），找到了，问题迎刃而解；找不到，无可奈何。所以一个问题的圆满解决就在于已知与未知的直接沟通，或对已知信息的再挖掘，达到已知与未知的沟通，这些，都将取决于对问题的全面观察与思考。

【例 2.1.3】 已知随机变量 X 的密度函数为

$$p(x) = \frac{2}{\pi} \cdot \frac{1}{e^x + e^{-x}} \quad (-\infty < x < +\infty)$$

试求随机变量 $Y = g(X)$ 的概率分布，其中

① 吴炯圻，林培榕. 数学思想方法：创新与应用能力的培养[M]. 厦门：厦门大学出版社，2009：213.

② 叶立军. 数学方法论[M]. 杭州：浙江大学出版社，2008：215.

$$g(x)=\begin{cases}-1 & (x<0)\\ 1 & (x\geqslant 0)\end{cases}$$

显然,通过对整体观察可以看出,这是一个连续随机变量对一个离散型随机变量的映射(多对一),再进一步观察自变量 X 的密度函数 $p(x)$ 是一个偶函数,再观察一下 $Y=g(X)$ 的取值规律,取值只有两个:-1 与 1,与其对应的 X 的取值分别为 $x<0$ 与 $x\geqslant 0$,根据这种对应就可求出 $Y=g(X)$ 的两个取值 -1 与 1 的概率,于是问题就迎刃而解了。

解 因为 $p(x)$ 是偶函数,所以可得 $P(X<0)=P(X\geqslant 0)=0.5$。由此得

$$P(Y=-1)=P(X<0)=P(X\geqslant 0)=P(Y=1)=0.5$$

从而得 Y 分布律为

Y	-1	1
P	0.5	0.5

值得注意的是,观察也是有层次的,不同层次的观察会得到不同的效果。如对于上题,有人观察就发觉,Y 的取值题中已告知,只需求出 $P(Y=-1)$ 和 $P(Y=1)$ 即可。于是利用等价事件转化和连续随机变量求概率的一般方法,得

$$P(Y=-1)=P(X<0)=\int_{-\infty}^{0}\frac{2}{\pi}\frac{1}{e^{x}+e^{-x}}dx=\frac{2}{\pi}\int_{-\infty}^{0}\frac{1}{e^{2x}+1}de^{x}=\frac{2}{\pi}\tan e^{x}\Big|_{-\infty}^{0}=\frac{1}{2}$$

$$P(Y=1)=1-P(Y=-1)=1-\frac{1}{2}=\frac{1}{2}$$

【例 2.1.4】 已知事件 $A,B,A\cup B$ 的概率分别为 0.4,0.3,0.6,求 $P(A\bar{B})$。

由于 $P(A\bar{B})=P(A-AB)=P(A)-P(AB)$,通过挖掘,整体观察已知和未知,自然联想到概率的一般加法公式。

解 由加法公式 $P(A\cup B)=P(A)+P(B)-P(AB)$ 及题设条件知 $0.6=0.4+0.3-P(AB)$,由此解得 $P(AB)=0.1$。从而

$$P(A\bar{B})=P(A-AB)=P(A)-P(AB)=0.4-0.3=0.3$$

2.1.2.2 观察结论思拓广,创新应用谱新章

一个特定背景下问题的解决,一个新的结果产生,观察它的结构特征及内涵,有没有可能推广,确定在什么范围下推广是挺有价值的一件事。因为它不仅给出了一大批题目的解决方法,而且更能培养人的创新意识和创造能力。

【例 2.1.5】① 袋中有 a 个黑球和 b 个白球,现把球随机地一个一个摸出来,求第 $k(1\leqslant k\leqslant a+b)$ 次摸出的球是黑球的概率。此题可以用多种方法求解,其概率为 $P_k=\dfrac{a}{a+b}$。

观察此结果,从结构上其意义非常明确:① 摸球结果与摸球次序无关;② 每次摸到黑球的概率都等于黑球数与总球数的比。这样一批类似的问题就迎刃而解了。

【例 2.1.6】 某人有 n 把不同的钥匙,其中只有一把能打开他的门,他逐把取出钥匙试开,求第 i 次打开锁的概率($i=1,2,3,\cdots,n$)。

---

① 张德然.概率论思维论[M].合肥:中国科学技术大学出版社,2004:48.

由于取钥匙是随机的，这就相当于上题的 $a=1,b=n-1$ 的情形。

解 令 A_i =“第 i 次试开打开锁”$(i=1,2,3,\cdots,n)$。则

$$P(A_i)=\frac{1}{n}\quad(i=1,2,3,\cdots,n)$$

【例 2.1.7】 袋中有 a 个黑球和 b 个白球，甲、乙、丙 3 人依次从袋中取出一球(取后不放回)，试分别求出 3 人各自取得黑球的概率($a\geqslant 3$)。

对于此题，同样可以认为从袋中随机地一个一个摸球，分别求第一次、第二次、第三次摸出黑球的概率，从而知甲、乙、丙 3 人各自取得黑球的概率均为$\frac{a}{a+b}$。

【例 2.1.8】 袋中有 a 个黑球、b 个白球，把球随机地一个一个摸出来(不放回)，直至袋中剩下的球颜色都相同为止，求最后剩下的全是黑球的概率。

观察此题，似乎和例 2.1.5 相似。问题的背景相同，但关心的问题不同。能不能转化？设想摸球直到摸完为止，考虑：A =“最后剩下的全是黑球”，B =“最后一次摸出来的是黑球”。显然，如果最后剩下的全是黑球(A 发生)，那么最后一次摸出来的必是黑球(B 发生)，即有 $A\subset B$；反过来，如果最后一次摸出来的是黑球(B 发生)，那么最后剩下是同色球时必包含最后一次所取球，所以剩下的必全是黑球(A 发生)，即又有 $B\subset A$。因而有 $A=B$。从而，得 $P(A)=P(B)=\frac{a}{a+b}$。

2.1.2.3 数形结合细观察，确定趋势求性质

数形结合千般好，留意观察就明了。在很多概率问题的研究中，借助于数形结合，通过观察，要么思路清晰、要么趋势明显、要么性质展现。如判断两个随机变量的相关性，已知分布律(离散型)或分布密度求随机变量的分布函数，确定随机变量的诸性质等。

可见，有观察才有发现。不善于发现问题，就不可能在发现真理的道路上走多远。[①] 著名哲学家波普尔认为：“正是问题激发我们去学习，去发展知识，去实践，去观察。”通过观察，抓住已知和未知的联系，从“已知”推导“可知”，最后使“可知”与“需求”合拢。[②]

一个漂亮的解题方案的形成，观察与联想要同时并举。联想是一种思维活动，简单地说就是把不同事物联系起来的一种思想方法。[③] 通过观察，依据联想，才能及时调动储存在大脑信息库里的信息，较快地拉近已知与需求的距离。英国剑桥大学病理学家贝弗里奇认为：“直觉是对情况的一种突如其来的疑悟或理解”。一般的思维，总是局限在相关度较高的问题上，和问题比较接近的“近区联想”上。所以，一名优秀的解题高手之所以优秀，就在于他有敏锐的观察力和丰富的联想能力，这使他总能绕过“险滩”，跨过“急流”，铺设出一条妙趣横生的证明之路。[④]

① 张楚廷. 教育中什么在妨碍创造[J]. 高等教育研究，2002. 23(6)：1-5.

② 叶立军. 数学方法论[M]. 杭州：浙江大学出版社，2008：217.

③ 徐利治. 漫谈数学的学习与研究方法[M]. 大连：大连理工大学出版社，1989：50.

④ 叶立军. 数学方法论[M]. 杭州：浙江大学出版社，2008：221.

2.2 试 验 法

试验法是人们根据科学研究的目的或教学的需要，运用一定的物质手段，在人为地控制或模拟自然现象的条件下，对研究对象及其相互关系进行考察，从而获得经验材料的方法。相应的行为成为实验。[①] 对于概率论而言，几乎所有的实验都是在自然现象或模拟自然现象条件下的观察，所以一般都称之试验。

2.2.1 试验的类型

对于随机现象而言，在很多情形下若没有试验，就会使我们对它的认识陷入愚昧无知。从整体来看，试验可分为两种类型：真实试验和思想试验。

2.2.1.1 真实试验

所谓真实试验，是指在一定条件下为达到一定目的而进行的可视性试验。在概率论中这类试验很多，概率的统计定义的抽象、大数定律的验证及求 π 的近似值等。

2.2.1.2 思想试验

所谓思想试验，就是按真实试验的格式展开的一种复杂的思维活动，它通过创造有假想主体干预的变化着的假想客体形象来揭示事物的内部规律。这种试验在解决许多复杂的概率问题中常常出现。

2.2.2 试验的主要作用

2.2.2.1 寻求统计规律

随机现象具有双重性，必然寓于偶然之中。即在对随机现象进行大数量的观察与试验时，随机现象呈现出规律性，这种规律称为统计规律。因为概率论就是研究随机变量统计规律的科学，所以，在概率论中，试验是认识随机现象、发现与解决其中诸多问题的一种有效方法，至少理论上如此。

【例 2.2.1】[②] 很多游戏中都会用到骰子，以掷出点子的大小来确定优先权，比如下棋、赛球等。甲先掷一个(均匀的)骰子，然后乙掷，谁掷出的点子多谁赢。问甲赢的概率多大?

掷骰子的问题在“概率论”相关书中经常涉及，对此游戏的情形大多数人虽不能全然掌握，但大多数都会了解一些，并且大都会想到通过做试验去对其中的相关问题进行求解。投一颗骰子做试验还算方便，涉及两颗以上的骰子就不容易了，此时可以借助于思想试验和数

① 吴炯圻，林培榕. 数学思想方法：创新与应用能力的培养[M]. 厦门：厦门大学出版社，2009：214.

② 孙荣恒. 趣味随机问题[M]. 北京：科学出版社，2005：44-46.

学手段来解决。例 2.2.1 的一般解法如下：

解法 1 当乙掷出的点数是 1 时，甲若想赢，甲应掷出 2,3,4,5,6 点之一，即这时甲赢的概率为$\frac{6-1}{6}=\frac{5}{6}$。一般地，当乙掷出的点数是 $i(i=1,2,3,4,5,6)$，甲赢的概率是$\frac{6-i}{6}$。

再设 A_i = "乙掷出 i 点"$(i=1,2,3,4,5,6)$，B = "甲赢"。由全概率公式，得$\left(注意\ P(A_i)=\frac{1}{6}\right)$

$$P(B)=\sum_{i=1}^{6}P(A_i)P(B\mid A_i)=\sum_{i=1}^{6}\frac{1}{6}\times\frac{6-i}{6}=\frac{5}{12}$$

受上述启发，利用对称性，下面一种解法更简洁。

解法 2 由于对称性，甲赢与甲输（即乙赢）的概率相等，又和局的概率是$\frac{1}{6}$，由对立事件概率公式，甲赢的概率是$\left(1-\frac{1}{6}\right)\div 2=\frac{5}{12}=\frac{6-1}{2\times 6}$。

推广：掷两颗均匀的骰子，比较甲乙掷出的两个点数之和谁大，问这时甲赢的概率有多大？用前面两种方法都可解，我们仅用简洁法来求解，方法如下：

解法 3 由于对称性，甲赢与甲输的概率是相等的。而当甲乙掷出的点数之和相同（即 2,3,4,…,12 共 11 个数）时为和局。在甲掷出的点数之和为 2$\left(概率为\frac{1}{36}\right)$的条件下，乙也掷出 2 的可能情况是两个骰子都是 1，即(1,1)，其概率为$\frac{1}{36}$，在甲掷出点数之和为 3 的条件下，乙也掷出点数之和为 3 的可能情况是(1,2)，(2,1)，其概率为$\frac{2}{36}$，类似的，在甲掷出点数之和为 4,5,6,…,12 时，乙也分别掷出相同的点数之和，其概率分别为$\frac{3}{36}$，$\frac{4}{36}$，$\frac{5}{36}$，$\frac{6}{36}$，$\frac{5}{36}$，$\frac{4}{36}$，$\frac{3}{36}$，$\frac{2}{36}$，$\frac{1}{36}$。由全概率公式，出现和局的概率为

$$\frac{1}{36}\left(\frac{1}{36}+\frac{2}{36}+\cdots+\frac{1}{36}\right)=\frac{1}{36}\times\frac{36}{36}=\frac{1}{36}$$

从而甲赢的概率为

$$\left(1-\frac{1}{36}\right)\div 2=\frac{35}{72}=\frac{6^2-1}{2\times 6^2}$$

类似的，当掷三个均匀的骰子时，和局的概率为$\frac{1}{216}$，从而，甲赢的概率为

$$\left(1-\frac{1}{6^3}\right)\div 2=\frac{215}{432}=\frac{6^3-1}{2\times 6^3}$$

由此类推，当掷 i 个骰子时，甲赢的概率为$\frac{6^i-1}{2\times 6^i}(i=1,2,3,\cdots)$。这是一个有界($\leqslant 0.5$)的递增数列，极限为 0.5。

2.2.2.2 判断结果正误

按概率的统计定义，事件的概率是大数次重复试验中事件发生频率稳定的中心值。后来，伯努利大数定律也给出了严格的理论证明。基于此，在历史上确定概率的频率方法曾风

靡一时，尽管它在理论上是可以广泛使用但实际上不太好用的一种方法，但在估计概率或在判断某种结果的正误上非常有效。

【例 2.2.2】①　在掷一枚硬币时，既可能出现正面，也可能出现反面，预先做出准确的判断是难以做到的。但是假设硬币均匀，人们总认为出现正面与出现反面的机会相等。为了验证此观点，历史上曾有不少人做过试验，其结果见表 2.1。

表 2.1　掷硬币试验表

试验者	掷硬币次数	出现正面次数	出现正面的频率
蒲丰	4040	2048	0.5069
隶莫庚	4092	2048	0.5005
杰文斯	20480	10379	0.5068
皮尔逊	12000	6019	0.5016
皮尔逊	24000	12012	0.5005
维尼	30000	14994	0.4998
费勒	10000	4979	0.4979
罗曼诺夫斯基	80640	39699	0.4923

由以上试验结果，我们发现，尽管"出现正面"的频率在随机变化，但它的变化是始终围绕着一个确定的数 0.5 摆动，而且当掷的次数越来越大时，频率就越来越稳定于 0.5。由概率的统计定义，掷一枚硬币出现正面向上的概率为 0.5，故可以认为出现正面与出现反面的机会相等。

2.2.2.3　计算参数的近似值

在一些概率建模或数值计算中，由于其中含有未知参数难以达到目标，要确定出参数值，或者精确值难以得到，只需求出近似值即可，试验法是一种有效的选择。

【例 2.2.3】②　（用蒙特卡罗方法计算定积分（随机投点法））设 $0\leqslant f(x)\leqslant 1$，求 $J=\int_0^1 f(x)\mathrm{d}x$。

显然，计算此积分的关键是要设计一个概率模型，把此积分转化为某一事件的概率，然后用试验法求得频率并代替概率，即可求得积分的近似值。

解　设二维随机变量 (X,Y) 服从正方形 $\{0\leqslant x\leqslant 1, 0\leqslant y\leqslant 1\}$ 上的均匀分布，则可知 X 服从 $[0,1]$ 上的均匀分布，Y 也服从 $[0,1]$ 上的均匀分布，且 X 与 Y 独立，令 $A=\{Y\leqslant f(X)\}$，则 A 的概率为

$$p = P(Y\leqslant f(X)) = \int_0^1\int_0^{f(x)}\mathrm{d}y\mathrm{d}x = \int_0^1 f(x)\mathrm{d}x = J$$

即定积分的值 J 就是事件 A 的概率 p。

① 张德然. 概率论思维论[M]. 合肥：中国科学技术大学出版社，2004：90.

② 茆诗松，程依明，濮晓龙. 概率论与数理统计教程[M]. 北京：高等教育出版社，2011：231-232.

由伯努利大数定律，我们可以用重复试验中 A 出现的频率作为 p 的估计值。这种求定积分的方法也称为随机投点法，即将(X,Y)看成是向正方形$\{0\leqslant x\leqslant 1,0\geqslant y\leqslant 1\}$内的随机投的点，用随机点落在区域$\{y\leqslant f(x)\}$中的频率作为定积分的近似值。

(1) 先用计算机产生(0,1)上均匀分布的 $2n$ 个随机数，组成 n 对随机数$(x_i,y_i)(i=1,2,\cdots,n)$，这里 n 可以很大，譬如 $n=10^4$，甚至 $n=10^5$。

(2) 对 n 对数据$(x_i,y_i)(i=1,2,\cdots,n)$，记录满足不等式 $y\leqslant f(x_i)$的次数，这就是事件 A 发生的频数 s_n。由此可得事件 A 发生的频率$\frac{s_n}{n}$，则 $J\approx\frac{s_n}{n}$。

譬如计算 $\int_0^1\frac{1}{\sqrt{2\pi}}e^{-\frac{x^2}{2}}dx$，其精确值和 $n=10^4$，$n=10^5$ 时的模拟值见表 2.2。

表 2.2　精确值

精确值	$n=10^4$	$n=10^5$
0.341344	0.340698	0.341355

此法可推广到更一般的情形：

(1) 对于一般区间$[a,b]$上的定积分 $J'=\int_a^b g(x)dx$，做线性变换 $y=\frac{x-a}{b-a}$，即可化成[0,1]区间上的积分。

(2) 对于一般函数 $c\leqslant g(x)\leqslant d$，可令 $f(y)=\frac{1}{d-c}[g(a+(b-a)y)-c]$，则 $0\leqslant f(y)\leqslant 1$，此时有 $J'=\int_a^b g(x)dx=\frac{b-a}{d-c}\int_0^1 f(y)dy+c(b-a)$。

这说明以上用蒙特卡罗(Monte-Carlo)方法计算定积分方法带有普遍意义。

著名的蒲丰投针问题是几何概率的一个早期的例子，它的解决不仅较典型地反映了几何概率的特征及处理方法——观察与试验，而且还可以由此领略到从概率土壤上开出的一朵瑰丽的鲜花——蒙特卡罗方法。①

由蒲丰抛针问题的结果知：向画有等距为 a 的平行线的平面内投掷一枚长为 $l(l<a)$ 的针，此针与平行线相交的概率为 $P=\frac{2l}{\pi a}$。所以，如果平行线间的距离 a 及针长 l 已知，将 π 的值代入即可计算出针与平行线相交的概率 P。反之，若已知针与平行线相交的概率 P，也可用上述答案求得 π。当然，一般来说 P 是未知的，但可以用频率去近似它。其方法是投针 N 次。得到此针与平行线相交的次数 n，则频率为$\frac{n}{N}$，于是得

$$\pi=\frac{2lN}{an}$$

历史上有一些学者曾亲自做过投针试验，其试验结果见表 2.3。

① 张德然. 概率论思维论[M]. 合肥：中国科学技术大学出版社，2004：91-92.

表 2.3 投针试验

试验者	年份	l/a	投掷次数	相交次数	π 的近似值
Wolf	1850	0.80	5000	2532	3.1596
Fox	1884	0.75	1030	489	3.1595
Lazzerini	1901	0.83	3408	1808	3.1415
Reina	1925	0.54	2520	859	3.1795

2.3 归 纳 法

大数学家拉普拉斯说过:“甚至在数学里,发现真理的主要工具是归纳和类比。”概率论也不例外,通过观察和试验等,我们获得了一些有用信息和特定背景下的结论,但还需要对此进行进一步的理性处理,归纳法就是通过对某类事物(概率论研究对象)的个别或部分对象的研究得出关于该类事物的一般结论的方法。归纳属于合情推理,具有或然性,因此,归纳法得到的结论在未证明之前仅是一种猜想,可能为真也可能不真。①

归纳法是由特殊到一般的推理方法,根据研究对象的范围是涉及某类事物的一部分还是全体,可以把归纳法分成不完全归纳法和完全归纳法。

2.3.1 不完全归纳法

不完全归纳法是根据考察的一类事物的部分对象具有某种性质,作为该类事物都具有这种性质的一般性结论的归纳推理方法。由于不完全归纳法仅仅通过对一类事物的部分对象的考察,就做出该类事物具有一般性结论的判断,结论不一定可靠,只是一种合情推理,其结果正确与否,还需要理论的证明和实践的检验。②

不完全归纳法的一般推理形式如下:设 $S=\{A_1,A_2,\cdots,A_n,\cdots\}$,由于 A_1 具有属性 P,A_2 具有属性 P,$\cdots$,A_n 具有属性 P,$\cdots$,因此,推断 S 类事物中的每一个对象都具有属性 P。③

比如,在例 2.2.2 的抛掷硬币的试验中,我们通过蒲丰等人的大数次试验,观察出现正面向上的频率稳定在 0.5 左右,因而就归纳出“掷一枚均匀的硬币,出现正面向上的概率是 0.5”,这就是不完全归纳法。不过通过伯努利大数定律证明的确是正确的。

由例 2.1.5 知,袋中有 a 个黑球和 b 个白球,把球随机地一个一个摸出来,第 $k(1\leqslant k\leqslant a+b)$ 次摸出的球是黑球的概率为 $\frac{a}{a+b}$。

对于两个口袋,每袋中都是 a 个黑球,b 个白球,从第一个口袋中任取一个球放入第二

① 吴炯圻,林培榕. 数学思想方法:创新与应用能力的培养[M]. 厦门:厦门大学出版社,2009:218.

② 叶立军. 数学方法论[M]. 杭州:浙江大学出版社,2008:249.

③ 顾泠沅. 数学思想方法[M]. 北京:中央广播电视大学出版社,2016:73.

个口袋，求在第二个口袋中任取一球为黑球的概率。

事实上，令 A_i ="从第 i 袋中取得黑球"，B_i ="从第 i 袋中取得白球"($i=1,2$)。则由全概率公式知，第二次取得黑球的概率为

$$P(A_2)=P(A_1)P(A_2\mid A_1)+P(B_1)P(A_2\mid B_1)$$
$$=\frac{a}{a+b}\cdot\frac{a+1}{a+b+1}+\frac{b}{a+b}\cdot\frac{a}{a+b+1}=\frac{a}{a+b}$$

对于三个口袋，每袋中都是 a 个黑球，b 个白球，从第一个口袋中任取一个球放入第二个口袋，再在第二个口袋中任取一球放入第三个口袋，求从第三个口袋中任取一球为黑球的概率。

事实上，令 A_i ="从第 i 袋中取得黑球"，B_i ="从第 i 袋中取得白球"($i=1,2,3$)。则由前面结论及全概率公式知

$$P(A_3)=P(A_2)P(A_3\mid A_2)+P(B_2)P(A_3\mid B_2)$$
$$=\frac{a}{a+b}\cdot\frac{a+1}{a+b+1}+\frac{b}{a+b}\cdot\frac{a}{a+b+1}=\frac{a}{a+b}$$

由上述结论我们得到：N 个口袋，每个袋中均有 a 个黑球，b 个白球，从第一个口袋中任取一个球放入第二个口袋，再从第二个口袋中任取一球放入第三个口袋，如此取下去，直至求从第 N 个口袋中任取一球，则最后取出的是黑球的概率为$\frac{a}{a+b}$。

2.3.2 完全归纳法

完全归纳法是根据对某类事物中的每一个对象的情况分析，进而做出关于该类事物的一般性结论的推理方法。

完全归纳法的一般推理形式如下：设 $S=\{A_1,A_2,A_3,\cdots,A_n\}$，由于 A_1 具有属性 P，A_2 具有属性 P，…，A_n 具有属性P，因此，推断 S 类事物中的每一个对象都具有属性 P。①

显然，完全归纳法相当于统计学中的全面调查，充分准确的信息确保了结论的可靠性。在概率论中常用来证明，尤其是与自然数有关的一些命题的证明。

【例 2.3.1】 设 $A_1,A_2,\cdots,A_n$ 是随机事件，试证明

$$P(A_1\cup A_2\cup\cdots\cup A_n)=\sum_{i=1}^{n}P(A_i)-\sum_{1\leqslant i<j\leqslant n}P(A_iA_j)$$
$$+\sum_{1\leqslant i<j<k\leqslant n}P(A_iA_jA_k)+\cdots+(-1)^{n-1}P(A_1A_2\cdots A_n)$$

证明 当 $n=2$ 时，$A_1\cup A_2=A_1\cup(A_2-A_1A_2)$，$A_1\cap(A_2-A_1A_2)=\Phi$ 且 $A_2\supset A_1A_2$，所以

$$P(A_1\cup A_2)=P(A_1)+P(A_2-A_1A_2)$$
$$=P(A_1)+P(A_2)-P(A_1A_2)$$

即当 $n=2$ 时结论成立。设对 $n-1$ 结论成立，现证对 n 结论也成立：

$$P(A_1\cup A_2\cup\cdots\cup A_{n-1}\cup A_n)=P[(A_1\cup A_2\cup\cdots\cup A_{n-1})\cup A_n]$$

① 顾冷元. 数学思想方法[M]. 北京：中央广播电视大学出版社，2016：75.

$$= \left[\sum_{i=1}^{n-1} P(A_i) - \sum_{1 \leqslant i < j \leqslant n-1} P(A_iA_j) + \cdots + (-1)^{n-2} P(A_1A_2\cdots A_{n-1}) \right] + P(A_n)$$

$$- \left[\sum_{i=1}^{n-1} P(A_iA_n) - \sum_{1 \leqslant i < j \leqslant n-1} P(A_iA_nA_jA_n) + \cdots + (-1)^{n-2} P(A_1A_nA_2A_n\cdots A_{n-1}A_n) \right]$$

$$= \sum_{i=1}^{n} P(A_i) - \sum_{1 \leqslant i < j \leqslant n} P(A_iA_j) + \sum_{1 \leqslant i < j < k \leqslant n} P(A_iA_jA_k) + \cdots + (-1)^{n-1} P(A_1A_2\cdots A_n)$$

至此，结论得证。

由于在基础概率中，譬如传递性摸球问题等都与自然数有关，所以完全归纳法的应用是非常广泛的，这种归纳实质上虽是演绎推理，但由于归纳法的思想是它的前提，即需要先有归纳假设 $P(k)$为真，才能进行演绎，因而形式上仍称它为归纳法。[①]

不完全归纳法和完全归纳法虽有不同，但在一些解决问题的过程中二者常常是结合应用的。前者可在复杂的背景下探求规律，形成猜想，后者则采取严格的逻辑推理给予论证，确定正确与否，从而使得问题圆满解决。

2.4 类 比 法

所谓类比法，就是依据两种概率论研究对象之间在某些方面的相同或相似，从而推出它们在其他方面也可能相似或相同的推理方法。它是以比较为基础的一种从特殊到特殊的推理方法。这是一种或然性推理，其结论是否正确还需经过严格的证明，这种推理和归纳一样，属于合情推理。[②]

开普勒说："我珍视类比胜过任何别的东西。"拉普拉斯更是一语道破天机："在数学里，发现真理的主要工具也是归纳和类比。"类比的形式丰富多彩，在概率论中既有形式性对比，也有实质性对比，比如事件与变量的类比，有限与无限的类比，平面与空间的对比，一维与多维的对比等。

2.4.1 结构类比

G.波利亚指出："类比是某种类型的相似性……是一种更确定的和更概念性的相似。"顾名思义，结构类比就是根据被比较对象在结构上的相似所进行的类比。这里可以是概率论学科中所研究对象之间的类比，也可以是概率论学科中的研究对象与其他学科研究对象的类比。由于此仅仅是结构上的类比，其类比的效益常常局限在思维、方法上的启迪，结果的可靠性需要进一步的验证。

例如，对于任意随机变量 X 与 Y，都有 $E(X+Y)=E(X)+E(Y)$。由此类比出 $D(X+Y)=D(X)+D(Y)$是错误的，但知 X 与 Y 独立，此类比却是正确的。同时，利用结构类比可以定常数(例 2.2.2)，也可以求概率。

---

① 张德然. 概率论思维论[M]. 合肥：中国科学技术大学出版社，2004：105.

② 吴炯圻，林培榕. 数学思想方法：创新与应用能力的培养[M]. 厦门：厦门大学出版社，2009：222.

例如,由蒲丰抛针问题知:平面上画有等距离的平行线,每两条平行线之间的距离为 a,向平面任意投掷一枚长为 $l(l<a)$的针,则针与平行线相交的概率为$\frac{2l}{\pi a}$。由此类比的例子如下:

【例 2.4.1】 平面上画有等距离的平行线,每两条平行线之间的距离为 a,向平面任意投一个三边长分别为 b,c,d(均小于 a)的三角形(图 2.1),则此三角形与平行线相交的概率为$\frac{b+c+d}{\pi a}$。

对于此问题,我们可以这样想:任意投一个三角形,该三角形与平行线相交不外乎以下几种情形:三角形的一个顶点与平行线相合;一条边与平行线相合;两条边与平行线相交。于是,解法如下:

解 令

$$A_1=\{三角形的一个顶点与平行线相合\}$$
$$A_2=\{三角形的一条边与平行线相合\}$$
$$A_3=\{三角形的二条边与平行线相交\}$$

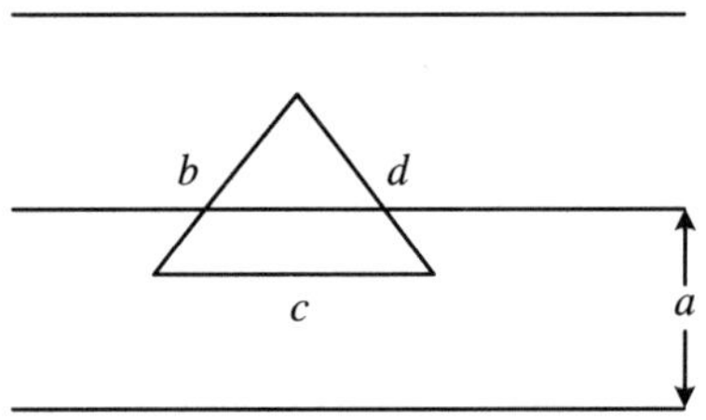

图 2.1 三角形与平行线相交的情形

显然,$P(A_1)=P(A_2)=0$,则 $P\{三角形与平行线相交\}=P(A_3)$。

分别用 $A_b,A_c,A_d,A_{bc},A_{bd},A_{cd}$表示 b,c,d 及两边 bc,bd,cd 与平行线相交,则

$$P(A_3)=P(A_{bc}\cup A_{bd}\cup A_{cd})$$

显然

$$P(A_b)=P(A_{bc})+P(A_{bd})$$
$$P(A_c)=P(A_{bc})+P(A_{cd})$$
$$P(A_d)=P(A_{bd})+P(A_{cd})$$

由蒲丰投针的结果,得

$$P(A_3)=\frac{1}{2}[P(A_b)+P(A_c)+P(A_d)]$$
$$=\frac{2}{2\pi a}(b+c+d)=\frac{b+c+d}{\pi a}$$

【例 2.4.2】 平面上画有等距离的平行线,每两条平行线之间的距离为 a,向平面任意投掷一个凸 n 边形(图 2.2),其周长为 S_n,假设这个凸 n 边形的直径(凸 n 边形任意两点的最大距离)小于 a,求此凸 n 边形与平行线相交的概率。

解 显然,若凸 n 边形与平行线相交,则必相交于两条边上。设 $A_{ij}(i,j=1,2,\cdots,n,i\neq j)$,表示"凸 n 边形的第i,j 条边与平行线相交",A 为"凸 n 边形与平行线相交",于是有

$$A=(A_{12}+A_{13}+\cdots+A_{1n})+(A_{23}+A_{24}+\cdots+A_{2n})+\cdots+A_{(n-1)n}$$

由于

$$A_{ij} = A_{ji}, P(A_{ij}) = P(A_{ji})$$

从而

$$P(A) = \frac{1}{2}\{[P(A_{12}) + P(A_{13}) + \cdots + P(A_{2n})] + \cdots + [P(A_{n1}) + P(A_{n2}) + \cdots + P(A_{nn})]\} = \frac{1}{2}\sum_{i=1}^{n}\sum_{j=1}^{n}P(A_{ij})$$

由蒲丰投针问题结论,知 $\sum_{j=1}^{n}P(A_{ij}) = \frac{2l_i}{\pi a}(i = 1,2,3,\cdots,n)$。所以

$$P(A) = \frac{1}{2}\sum_{i=1}^{n}\frac{2l_i}{\pi a} = \frac{1}{\pi a}\sum_{i=1}^{n}l_i = \frac{S_n}{\pi a}$$

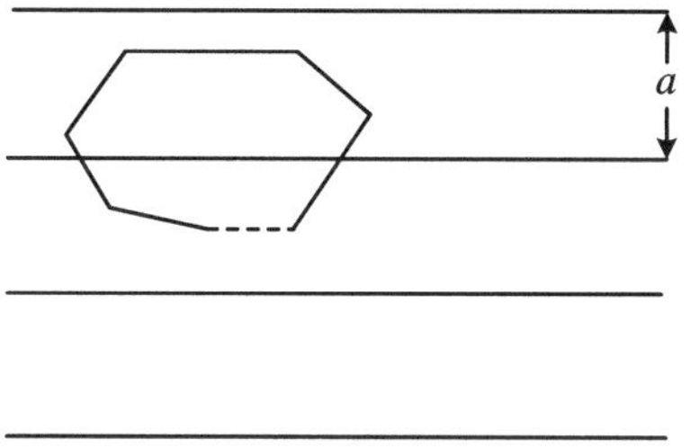

图 2.2 平面的任投一凸几边形

进一步,向平面抛掷一个直径为 d 的圆呢?由以上各例启发,由结构类比,结论应该是 $P = \frac{\pi d}{\pi a} = \frac{d}{a}$。

【例 2.4.3】 平面上画有等距离的平行线,每两条平行线之间的距离为 a,向平面任意投掷一直径为 $d(d<a)$的圆(图 2.3),求这圆与任一平行线相交的概率。

解 对于向平面任投一直径为 $d(d<a)$的圆,总可以做一个内接 n 边形,由例 2.4.2 知,此圆内接 n 边形与任一平行线相交的概率为

$$P_n = \frac{S_n}{\pi a}$$

其中,S_n 为内接 n 边形的周长。当 $n\to\infty$ 时,即得所求概率

$$P = \lim_{n\to\infty}P_n = \frac{\pi d}{\pi a} = \frac{d}{a}$$

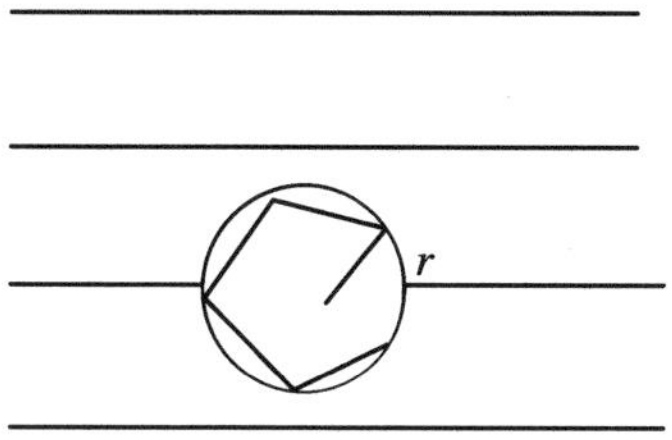

图 2.3 平面内任投一圆形

由上述结果可以看出,结构类比结果正确。基于此,在一些场合下,利用结构类比,产生联想,由此极有可能产生理论与方法的创新。因为直觉和灵感是概率论思维的两种形式,但是它们之间具有深刻的本质联系,即灵感是直觉的更高发展,是一种突发性的直觉,而直觉

又是从多次反复的逻辑思维和形象直感的交互作用下脱胎成长的。①

2.4.2 纵向类比

所谓纵向类比，是指在概率论学科内部，通过对被比较对象的各种相似属性之间多种因果关系的分析而得到的类比。② 这种类比有利于知识的深化，在潜移默化中形成新知识，产生新方法。如：古典概型是概率论研究初期最常见的概率问题的模型，只要具备有限性与等可能性，就可以用“$P(A)=\frac{A\text{ 所包含的样本点数}}{\text{样本点总数}}$”求得任一事件 A 的概率。但一旦打破了有限性，即若一类随机试验满足无限性和等可能性，那由计算概率的古典方法就能联想到应是把无限转为有限，此时只要能把任一样本点与一有限测度区域内的点构成对应，则所有样本点就可以用此区域的测度来计量，对于任一事件 A，它所含的样本点一定可以通过此区域的子区域的测度来计量，于是按概率的古典定义即得

$$P(A)=\frac{L(A)}{L(\Omega)}=\frac{A\text{ 所对应的区域测度}}{\Omega\text{ 所对应的区域测度}}$$

这就是计算概率的几何方法，又称概率的几何定义。

概率论中纵向类比的背景很多，如多维随机变量的问题用一维随机变量来类比，随机变量的关系运算与事件的关系运算做类比等，不但结果清楚，而且思路清晰通畅。

2.4.3 横向类比

横向类比是建立在各学科之间的一种类比，通过类比，产生知识与方法的迁移与创新。概率论与多学科联系紧密，通过彼此之间的类比可使得问题的解决别具特色。又例如，由集合论的知识可知，若记 $m(A)$为集合 A 元素数，则 $m(A\cup B)=m(A)+m(B)-m(AB)$。由此类比得 $P(A\cup B)=P(A)+P(B)-P(AB)$是正确的。又如由函数的单调性可类比猜想：若 $A\supset B$，则 $P(A)\geqslant P(B)$（此称概率的单调性），并且由函数单调性证明方法的类比产生了概率单调性的证明方法。

【例 2.4.4】 若 $A\supset B$，则 $P(A)\geqslant P(B)$。

证明 因为 $A\supset B$，所以 $A=B\cup(A-B)$，且 B 与 $A-B$ 互不相容，由有限可加性得

$$P(A)=P(B)+P(A-B)$$

即得 $P(A)-P(B)=P(A-B)\geqslant 0$，从而 $P(A)\geqslant P(B)$。

总之，在概率论中，随机事件与随机变量的类比、多维随机变量与一维随机变量的类比、有限与无限的类比、学科方法与其他学科方法的类比等比比皆是，只要我们注意到了，它就可以让我们在解决概率论问题的历练中增见识、长能力、创新知。

---

① 张德然. 概率论思维论[M]. 合肥：中国科学技术大学出版社，2004：40.

② 顾冷元. 数学思想方法[M]. 北京：中央广播电视大学出版社，2016：79.

2.5 演 绎 法

演绎法又称演绎推理,它是从一般原理推出个别结论的逻辑思想方法。其特点是:在推理形式合乎逻辑的条件下,运用演绎法从真实的前提一定能推出真实的结论。因此,演绎推理是一种必然性推理。①

演绎推理有多种形式。如,根据前提推出结论的过程是否需要借助其他工具,可分为间接推理与直接推理;按因果求索关系可分为分析法与综合法;根据前提与结论之间的结构关系,可具体分为三段论式、假言推理、传递推理、否定肯定式、注释推理、证明否命题、对各种情况的证明、数学归纳法以及反例证明等。② 近代概率论的理论与方法是建立在概率的公理系统基础上的,所以演绎法为概率论诸多问题的解决提供了坚实的理论基础及可靠的方法途径。在概率论中,最为基础且应用较多的是三段论式、综合演绎法、分析演绎法及反例证明法,在此,仅对它们进行阐述。

2.5.1 三段论式

三段论式是演绎推理最主要的基本形式,它由大前提、小前提和结论三部分构成。其基本模式为:

大前提:一切 M 都是 P(或非 P);

小前提:S 是 M;

结论:S 是 P(或非 P)。③

【例 2.5.1】④ 若 $P(A)=1$,证明:对任一事件 B,有 $P(AB)=P(B)$。

证明 因为 $A\cup B\supset A$,所以由单调性知 $P(A\cup B)\geqslant P(A)=1$,从而得 $P(A\cup B)=1$。又因为 $1=P(A\cup B)=P(A)+P(B)-P(AB)$,所以有 $P(B)-P(AB)=0$,即得 $P(AB)=P(B)$。

显然,这里的大前提为:概率的单调性与概率的非负性,这是由概率的公理化定义推出的普遍成立的正确命题。

小前提为:$A\cup B\supset A$,$P(A\cup B)\geqslant P(A)=1$;$P(A)\geqslant 0$,$P(AB)\geqslant 0$。

结论:$P(AB)=P(B)$。

同样,对于概率论中诸多问题的求解都是建立在三段论的演绎法之上的。

【例 2.5.2】 某学生钥匙丢了,掉在宿舍里、掉在教室里、掉在路上的概率分别是 50%、30% 和 20%,而掉在上述三个地方被找到的概率分别是 0.8、0.3 和 0.1,试求找到钥匙的概率。

---

① 叶立军.数学方法论[M].杭州:浙江大学出版社,2008:264.

② 吴炯圻,林培榕.数学思想方法:创新与应用能力的培养[M].厦门:厦门大学出版社,2009:251.

③ 叶立军.数学方法论[M].杭州:浙江大学出版社,2008:265.

④ 茆诗松,程依明,濮晓龙.概率论与数理统计教程[M].北京:高等教育出版社,2011:40.

解 令 $A_1=\{$钥匙掉在宿舍里$\}$，$A_2=\{$钥匙掉在教室里$\}$，$A_3=\{$钥匙掉在路上$\}$，$B=\{$找到钥匙$\}$。

由全概率公式得

$$\begin{aligned}P(B)&=P(A_1)P(B\mid A_1)+P(A_2)P(B\mid A_2)+P(A_3)P(B\mid A_3)\\&=0.5\times0.8+0.3\times0.3+0.2\times0.1=0.51\end{aligned}$$

大前提为：全概率公式。

小前提为：A_1,A_2,A_3,B 满足全概率公式的条件。

结论：$P(B)=0.51$。

2.5.2 综合演绎法

综合演绎法是根据原因推出结果的逻辑推理方式，它从已知条件出发，寻找其成立的必要条件和有关因素的内在联系，由此逐步推演，最后推导出所要结论的数学证明方法。[①]

【例 2.5.3】 证明 $|P(AB)-P(A)P(B)|\leqslant\frac{1}{4}$。

证明 不妨设 $P(A)\geqslant P(B)$，则

$$P(AB)-P(A)P(B)\leqslant P(B)-P(B)P(B)=P(B)[1-P(B)]\leqslant\frac{1}{4}$$

另一方面，还有

$$\begin{aligned}P(A)P(B)-P(AB)&=P(A)[P(AB)+P(\bar{A}B)]-P(AB)\\&=P(A)P(\bar{A}B)+P(AB)[P(A)-1]\\&\leqslant P(A)P(\bar{A}B)\leqslant P(A)P(\bar{A})\\&=P(A)[1-P(A)]\leqslant\frac{1}{4}\end{aligned}$$

综合上述，可得

$$|P(AB)-P(A)P(B)|\leqslant\frac{1}{4}$$

2.5.3 分析演绎法

分析演绎法又称执果索因法，它由命题的结论或所求问题的解答（即终极目标）出发，一步步地探索使结论成立或所求问题获解的充要条件，直到与题设的已知条件（即原始起点）相一致。

【例 2.5.4】 设 $X_1,X_2,\cdots,X_n$ 为正的独立同分布的随机变量，证明：对任意的 $k(1\leqslant k\leqslant n)$，有 $E\left(\frac{X_1+X_2+\cdots+X_k}{X_1+X_2+\cdots+X_n}\right)=\frac{k}{n}$。

证明 要证明 $E\left(\frac{X_1+X_2+\cdots+X_k}{X_1+X_2+\cdots+X_n}\right)=\frac{k}{n}$，由于

$$E\left(\frac{X_1+X_2+\cdots+X_k}{X_1+X_2+\cdots+X_n}\right)=k\cdot E\left(\frac{X_1}{X_1+X_2+\cdots+X_n}\right)$$

---

① 吴炯圻，林培榕. 数学思想方法：创新与应用能力的培养[M]. 厦门：厦门大学出版社，2009：260.

只需证明

$$E\left(\frac{X_1}{X_1+X_2+\cdots+X_n}\right)=\frac{1}{n}$$

即可。

由于 $X_1,X_2,\cdots,X_n$ 为正的独立同分布的随机变量，所以 $X_j/\sum\limits_{i=1}^{n}X_i$ 同分布$(j=1,2,\cdots,n)$，又$|X_j/\sum\limits_{i=1}^{n}X_i|\leqslant 1$，所以 $E(X_j/\sum\limits_{i=1}^{n}X_i)$都存在且相等$(j=1,2,\cdots,n)$。从而

$$1=E\left(\frac{X_1+X_2+\cdots+X_n}{X_1+X_2+\cdots+X_n}\right)=nE\left(\frac{X_n}{X_1+X_2+\cdots+X_n}\right)$$

即

$$E\left(\frac{X_n}{X_1+X_2+\cdots+X_n}\right)=\frac{1}{n}$$

命题得证。

上述分析表明，分析演绎和综合演绎是彼此相反又紧密联系的推理方式，分析演绎是从结果追溯到产生这一结果的原因(执果索因)，它侧重于探索和发现。综合演绎是从原因推导到由原因产生的结果(由因导果)，它侧重于整理和表述。在概率论解题中，人们一般总习惯于用分析演绎去思考，然后再用综合演绎去表达，或者交替使用分析演绎和综合演绎。尤其是在解决一类较复杂的概率问题时，后者是十分必要的。

【例 2.5.5】 设二维随机变量(X,Y)的联合概率密度为

$$p(x,y)=\begin{cases}\dfrac{6}{7}\left(x^2+\dfrac{1}{2}xy\right) & (0<x<1,0<y<2)\\ 0 & (\text{其他})\end{cases}$$

求(X,Y)的协方差矩阵及相关系数。

解 由于(X,Y)的协方差矩阵为

$$\begin{pmatrix}\mathrm{Var}(X) & \mathrm{Cov}(X,Y)\\ \mathrm{Cov}(X,Y) & \mathrm{Var}(Y)\end{pmatrix}$$

相关系数 $\rho_{XY}=\dfrac{\mathrm{Cov}(X,Y)}{\sqrt{\mathrm{Var}(X)}\sqrt{\mathrm{Var}(Y)}}$。

所以要达到本题目的，就必须求出 $DX,DY,\mathrm{Cov}(X,Y)$。根据

$$\mathrm{Var}(X)=E(X^2)-(EX)^2,\mathrm{Var}(Y)=E(Y^2)-(EY)^2$$

$$\mathrm{Cov}(X,Y)=E(XY)-E(X)\cdot E(Y)$$

只需分别求出 EX,EX^2,EY,EY^2 即可。

由于题中已给出(X,Y)的联合密度，上述所需均可直接由随机变量的数学期望公式求得。

因为

$$E(X)=\int_{-\infty}^{+\infty}\int_{-\infty}^{+\infty}xp(x,y)\mathrm{d}x\mathrm{d}y=\int_0^1\int_0^2\frac{6}{7}x\left(x^2+\frac{1}{2}xy\right)\mathrm{d}y\mathrm{d}x=\int_0^1\left(\frac{12}{7}x^3+\frac{6}{7}x^2\right)\mathrm{d}x=\frac{5}{7}$$

$$E(X^2)=\int_0^1\int_0^2\frac{6}{7}x^2\left(x^2+\frac{xy}{2}\right)\mathrm{d}x\mathrm{d}y=\frac{39}{70}$$

所以

$$\mathrm{Var}(X)=E(X^2)-(EX)^2=\frac{39}{70}-\left(\frac{5}{7}\right)^2=\frac{23}{490}$$

又因为

$$E(Y)=\int_0^1\int_0^2\frac{6}{7}y\left(x^2+\frac{xy}{2}\right)\mathrm{d}y\mathrm{d}x=\frac{8}{7}$$

$$E(Y^2)=\int_0^1\int_0^2\frac{6}{7}y^2\left(x^2+\frac{xy}{2}\right)\mathrm{d}y\mathrm{d}x=\frac{34}{21}$$

$$\mathrm{Var}(Y)=E(Y^2)-(EY)^2=\frac{34}{21}-\left(\frac{8}{7}\right)^2=\frac{46}{147}$$

又

$$E(XY)=\int_0^1\int_0^2\frac{6}{7}xy\left(x^2+\frac{1}{2}xy\right)\mathrm{d}y\mathrm{d}x=\frac{17}{21}$$

故

$$\mathrm{Cov}(X,Y)=E(XY)-E(X)E(Y)=\frac{17}{21}-\frac{5}{7}\times\frac{8}{7}=-\frac{1}{147}$$

从而，得(X,Y)的协方差矩阵为

$$\begin{pmatrix}\frac{23}{490} & -\frac{1}{147}\\ -\frac{1}{147} & \frac{46}{147}\end{pmatrix}$$

X 与 Y 的相关系数

$$\rho_{XY}=\frac{\mathrm{Cov}(X,Y)}{\sqrt{\mathrm{Var}(X)}\sqrt{\mathrm{Var}(Y)}}=\frac{-\frac{1}{147}}{\sqrt{\frac{23}{490}}\sqrt{\frac{46}{147}}}=-\frac{\sqrt{15}}{69}$$

由于概率论中对于一些随机现象归纳出了许多具体模型，并推出了一些相应的具体公式。所以，对于许多问题，条件充分，目的明确，只要注意利用和挖掘信息，就一定会找到明晰的思路，直接应用综合演绎法即可求解。

【例 2.5.6】 设某种动物从出生活到 10 岁的概率为 0.8，而活到 15 岁的概率为 0.5，问现年为 10 岁的这种动物能活到 15 岁的概率是多少？

这显然是一个求条件概率的问题，从宏观上看，求条件概率一般有两条途径：一是由条件概率的定义求，即原有样本空间中用 $P(B|A)=\frac{P(AB)}{P(A)}$求；二是在条件实施之下缩减的样本空间中求。若令 $A=\{$该动物活到 10 岁$\}$，$B=\{$该动物活到 15 岁$\}$，则由题知 $P(A)=0.8$，$P(B)=0.5$，但缺了个 $P(AB)$。通过挖掘题中的信息可知，$A\supset B$，从而 $AB=B$，于是有 $P(AB)=P(B)$，问题迎刃而解。

解 令 $A=\{$该动物活到 10 岁$\}$，$B=\{$该动物活到 15 岁$\}$，由题知

$$P(A)=0.8,\quad P(B)=0.5,\quad P(AB)=P(B)=0.5$$

所以

$$P(B\mid A)=\frac{P(AB)}{P(A)}=\frac{P(B)}{P(A)}=\frac{0.5}{0.8}=0.625$$

但在利用题中已给信息和进一步挖掘信息时，一定要注意理解题中原有信息的确切内涵，因为只有在准确信息的支撑下才有正确的结果。

【例 2.5.7】 设 n 件产品中有 m 件不合格品，从中任取 2 件，已知 2 件中有 1 件是合格

品,求另1件也是合格品的概率。

这里出错点就在对“已知2件中有1件是合格品”的理解,正确的理解为“已知2件中至少有1件是合格品”。于是,应如下解:

解 令 $A=\{2$ 件中有1件是合格品$\}$,$B=\{$另1件也是合格品$\}$。于是

$$P(A)=P\{\text{取出一件合格品、一件不合格品}\}+P\{\text{取出两件都是合格品}\}$$

$$=\frac{\binom{m}{1}\binom{n-m}{1}}{\binom{n}{2}}+\frac{\binom{n-m}{2}}{\binom{n}{2}}=\frac{2m(n-m)+(n-m)(n-m-1)}{n(n-1)}$$

$$=\frac{(n-m)(n+m-1)}{n(n-1)}$$

$$P(AB)=P\{\text{取出 2 件都是合格品}\}=\frac{\binom{n-m}{2}}{\binom{n}{2}}=\frac{(n-m)(n-m-1)}{n(n-1)}$$

于是所求概率为

$$P(B\mid A)=\frac{P(AB)}{P(A)}=\frac{\dfrac{(n-m)(n-m-1)}{n(n-1)}}{\dfrac{(n-m)(n+m-1)}{n(n-1)}}=\frac{n-m-1}{n+m-1}$$

【例2.5.8】 一批产品共有10件,其中6件正品,4件次品,从中取2次,每次任取1件,采取无放回抽样,求:

① 两次都取得正品的概率;

② 第一次取得次品、第二次取得正品的概率;

③ 第二次取得正品的概率。

①②的信息明确,解题时一般不会搞错,但③的信息要求的仅仅是第二次,因此必须全面考虑第一次抽取的情况。

解 设 $A_i=\{$第 i 次取得正品$\}(i=1,2)$。则

① $P(A_1A_2)=P(A_1)P(A_2\mid A_1)=\frac{6}{10}\times\frac{5}{9}=\frac{1}{3}$;

② $P(\overline{A_1}A_2)=P(\overline{A_1})P(A_2\mid\overline{A_2})=\frac{4}{10}\times\frac{6}{9}=\frac{4}{15}$;

③ $P(A_2)=P(A_1A_2)+P(\overline{A_1}A_2)=\frac{1}{3}+\frac{4}{15}=\frac{3}{5}$。

显然,以上各条件概率都是在压缩的样本空间中求得。可见,在利用综合演绎法解题时,对题中已给信息的理解和挖掘是多么重要。

2.5.4 反例证明法

反例证明法就是利用矛盾证明,它的理论根据是形式逻辑的矛盾律。[①] 在概率论中,面

① 吴炯圻,林培榕.数学思想方法:创新与应用能力的培养[M].厦门:厦门大学出版社,2009:256.

对一个具体问题常常根据经验会产生一些猜想，但如何确定猜想的可靠性？当思路较明确时，用综合演绎法即可证明。当一时尚未找准证明的思路时，也可以反向考虑，力求找出反例，同样可以解决问题。

【例 2.5.9】 若 X 与 Y 相互独立，则 $\mathrm{Cov}(X,Y)=0$，反之不然。

证明 若 X 与 Y 相互独立，则 $E(XY)=E(X)E(Y)$，即 $E(XY)-E(X)E(Y)=0$。从而，$\mathrm{Cov}(X,Y)=E(XY)-E(X)E(Y)=0$。

"反之不然"可以构建以下反例：设随机变量 $X\sim N(0,\sigma^2)$，且令 $Y=X^2$，则 X 与 Y 不独立。此时 X 与 Y 的协方差为

$$\mathrm{Cov}(X,Y)=\mathrm{Cov}(X,X^2)=E(X\cdot X^2)-E(X)E(X^2)=0$$

此例表明："独立"必导致"不相关"，而"不相关"不一定保证"独立"。

同样，对一些探索性的发现或一些定义的形成，反例证明法同样发挥着十分重要的作用。比如，对于任意两个事件 A,B，其独立的充要条件为 $P(AB)=P(A)P(B)$，并根据经验知：对于一组事件，两两互斥则此组事件互斥，由此产生联想：对于三个事件 A,B,C，其两两独立是否能保证三个事件相互独立呢？即由

$$\begin{cases}P(AB)=P(A)P(B)\\P(AC)=P(A)P(C)\\P(BC)=P(B)P(C)\end{cases}\qquad ①$$

能否推出 A,B,C 相互独立？按照事件独立的直观意义，应该由上述三式推出

$$P(ABC)=P(A)P(B)P(C)\qquad ②$$

对此，直接用演绎推理有一定难度，但若能构造一个背景，通过演绎推理，由①成立推不出②成立，那就说明两两独立不能保证三个事件独立。

【例 2.5.10】① 设同时抛掷 2 个均匀的正四面体一次，每一四面体的 4 个面分别标有号码 1,2,3,4，令

$A=\{$第一个四面体出现偶数$\}$

$B=\{$第二个四面体出现奇数$\}$

$C=\{$2 个四面体或者同时出现奇数，或者同时出现偶数$\}$

此时样本空间为

$$\Omega=\begin{Bmatrix}(1,1) & (1,2) & (1,3) & (1,4)\\(2,1) & (2,2) & (2,3) & (2,4)\\(3,1) & (3,2) & (3,3) & (3,4)\\(4,1) & (4,2) & (4,3) & (4,4)\end{Bmatrix}$$

由假设，利用古典概率公式可得

$$P(A)=P(B)=P(C)=\frac{1}{2}$$

$$P(AB)=P(BC)=P(AC)=\frac{4}{16}=\frac{1}{4}$$

而 $P(ABC)=0$，$P(A)P(B)P(C)=\frac{1}{8}$。

所以，在这个例子中①式成立，但②式却不成立，故由①不能推出②。

① 朱秀娟，洪再吉. 概率统计问答 150 题[M]. 长沙：湖南科学技术出版社，1985：41-42.

同样，构造一个背景，通过演绎推理，由②成立推不出①成立，那就说明三个事件积的概率等于概率的乘积也不能保证两两独立。

【例 2.5.11】 若有一均匀正八面体，其第 1,2,3,4 面染上红色，第 1,2,3,5 面染上白色，第 1,6,7,8 面染上黑色，令

$$A = \{\text{抛一次正八面体朝下的一面出现红色}\}$$
$$B = \{\text{抛一次正八面体朝下的一面出现白色}\}$$
$$C = \{\text{抛一次正八面体朝下的一面出现黑色}\}$$

则

$$P(A) = P(B) = P(C) = \frac{4}{8} = \frac{1}{2}$$
$$P(ABC) = \frac{1}{8} = P(A)P(B)P(C)$$

但是

$$P(AB) = \frac{3}{8} \neq \frac{1}{4} = P(A)P(B)$$

这表明由②不能推出①。

综上，我们把同时满足①②作为三事件 A,B,C 独立的定义。

推而广之，在定义 n 个事件 $A_1,A_2,\cdots,A_n$ 的独立性时，若对一切可能的组合，成立以下的等式

$$\begin{cases} P(A_iA_j) = P(A_i)P(A_j) \\ P(A_iA_jA_k) = P(A_i)P(A_j)P(A_j) \\ \qquad\vdots \\ P(A_1A_2\cdots A_n) = P(A_1)P(A_2)\cdots P(A_n) \end{cases}$$

其中，$1\leqslant i<j<k<\cdots\leqslant n$，则称 $A_1,A_2,\cdots,A_n$ 相互独立。

这里共有 $C_n^2+C_n^3+\cdots+C_n^n=2^n-n-1$ 个式子，由三个事件的情况可以看出，这 2^n-n-1 个关系式必须同时满足，才能称 $A_1,A_2,\cdots,A_n$ 相互独立。

通过上述反例证明，不仅厘清了事件独立性的内涵，同时也为多个事件同时发生的概率计算提供了方法与途径。

2.6 构 造 法

所谓“构造法”，就是根据题设的特点，用已知条件中的元素作为“元件”，用已知的关系式作为“支架”，在思维中构造一种新的数学形式，如方程、函数、图形、抽屉等，以找到一条绕过障碍的新途径，从而使问题得到解决的一种方法。

构造法的核心是构造，要善于将形与数结合，将式与方程、函数联系，在数学表达式的几种形式之间找到其中的相互关系。构造法的内涵十分丰富，没有完全固定的模式可以套用，它以广泛抽象的普遍性与问题的特殊性为基础，针对具体问题的特点而采取相应的解决

方法。[①]

相关系数 $\mathrm{Corr}(X,Y)$是刻画 X 与 Y 之间的线性关系强弱程度的数字特征。为研究它的性质，需首先证明施瓦茨(Schwarz)不等式。

【例 2.6.1】 施瓦茨不等式：对任意二随机变量(X,Y)，若 X 与 Y 的方差存在，且记 $\sigma_X^2=\mathrm{Var}(X)$，$\sigma_Y^2=\mathrm{Var}(Y)$，则有

$$[\mathrm{Cov}(X,Y)]^2\leqslant\sigma_X^2\sigma_Y^2 \quad ①$$

证明 不妨设 $\sigma_X^2>0$，因为当 $\sigma_X^2=0$ 时。则 X 几乎处处为常数，因而其与 Y 的协方差亦为 0，从而①式两端皆为 0，结论成立。若 $\sigma_X^2>0$ 成立，考虑 t 的如下二次函数：

$$g(t)=E[t(X-E(X))+(Y-E(Y))]^2=t^2\sigma_X^2+2t\mathrm{Cov}(X,Y)+\sigma_Y^2$$

由于上述的二次三项式非负，平方项系数 σ_X^2 为正，所以其判别式小于或等于 0，即

$$[2\mathrm{Cov}(X,Y)]^2-4\sigma_X^2\sigma_Y^2\leqslant 0$$

移项后即得施瓦茨不等式。

构造法在解决概率论问题的过程中有一定的应用场合，如前面例 1.1.6 已涉及的通过构造一个二维随机变量的联合分布去证明柯西不等式；例 1.2.1 通过构造超几何分布来证明组合等式；例 2.1.2 通过构造一般正态分布的标准式来确定参数 μ，σ^2 等。

2.7 化 归 法

所谓“化归”，可以理解为转化和归结的意思。[②] 直观地说，化归法就是通过某种转化把要解决的问题归结到已解决或者易解决的问题，最终使问题得以解决的方法。匈牙利著名的数学家罗莎·彼得曾通过下面一个具体例子对化归法做了形象的描述。她说：“假如在面前有煤气灶、水龙头、水壶和火柴，现在的任务是要烧水，你应当怎样去做？”关于这个问题的正确回答应该是：“在水壶中装上水，点燃煤气，再把水壶放到煤气灶上。”接着，罗莎又提出这样一个问题：“如果其他条件都和原来一样，只是水壶中已经有了足够的水了，这时你应当怎样去做？”对于这样一个问题，一般人们都会回答说：“点燃煤气，再把水壶放到煤气灶上。”但是罗莎指出，这并不是最好的回答，因为“只有物理学家才会这样做，而数学家则会先倒去水壶中的水，并声称他已经把后一个问题化归成先前的问题了。”

就像体能是任何一项运动技术的基础一样，任何一个新解题方法的孕育和成熟均建立在已有的知识储备及能力基础之上，新的问题是载体，面对一个需要解决的问题，按照波利亚(G. PoIya)所说，你就要思考：“这是一个什么类型的问题？它与某个已知问题有关吗？它像某个已知问题吗？有一个同样类型的未知量(特别是过去解过的问题)问题吗？有一个具有相同结论的定理(特别是过去证明过的定理)吗？你知道一个相关问题吗？你知道或你能够设想一个同一类型的问题、一个类似的问题、一个更一般的问题，一个更特殊的问题吗？”于是，就可以利用“可用的相关问题”对原问题实施转化从而解决问题。

化归的过程可分为三个步骤：一是“化”，即把对原对象的研究转化为对另一个对象——

① 叶立军. 数学方法论[M]. 杭州：浙江大学出版社，2008：187-188.

② 顾泠元. 数学思想方法[M]. 北京：中央广播电视大学出版社，2016：110.

目标对象的研究；二是“解”，即对目标对象进行研究并从中求出相应的解答；三是“归”，返回原对象，即由第二步得出的结果导出原对象的解答。①

概率论中的化归法无处不有、无处不用。在对一些复杂的概率论问题的求解中，尤其是对出现不能或不易直接或正面找到解题途径时，我们往往都是采用转化问题的形式，从侧面或反面寻找突破口，直到最终把它化归成一个或若干个熟知的或已经解决的问题。从这个意义上说，化归法几乎伴随着所有概率论问题的解决。因为，所有概率论中的公式与运算法则、方法无不体现了化归法的思想和宗旨。

2.7.1 化高级为低级

就各种运算而言，低级运算均易于高级运算，所以在进行运算中，我们一定会想方设法把高级运算降为低级运算。在概率论的求解或运算公式的推导中，化事件一般关系为互斥关系就是一种常用手段。

【例 2.7.1】 设 A,B 为两个事件，且 $A\subset B$，则 $P(B-A)=P(B)-P(A)$。显然，对任意事件 A,B，尽管 $A\subset B$，但直接求 $P(B-A)$还是不方便，若能把减转化为和，和的运算就简单多了。考虑到 $A\subset B$，我们就可以把 B 转化为 A 与 $B-A$ 的和(并)，即 $B=A\cup(B-A)$，且 $A\cap(B-A)=\varphi$，从而利用有限可加性即得结论。

证明 因为

$$A\cap(B-A)=\varphi \quad 且 \quad B=A\cup(B-A)$$

所以

$$P(B)=P[A\cup(B-A)]=P(A)+P(B-A)$$

即

$$P(B-A)=P(B)-P(A)$$

由此极易推出：对于任意事件 A,B，有

$$P(A-B)=P(A-AB)=P(A)-P(AB)$$

2.7.2 化抽象为具体

有人说，抽象是数学的一个特色，概率论也不例外。基础概率如古典概率等常常有现实背景，研究起来易抓住头绪，而引入随机变量后，把许多现实问题加以抽象，呈现在人们面前的常常是“冰冷的美丽”，如何才能把“冰冷的美丽”化为“火热的思考”？一个基本的途径就是化抽象为具体。

【例 2.7.2】 假设随机变量 X_1,X_2,X_3,X_4 相互独立且同分布，$P(X_i=0)=0.6$，$P(X_i=1)=0.4$，求行列式 $X=\begin{vmatrix} X_1 & X_2 \\ X_3 & X_4 \end{vmatrix}$ 的概率分布。

由于 X 是用行列式表示的，抽象的形式不易发现解题思路，所以第一想法就是把行列式化简，从而找出着手点。

① 吴炯圻，林培榕. 数学思想方法：创新与应用能力的培养[M]. 厦门：厦门大学出版社，2009：270.

解 由于 $X=\begin{vmatrix} X_1 & X_2 \\ X_3 & X_4 \end{vmatrix}=X_1X_4-X_2X_3$，所以令

$$Y_1=X_1X_4,\quad Y_2=X_2X_3$$

从而 $X=Y_1-Y_2$，且随机变量 Y_1 和 Y_2 独立同分布

$$\begin{aligned} P(Y_1=1)=P(Y_2=1)=P(X_2=1,X_3=1) \\ =P(X_2=1)P(X_3=1)=0.4\times 0.4=0.16 \end{aligned}$$

$$P(Y_1=0)=P(Y_2=0)=1-0.16=0.84$$

随机变量 $X=Y_1-Y_2$ 有 3 个可能值 $-1,0,1$，易见

$$P(X=-1)=P(Y_1=0,Y_2=1)=P(Y_1=0)P(Y_2=1)=0.84\times 0.16=0.1344$$

$$P(X=1)=P(Y_1=1,Y_2=0)=P(Y_1=1)P(Y_2=0)=0.16\times 0.84=0.1344$$

$$P(X=0)=1-P(X=-1)-P(X=1)=1-0.1344-0.1344=0.7312$$

于是行列式 $X=\begin{vmatrix} X_1 & X_2 \\ X_3 & X_4 \end{vmatrix}$ 的概率分布为

$$\begin{pmatrix} -1 & 0 & 1 \\ 0.1344 & 0.7312 & 0.1344 \end{pmatrix}$$

从以上解题过程可以看出，从开始的行列式变形化整体一分为二，再通过分步计算到合二为一回归整体求得所求，都是一步一步把抽象的形式化归为一步一步的具体计算，从而使得计算步步有序有据，进程顺畅严谨。

【例 2.7.3】 设 X 和 Y 为两个随机变量，$E(X)=E(Y)=0$，$\mathrm{Var}(X)=\mathrm{Var}(Y)=1$，$\mathrm{Cov}(X,Y)=\rho$，证明：$E[\max(X^2,Y^2)]\leqslant 1+\sqrt{1-\rho^2}$。

最值是随机变量的函数，一旦一个问题涉及最值，相对丰富的内涵就使得问题抽象化了，因此，首先就要把最值的问题化归为对自变量的具体考虑，然后依次进行转化，问题就会得到解决。

证明

$$\begin{aligned}
E[\max(X^2,Y^2)] &= E\left[\frac{1}{2}(X^2+Y^2+|X^2-Y^2|)\right] \\
&= \frac{1}{2}[E(X^2)+E(Y^2)+E|X^2-Y^2|] \\
&= \frac{1}{2}[\mathrm{Var}(X)+\mathrm{Var}(Y)+E(|X+Y||X-Y|)] \\
&\leqslant \frac{1}{2}\Big[\mathrm{Var}(X)+\mathrm{Var}(Y)+\sqrt{\mathrm{Var}(X)+\mathrm{Var}(Y)+2\mathrm{Cov}(X,Y)} \\
&\quad\cdot\sqrt{\mathrm{Var}(X)+\mathrm{Var}(Y)-2\mathrm{Cov}(X,Y)}\Big] \\
&= \frac{1}{2}\Big[\mathrm{Var}(X)+\mathrm{Var}(Y)+\sqrt{\mathrm{Var}(X)+\mathrm{Var}(Y)+2\rho\sqrt{\mathrm{Var}(X)\mathrm{Var}(Y)}} \\
&\quad\cdot\sqrt{\mathrm{Var}(X)+\mathrm{Var}(Y)-2\rho\sqrt{\mathrm{Var}(X)\mathrm{Var}(Y)}}\Big] \\
&= \frac{1}{2}\left(1+1+\sqrt{(1+1+2\rho)(1+1-2\rho)}\right) \\
&= 1+\sqrt{1-\rho^2}
\end{aligned}$$

即

$$E[\max(X^2, Y^2)] \leqslant 1 + \sqrt{1 - \rho^2}$$

在上述化归过程中，我们应用了

$$E(X+Y) = E(X) + E(Y)$$
$$\mathrm{Var}(X) = E(X^2) - (E(X))^2$$
$$[\mathrm{Cov}(X, Y)]^2 \leqslant \mathrm{Var}(X)\mathrm{Var}(X)$$
$$\mathrm{Var}(X \pm Y) = \mathrm{Var}(X) + \mathrm{Var}(Y) \pm 2\mathrm{Cov}(X, Y)$$

2.7.3 化一般为特殊

随机变量的数学期望是描述随机变量统计特征量中最重要的、最基本的一个，它在理论和实践中都有广泛的应用。由其定义，对于离散型随机变量，只要数学期望存在，将其分布列代入求 $\sum\limits_{k=1}^{+\infty} x_k P(X=k)$；对于连续型随机变量，只要数学期望存在，将其分布密度 $p(x)$ 代入计算 $\int_{-\infty}^{+\infty} xp(x)\mathrm{d}x$ 即可。但具体到各个分布，由于随机变量的分布形式不一，随机变量的数学期望求解过程及计算方法也是多种多样，甚至有些解法技巧性很强。但总体上处理方法就是化一般无穷级数和广义积分为特殊无穷级数和广义积分。

【例 2.7.4】 对一目标进行射击，直到击中目标为止，如果每次射击命中率为 p，求射击次数 X 的数学期望。

解 由题意可知 X 的概率分布列为

$$P(X=k) = p(1-p)^{k-1} \triangleq pq^{k-1} \quad (k = 1, 2, \cdots, q = 1-p)$$

这是典型的几何分布。

于是

$$E(X) = \sum_{k=1}^{+\infty} kpq^{k-1} = P\sum_{k=1}^{+\infty} kq^{k-1}$$

为了求无穷和 $\sum\limits_{k=1}^{+\infty} kq^{k-1}$，由其结构式，很容易想到把它化归为求等比数列之和问题，这样题目就迎刃而解了。

由于

$$\sum_{k=1}^{+\infty} q^k = \frac{q}{1-q} \quad (0 < q < 1)$$

从而

$$\begin{aligned} E(X) &= p\sum_{k=1}^{+\infty} kq^{k-1} = p(1 + 2q + 3q^2 + \cdots + kq^{k-1} + \cdots) \\ &= p(q + q^2 + q^3 + \cdots + q^k + \cdots)' \\ &= p\left(\frac{q}{1-q}\right)' \\ &= p \cdot \frac{1}{(1-q)^2} \\ &= p \cdot \frac{1}{p^2} = \frac{1}{p} \end{aligned}$$

值得一提的是，结构常常是启发我们能否采用化归和如何进行化归的很重要源头，文学中有“触景生情”，我们这里有“触题生法”。

【例 2.7.5】 设随机变量 X 的分布列为

$$P(X=k)=\frac{1}{2}\left(\frac{2}{3}\right)^{k}\quad(k=1,2,\cdots)$$

求 X 的数学期望。

观其概率分布列的结构式与几何分布外形近似，于是就自然考虑到能不能进行化归。想到此，自然就会进行如下解：

解

$$\begin{aligned}E(X)&=\sum_{k=1}^{+\infty}kP(X=k)=\sum_{k=1}^{+\infty}k\cdot\frac{1}{2}\left(\frac{2}{3}\right)^{k}=\sum_{k=1}^{+\infty}k\cdot\frac{1}{2}\cdot\frac{2}{3}\left(\frac{2}{3}\right)^{k-1}\\&=\sum_{k=1}^{+\infty}k\cdot\left(\frac{2}{3}\right)^{k-1}\left(\frac{1}{3}\right)=\frac{1}{\frac{1}{3}}=3\end{aligned}$$

通过转化，化归成求 $p=\frac{1}{3}$ 的几何分布的数学期望，于是利用例 2.7.4 的结论立得结果。

【例 2.7.6】 求参数为 λ 的泊松分布的数学期望。

由于当 $X\sim P(\lambda)$ 时，$E(X)=\sum\limits_{k=0}^{\infty}k\frac{\lambda^k}{k!}e^{-\lambda}$，至此，很容易联想到 e^x 的泰勒展式，一旦能化归为此，结论就出来了。

解

$$E(X)=\sum_{k=0}^{\infty}k\frac{\lambda^k}{k!}e^{-\lambda}=\lambda e^{-\lambda}\sum_{k=0}^{\infty}\frac{\lambda^{k-1}}{(k-1)!}$$

令 $k'=k-1$，则

$$E(X)=\lambda e^{-\lambda}\sum_{k'=0}^{+\infty}\frac{\lambda^{k'}}{k'!}=\lambda e^{-\lambda}\cdot e^{\lambda}=\lambda$$

此处把求 $\sum\limits_{k=0}^{+\infty}k\frac{\lambda^k}{k!}e^{-\lambda}$ 通过数学处理转化成了求特殊和 $\sum\limits_{k=0}^{+\infty}\frac{\lambda^k}{k!}$，再利用 $\sum\limits_{k=0}^{+\infty}\frac{\lambda^k}{k!}=e^{\lambda}$ 获解。

在求连续随机变量的数字特征时，当被积函数与以 e 为底的指数函数相关时，常常可以把积分转化为概率积分 $\int_{-\infty}^{+\infty}e^{-\frac{x^2}{2}}dx$，$\Gamma$ 函数或 β 函数。

【例 2.7.7】 设 $X\sim p(x)=\begin{cases}\frac{1}{\sigma^2}xe^{-\frac{x^2}{2\sigma^2}} & (x>0)\\ 0 & (\text{其他})\end{cases}$，求 $E(X)$。

解

$$\begin{aligned}E(X)&=\int_0^{+\infty}x\frac{x}{\sigma^2}e^{-\frac{x^2}{2\sigma^2}}dx=-\int_0^{+\infty}x\,d(e^{-\frac{x^2}{2\sigma^2}})=-xe^{-\frac{x^2}{2\sigma^2}}\Big|_0^{+\infty}+\int_0^{+\infty}e^{-\frac{x^2}{2\sigma^2}}dx\\&=\int_{-\infty}^{+\infty}e^{-\frac{x^2}{2\sigma^2}}dx\quad(\text{令}\frac{x}{\sigma}=y,dx=\sigma dy)\\&=\frac{1}{2}\sigma\int_{-\infty}^{+\infty}e^{-\frac{y^2}{2}}dy=\frac{\sigma\sqrt{2\pi}}{2}\end{aligned}$$

此处用到了 $\int_{-\infty}^{+\infty} e^{-\frac{y^2}{2}} dy = \sqrt{2\pi}$ 。

【例 2.7.8】 设 $X \sim p(x) = \begin{cases} \dfrac{4x^2}{a^3\sqrt{\pi}} e^{-\frac{x^2}{a^2}} & (x>0) \\ 0 & (x \leqslant 0) \end{cases}$ $(a>0)$，求 $E(X)$。

解

$$E(X) = \frac{4}{a^3\sqrt{\pi}} \int_0^{+\infty} x^3 e^{-\frac{x^2}{a^2}} dx$$

令

$$\frac{x^2}{a^2} = y$$

则

$$\begin{aligned} x &= a y^{\frac{1}{2}} \\ &= \frac{4}{a^3\sqrt{\pi}} \int_0^{+\infty} a^3 y^{\frac{3}{2}} e^{-y} \frac{a}{2} y^{-\frac{1}{2}} dy \\ &= \frac{2a}{\sqrt{\pi}} \int_0^{+\infty} y e^{-y} dy = \frac{2a}{\sqrt{\pi}} \Gamma(2) = \frac{2a}{\sqrt{\pi}} \end{aligned}$$

此处利用了 $\Gamma(\alpha) = \int_0^{+\infty} x^{\alpha-1} e^{-x} dx$ 。

2.7.4 化整为零

化整为零是化归的常用手段，因为面对一个复杂的问题，只有把它变得显而易见，才能化有目标，归而得法。

【例 2.7.9】 设 $X \sim B(n,p)$，试求 X 的数学期望和方差。

解 令 $X_1, X_2, \cdots, X_n$ 相互独立，且 X_i 都服从两点分布 $B(0,1)$，则

$$E(X_i) = p, \mathrm{Var}(X_i) = p(1-p), \quad 且 \quad X = X_1 + X_2 + \cdots + X_n \sim B(n,p)$$

由此得

$$E(X) = E\left(\sum_{i=1}^{n} X_i\right) = \sum_{i=1}^{n} E(X) = np$$

$$\mathrm{Var}(X) = \mathrm{Var}\left(\sum_{i=1}^{n} X_i\right) = \sum_{i=1}^{n} \mathrm{Var}(X_i) = \sum_{i=1}^{n} p(1-p) = np(1-p)$$

全概率公式是基础概率中一个很重要的公式，实际上它处理问题的方法也是一种化整为零再聚零为整的一种化归过程。

【例 2.7.10】① 某学生钥匙丢了，掉在宿舍里、掉在教室里和掉在路上的概率分别是 50%、30% 和 20%，而掉在上述 3 处地方被找到的概率分别为 0.8、0.3 和 0.1，试求找到钥匙的概率。

解 令 A_1 = {钥匙掉在宿舍里}，A_2 = {钥匙掉在教室里}，A_3 = {钥匙掉路上}，B = {找到钥匙}。

从而

① 茆诗松，程依明，濮晓龙. 概率论与数理统计教程[M]. 北京：高等教育出版社，2011：52.

$$P(B)=P(A_1)P(B\mid A_1)+P(A_2)P(B\mid A_2)+P(A_3)P(B\mid A_3)$$
$$=0.5\times0.8+0.3\times0.3+0.2\times0.1=0.51$$

化归的方法之所以应用广泛，主观上是人们的期盼，客观上也是一种必然，期盼与必然构成了和谐的效应。尤其是化整为零、聚零为整常常在知识的积累中提供随时可用的信息保证，问题的表现常常令人感觉得来全不费功夫。

【例 2.7.11】 设随机变量 X_1,X_2,X_3 间的相关系数分别为 $\rho_{12},\rho_{23},\rho_{31}$，且

$$E(X_1)=E(X_2)=E(X_3)=0,\quad \mathrm{Var}(X_1)=\mathrm{Var}(X_2)=\mathrm{Var}(X_3)=\sigma^2$$

令

$$Y_1=X_1+X_2,\quad Y_2=X_2+X_3,\quad Y_3=X_3+X_1$$

证明 Y_1,Y_2,Y_3 两两不相关的充要条件为 $\rho_{12}+\rho_{23}+\rho_{31}=-1$。

充分性 若 $\rho_{12}+\rho_{23}+\rho_{31}=-1$，则

$$\begin{aligned}\mathrm{Cov}(Y_1,Y_2)&=\mathrm{Cov}(X_1+X_2,X_2+X_3)\\&=\mathrm{Cov}(X_1,X_2)+\mathrm{Cov}(X_1,X_3)+\mathrm{Cov}(X_2,X_2)+\mathrm{Cov}(X_2,X_3)\\&=\rho_{12}\sqrt{\mathrm{Var}(X_1)\mathrm{Var}(X_2)}+\rho_{13}\sqrt{\mathrm{Var}(X_1)\mathrm{Var}(X_3)}\\&\quad+\rho_{23}\sqrt{\mathrm{Var}(X_2)\mathrm{Var}(X_3)}+\mathrm{Var}(X_2)\\&=\sigma^2(\rho_{12}+\rho_{12}+\rho_{12})+\sigma^2=-\sigma^2+\sigma^2=0\end{aligned}$$

同理可得

$$\mathrm{Cov}(Y_1,Y_2)=\mathrm{Cov}(Y_2,Y_3)=0$$

由此得

$$Y_1,Y_2,Y_3\text{ 两两不相关}$$

必要性 若 Y_1,Y_2,Y_3 两两不相关，则由上面的推导可知

$$\mathrm{Cov}(Y_1,Y_2)=\sigma^2(\rho_{12}+\rho_{13}+\rho_{23})+\sigma^2=0$$

由此得

$$\rho_{12}+\rho_{13}+\rho_{23}=-1$$

在概率论中，还有一类名正言顺的化归，它是按照正常的思路进行解题，结果从未知又回到了未知，这似乎是徒劳，但恰恰能使问题得以解决，我们称其为“盲途知返”。

2.7.5 迷途知返

【例 2.7.12】[①] 一矿工被困在有 3 个门的矿井里，第一个门通一个坑道，沿此坑道走 3 小时可到达安全区；第二个门通一坑道，沿此坑道走 5 小时又回到原处；第三个门通一坑道，沿此坑道走 7 小时也回到原处。假定此矿工总是等可能地在 3 个门中选择一个，试求他平均要用多长时间才能到达安全区。

解 设该矿工需要 X 小时到达安全区，则 X 的可能取值为

$$3,5+3,7+3,5+5+3,5+7+3,7+7+3,\cdots,$$

令 Y 表示第一次所选的门，$(Y=i)$ 就是选择第 i 个门。由题设

$$P(Y=1)=P(Y=2)=P(Y=3)=\frac{1}{3}$$

① 茆诗松，程依明，濮晓龙. 概率论与数理统计教程[M]. 北京：高等教育出版社，2011：203.

因为选第一个门后 3 小时可到达安全区，故 $E(X|Y=1)=3$。又因为选第二个门后 5 小时回到原处，故 $E(X|Y=2)=5+E(X)$。

再因为选第三个门后 7 小时也回到原处，故 $E(X|Y=3)=7+E(X)$。

所以

$$E(X)=\frac{1}{3}[3+5+E(X)+7+E(X)]=5+\frac{2}{3}E(X)$$

解得 $E(X)=15$，即该矿工平均 15 小时才能到达安全区。

【例 2.7.13】 甲、乙两名射手轮流对同一目标进行射击，其命中目标的概率类似于上例思路

解 由题意：

$$P(\text{甲获胜})=\alpha+(1-\alpha)(1-\beta)P(\text{甲获胜})$$

$$P(\text{乙获胜})=(1-\alpha)\beta+(1-\alpha)(1-\beta)(1-\alpha)P(\text{乙获胜})$$

$$P(\text{乙获胜})=\frac{\beta(1-\alpha)}{1-(1-\alpha)(1-\beta)}$$

如此等等，不一而足。

总之，尽管概率论是研究随机现象的科学，但一切科学都是相通的，比如我们常常把对随机现象的研究转化为对某一确定现象的研究，从而就可借助现代数学等学科的思维与方法去解决概率问题；另一方面，正如拉普拉斯所说："生活中最重要的问题，其实大多数都是概率问题。"既然这样，在应用概率论方法去解决相关问题时，我们就不可能不正视研究问题的背景，面对五花八门的问题在具体问题具体分析的同时，我们同样也离不开对相关学科的借鉴。所以，很多学科都是概率论的支撑，其中的众多方法被概率论直接或略加改造应用是必然的。

第3章　微　观　篇

所谓微观篇，主要是对根据概率论自身的特色而孕育的概率论方法从理论上与实施上的抽象和论述。之所以称“微观”，是因为它充分体现了概率论的特色，是其他学科所不具备的。对解概率问题而言，它是根，可以这么说，对它的识别程度有多高，解决概率论问题的能力就有多强。比如：

设 $F_1(x)$ 与 $F_2(x)$ 为两个分布函数，其相应的概率密度为 $p_1(x)$ 与 $p_2(x)$ 是连续函数，那么 $p_1(x)F_2(x)+p_2(x)F_1(x)$ 是概率密度吗？

显然，$p_1(x)F_2(x)+p_2(x)F_1(x)$ 是否为概率密度，其依据为 $p_1(x)F_2(x)+p_2(x)F_1(x)\geqslant 0$，且 $\int_{-\infty}^{+\infty}[p_1(x)F_2(x)+p_2(x)F_1(x)]\mathrm{d}x=1$。前者是显然的，后者由高等数学的理论知 $\int_{-\infty}^{+\infty}[p_1(x)F_2(x)+p_2(x)F_1(x)]\mathrm{d}x=F_1(x)F_2(x)\big|_{-\infty}^{+\infty}=1$。从而得出肯定的结论。

从上述过程可以看出：这里中间虽用到了高等数学中的 $[F_1(x)F_2(x)]'=p_1(x)F_2(x)+p_2(x)F_1(x)$，但“始”与“终”仍源于概率论自身的理论与方法。

所以，对概率论问题的解决而言，厘清与挖掘其中的信息是前提，打通与其相关的概率论的理论与方法是关键。

3.1　概率论问题处理的两种特色方法

3.1.1　见“逆”还“原”

所谓见“逆”还“原”，就是见到逆事件就把它转化为原事件，此举是概率论不等式的证明与等式的化简及证明中一种行之有效的方法，可以肯定地说，在对应的场合用上它，要么结果呈现，要么思路清晰。因为，信息是解决问题的依据与前提，对一个概率问题，信息来自两个方面：正面或反面。相对而言，一般情况下正面的信息总是多于反面，选择通过观察或挖掘获得较多信息的那一方面入手，在诸多信息的引导下问题才能较易解决。所以，正面往往是大家视觉的切入点。

【例 3.1.1】 若事件 A 与 B 独立，则 A 与 $\overline{B}$ 独立，$\overline{A}$ 与 B 独立，$\overline{A}$ 与 $\overline{B}$ 独立。

证明　由概率的性质和独立性知

$$\begin{aligned}P(A\overline{B})&=P(A-AB)=P(A)-P(AB)=P(A)-P(A)P(B)\\&=P(A)[1-P(B)]=P(A)P(\overline{B})\end{aligned}$$

所以 A 与 $\bar{B}$ 独立。

对于上述命题，虽然直观上可以想得通，因为 A 与 B 相互独立，A 的发生不影响 B 的发生，那么 A 的发生也不会影响 B 的不发生。但是，理论上证明需严谨，每一步的结论都必须有可靠的前提，这里的原始前提是唯一的，只有 A 与 B 独立，所以就自然而然地把 A 与 $\bar{B}$ 的关系转化为 A 与 B 的关系。

按照上述思路，极易得到如下证明过程：

$$\begin{aligned}P(\bar{A}B) &= P(B-AB) = P(B)-P(AB) = P(B)-P(A)P(B)\\&= P(B)-P(A)P(B) = P(B)[1-P(A)] = P(\bar{A})P(B)\end{aligned}$$

所以 $\bar{A}$ 与 B 独立。

$$\begin{aligned}P(\bar{A}\bar{B}) &= P(\overline{A\cup B}) = 1-P(A\cup B) = 1-P(A)-P(B)+P(A)P(B)\\&= [1-P(A)]-P(B)[1-P(A)] = [1-P(A)][1-P(B)]\\&= P(\bar{A})P(\bar{B})\end{aligned}$$

所以 $\bar{A}$ 与 $\bar{B}$ 相互独立。

【例 3.1.2】 如果 A 与 B 互不相容，且 $P(\bar{B})\neq 0$。证明：$P(A|\bar{B})=\dfrac{P(A)}{1-P(B)}$。

此题不像上例，没有提供直观可判断的信息，在信息贫乏思路不清的情况下直接使用见"逆"还"原"，大部分情况下都可以在新信息的引导下使思路明朗。

证明 $P(A|\bar{B})=\dfrac{P(A\bar{B})}{P(\bar{B})}=\dfrac{P(A)-P(AB)}{1-P(B)}=\dfrac{P(A)}{1-P(B)}$。

对于"一眼看不到头"的复杂题目，人们常常采取走一步看一步的"尝试法"，我的经验告诉你，遇到这种情况，你就见"逆"还"原"，此举对所要结果的到来就是"催化剂"。

【例 3.1.3】 设 $0<P(B)<1$，试证：事件 A 与 B 独立的充要条件是 $P(A|B)=P(A|\bar{B})$。

必要性 因为 A 与 B 独立，所以 A 与 $\bar{B}$ 独立，由此得

$$P(A\mid B) = P(A) = P(A\mid \bar{B})$$

充分性 由 $P(A|B)=P(A|\bar{B})$ 可得

$$\frac{P(AB)}{P(B)} = \frac{P(A\bar{B})}{P(\bar{B})} = \frac{P(A-AB)}{1-P(B)} = \frac{P(A)-P(AB)}{1-P(B)}$$

即

$$P(AB)(1-P(B)) = P(B)(P(A)-P(AB))$$
$$P(AB)-P(AB)P(B) = P(B)P(A)-P(B)P(AB)$$

即

$$P(AB) = P(A)P(B)$$

所以 A 与 B 独立。

在一些复杂事件的概率计算中，我们常常从另一个角度入手，那就是"正"难则"逆"。基于 3.1.1 的表达法，可以称为化"原"为"逆"。

3.1.2 化"原"为"逆"

事物都是一分为二的，且二者相互依存、相互融通。对于概率论而言，"原"与"逆"存在同一体中，彼此的亲密自然构建了由此及彼和由彼及此的桥梁。所谓的化"原"为"逆"，就是为了方便解决问题，常常会把对原事件的考虑化为对其逆事件的考虑。此法在求复杂事件

的概率中常使用。

【例 3.1.4】 在 1～1000 的整数中随机地取一个数，问取到的整数既不能被 6 整除，又不能被 8 整除的概率。

由整除性理论，某数被某数整除问题较易解决，所以我们可以从整除性着手，来思考不能整除的概率。

解 令 A = {取到的整数能被 6 整除}，B = {取到的整数能被 8 整除}。则所求概率为

$$P(\overline{A}\overline{B}) = P(\overline{A \cup B}) = 1 - P(A \cup B) = 1 - [P(A) + P(B) - P(AB)]$$

$$= 1 - \left[\frac{166}{1000} + \frac{125}{1000} - \frac{41}{1000}\right] = 0.75$$

从计算角度来讲，它是在求逆事件的概率，而在问题的处理思路上它却是化"原"为"逆"。

【例 3.1.5】[①] 一辆重型货车去边远山区送货。修理工告诉司机，由于车上 6 个轮胎都是旧的，前面 2 个轮胎损坏的概率都是 0.1，后面 4 个轮胎损坏的概率都是 0.2，能算出此车在途中因轮胎损坏而发生故障的概率是多少吗？

解 此车在途中因轮胎损坏而发生故障意味着车上的 6 个轮胎至少有 1 个发生故障，令 A_i = {第 i 个轮胎发生故障}，其中 $i = 1,2$，表示前 2 个轮胎，$i = 3,4,5,6$，表示后面 4 个轮胎。由题知

$$P(A_1) = P(A_2) = 0.1, P(A_3) = P(A_4) = P(A_5) = P(A_6) = 0.2$$

且 6 个轮胎工作是独立的，则所求的概率为

$$P(A_1 \cup A_2 \cup A_3 \cup A_4 \cup A_5 \cup A_6) = 1 - P(\overline{A_1})P(\overline{A_2})P(\overline{A_3})P(\overline{A_4})P(\overline{A_5})P(\overline{A_6})$$

$$= 1 - 0.9^2 \times 0.8^4 = 0.6682$$

这里的待求概率事件的内涵就是"6 个轮胎至少有 1 个损坏"，所以它是和事件。

【例 3.1.6】 一间宿舍内住有 5 位同学，求他们之中至少有 2 个人的生日在同一个月份的概率。

解 此问题可以看成是：5 个球放入 12 个盒子中的盒子模型，所以

$$P(\text{至少有 2 个人的生日在同一个月份}) = 1 - P(\text{5 个人的生日全不同月})$$

$$= 1 - \frac{P_{12}^5}{12^5} = \frac{89}{144} = 0.6181$$

可见，只要"至少"一出现，一般转求逆事件。此类例子在基础概率解题中十分常见，利用它，使得问题得到便捷解决。

【例 3.1.7】 要验收一批产品，共 100 件，从中随机取 3 件来检测，且每件产品检测是相互独立的，如果 3 件中有 1 件不合格，就拒绝接收这批产品。如果这批产品中有 2 件不合格，且 1 件不合格的产品被测出的概率为 0.95，而 1 件合格品被误检为不合格的概率为 0.01。求被检测的 3 件中至少有 1 件不合格品的概率。

解 令 A = {取出检测的 3 件中至少 1 件不合格品}，A_i = {取出检测的 3 件中有 i 件不合格品}($i = 0,1,2$)。由题知

$$P(A_i) = \frac{C_2^i C_{98}^{3-i}}{C_{100}^3} \quad (i = 0,1,2)$$

① 茆诗松，程依明，濮晓龙. 概率论与数理统计教程[M]. 北京：高等教育出版社，2011：60.

从而

$$P(A)=1-P(\bar{A})=1-P(A_0)=1-\frac{C_2^0C_{98}^{3-0}}{C_{100}^3}=\frac{49}{825}$$

由于所抽产品量少,也可以直接求解。即

$$P(A)=\sum_{i=1}^{2}P(A_i)=\sum_{i=1}^{2}\frac{C_2^iC_{98}^{3-i}}{C_{100}^3}=\frac{49}{825}$$

尽管如此,还是前者方法更方便。之所以讲“一般”,因为每一种方法的使用,都是以精准且迅速解决问题为前提。例如“配对问题”同是“至少”的问题,但转化为逆事件考虑显得并不简便,计算起来还不如针对本事件方便。

【例 3.1.8】① 某部队 n 个士兵各有一支归个人保管使用的枪,这些枪的外形完全一样,在一次夜间紧急集合中,每人随机地取了一支枪,求至少有一个人拿到自己枪的概率。

解 这是一个配对问题。令 $A_i=\{$第 i 个士兵拿到自己的枪$\}(i=1,2,\cdots,n)$。

因为

$$P(A_1)=P(A_2)=\cdots=P(A_n)=\frac{1}{n}$$

$$P(A_1A_2)=P(A_2A_3)=\cdots=P(A_{n-1}A_n)=\frac{1}{n(n-1)}$$

$$P(A_1A_2A_3)=P(A_1A_2A_4)=\cdots=P(A_{n-2}A_{n-1}A_n)=\frac{1}{n(n-1)(n-2)}$$

$$\vdots$$

所以由概率的加法公式

$$P(A_1\cup A_2\cup\cdots\cup A_n)=\sum_{1\leqslant i\leqslant n}P(A_i)-\sum_{1\leqslant i\leqslant j\leqslant n}P(A_iA_j)+\sum_{1\leqslant i\leqslant j\leqslant k\leqslant n}P(A_iA_jA_k)-\cdots+(-1)^{n-1}P(A_1A_2\cdots A_n)$$

得

$$P(A_1\cup A_2\cup\cdots\cup A_n)=1-\frac{1}{2!}+\frac{1}{3!}+\cdots+(-1)^{n-1}\frac{1}{n!}$$

当 n 较大时,上式右端近似于 $1-e^{-1}=0.6321$。

本题之所以用此解法,是因为待求概率事件的逆事件为所有人都没有拿到自己的枪,对每个人而言,拿不到自己的枪可以拿到另外 $n-1$ 人的每一支枪,其中的情形依然很复杂,同时不如直接用加法公式规范有序,因此转化意义不大。如果真的要求没有一个人能拿到自己枪的概率,同样要先求出“至少有一人拿到自己枪”的概率后再通过求逆事件的概率得到。

有些题目尽管没有“至少”之意,但顾及计算的繁简度,此法依然被采用。

【例 3.1.9】② 在单位圆的圆周上随机取 3 点,求 3 点构成钝角三角形的概率。

解 设所取 3 点将圆周分成 3 段,其中两段弧长为 x,y,则第 3 段弧长为 $2\pi-x-y$,再设 $A=\{3$ 点构成锐角三角形$\}$,则样本空间为

$$\Omega=\{(x,y):0<x,y,x+y<2\pi\}$$

$$A=\{(x,y):0<x<\pi,0<y<\pi,x+y>\pi,(x,y)\in\Omega\}$$

即 Ω 为直角边长是 2π 的直角三角形,A 为直角边是 π 的直角三角形,如图 3.1 所示。由几

① 孙荣恒.趣味随机问题[M].北京:科学出版社,2005:97-98.

② 孙荣恒.趣味随机问题[M].北京:科学出版社,2005:97-98.

何概率定义

$$P(A)=\frac{\frac{1}{2}\cdot\pi\cdot\pi}{\frac{1}{2}\cdot 2\pi\cdot 2\pi}=\frac{1}{4}$$

从而,所求概率为

$$P(\bar{A})=1-P(A)=\frac{3}{4}$$

针对不同的背景,通过桥梁 $P(A)=1-P(\bar{A})$,恰当使用“见‘逆’还‘原’”和“化‘原’为‘逆’”,就一定可实现所定目标,且能思路顺畅,事半功倍。

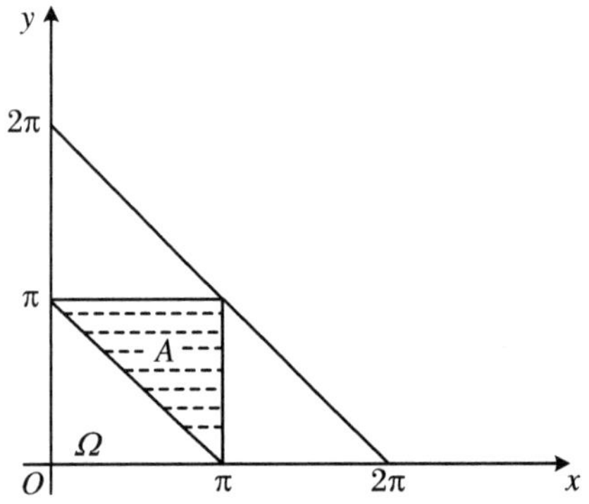

图 3.1 例 3.1.9 示意图

3.2 整体化“1”法

所谓“整体化‘1’”,顾名思义就是把一个整体化为 1。这里的“整体”泛指一个计算式。事实上,概率论引入随机变量后,把对事件的研究转化为对变量的研究,不仅简化了事件的表达,又使得现代数学作为工具得以充分发挥与应用。当遇到无穷级数、广义积分的计算怎么办?除了把“一般”转化为“特殊”外,“整体化‘1’”更具特色。

“整体化‘1’”的理论依据是 $\sum_{i}p_i=1$;$\int_{-\infty}^{+\infty}f(x)\mathrm{d}x=1$。即是说,只要能把一个级数的一般式转化为一个离散型随机变量的概率函数,把一个广义积分的被积函数转化为一个连续随机变量的密度函数,那么整体就是“1”了。此种环境在计算随机变量的数字特征及多维随机变量的诸多问题解决中广泛存在。

【例 3.2.1】 设 $X\sim B(n,p)$,求 $E(X)$,$\mathrm{Var}(X)$。

解

$$E(X)=\sum_{k=0}^{n}kP(X=k)=\sum_{k=0}^{n}k\cdot\mathrm{C}_n^k p^k(1-p)^{n-k}$$

$$=\sum_{k=0}^{n}k\cdot\frac{n!}{k!(n-k)!}p^k(1-p)^{n-k}=\sum_{k=1}^{n}\frac{n!}{(k-1)!(n-k)!}p^k(1-p)^{n-k}$$

$$= np\sum_{k=1}^{n}\frac{(n-1)!}{(k-1)!(n-k)!}p^{k-1}(1-p)^{n-k} = np\sum_{k=1}^{n}C_{n-1}^{k-1}p^{k-1}(1-p)^{(n-1)-(k-1)}$$

令

$$k-1=k'np\sum_{k'=0}^{n-1}C_{n-1}^{k'}p^{k'}(1-p)^{(n-1)-k'}=np$$

很显然,最后和式中的项是参数为 $n-1$ 与 p 的二项分布的一般项,由概率函数的性质 $\sum_i p_i = 1$,此和式等于1即得结果。

$$E(X^2)=\sum_{k=0}^{n}k^2\cdot C_n^k p^k(1-p)^{n-k}=\sum_{k=1}^{n}k(k-1)\cdot C_n^k p^k(1-p)^{n-k}$$

$$+\sum_{k=0}^{n}k\cdot C_n^k p^k(1-p)^{n-k}=\sum_{k=1}^{n}k(k-1)\frac{n!}{k!(n-k)!}p^k(1-p)^{n-k}+np$$

$$=n(n-1)p^2\sum_{k=2}^{n}C_{n-2}^{k-2}p^{k-2}(1-p)^{(n-2)-(k-2)}+np$$

令

$$k-2=k'n(n-1)p^2\sum_{k'=0}^{n-2}C_{n-2}^{k'}p^{k'}(1-p)^{(n-2)-k'}+np$$

$$=n(n-1)p^2+np$$

同上,和式中的项是参数为 $n-2$ 与 p 的二项分布,整体化"1"。于是有

$$\mathrm{Var}(X)=E(X^2)-(E(X))^2=n(n-1)p^2+np-(np)^2$$

$$=np(1-p)$$

同样,利用与此例完全类似的方法,可以得到

$$若\ X\sim P(\lambda),\quad 则\ E(X)=\lambda,\mathrm{Var}(X)=\lambda$$

当然,对于上述二分布也可以分别用二项式定理与 e^x 的展式求得,对比之下,一个是横向联系,一个是纵向融合,但对强化概率论自身知识和能力而言,"整体化'1'"可谓是"战地黄花分外红"。

【例3.2.2】 设 $X\sim N(\mu,\sigma^2)$,求 $E(X)$,$\mathrm{Var}(X)$。

解

$$E(X)=\int_{-\infty}^{+\infty}x\frac{1}{\sqrt{2\pi}}e^{-\frac{(x-\mu)^2}{2\sigma^2}}dx=\int_{-\infty}^{+\infty}(x-\mu)\frac{1}{\sqrt{2\pi}}e^{-\frac{(x-\mu)^2}{2\sigma^2}}dx+\mu\int_{-\infty}^{+\infty}\frac{1}{\sqrt{2\pi}}e^{-\frac{(x-\mu)^2}{2\sigma^2}}dx$$

$$=0+\mu\times 1=\mu$$

令

$$\frac{x-\mu}{\sigma}=y,\quad dx=\sigma dy$$

$$\mathrm{Var}(X)=E(X-E(X))^2=E(X-\mu)^2$$

$$=\int_{-\infty}^{+\infty}(x-\mu)^2\frac{1}{\sqrt{2\pi}\sigma}e^{-\frac{(x-\mu)^2}{2\sigma^2}}dx=\int_{-\infty}^{+\infty}\sigma^2y^2\frac{1}{\sqrt{2\pi}\sigma}e^{-\frac{y^2}{2}}\sigma dy=\frac{\sigma^2}{\sqrt{2\pi}}\int_{-\infty}^{+\infty}-y\,de^{-\frac{y^2}{2}}$$

$$=\frac{-\sigma^2}{\sqrt{2\pi}}\left[ye^{-\frac{y^2}{2}}\Big|_{-\infty}^{+\infty}-\int_{-\infty}^{+\infty}e^{-\frac{y^2}{2}}dy\right]=\sigma^2\int_{-\infty}^{+\infty}\frac{1}{\sqrt{2\pi}}e^{-\frac{y^2}{2}}dy=\sigma^2$$

在上述解题中,求方差我们使用的是方差的定义,这不同于对其他分布求方差时常用公式 $\mathrm{Var}(X)=E(X^2)-(E(X))^2$,原因是如此处理有利于被积式的化简及整体化"1"。

对于多维随机变量而言，涉及的主要问题不外乎是：定常数；求概率；由联合密度求联合分布函数；由联合分布函数求联合密度函数；求边际分布与判断独立性；求数字特征等。在其获解的过程中，只要留意，求和与积分时大都可以找到"整体化'1'"的环境。

【例 3.2.3】 设随机变量(X,Y)的联合分布密度为

$$p(x,y)=\begin{cases}Ae^{-(3x+4y)} & (x>0,y>0)\\ 0 & (\text{其他})\end{cases}$$

求：① 常数 A；② $p_X(x)$，$p_Y(y)$；③ 判断 X 与 Y 的独立性；④ $P(X>Y)$。

解 ① 由 $1=\int_0^{+\infty}\int_0^{+\infty}Ae^{-(3x+4y)}\mathrm{d}x\mathrm{d}y=\frac{A}{12}\int_0^{+\infty}3e^{-3x}\mathrm{d}x\int_0^{+\infty}4e^{-4y}\mathrm{d}y=\frac{A}{12}$，得 $A=12$。

即 $p(x,y)=\begin{cases}12e^{-(3x+4y)} & (x>0,y>0)\\ 0 & (\text{其他})\end{cases}$

$$② \ p_X(x)=\int_{-\infty}^{+\infty}p(x,y)\mathrm{d}y=\begin{cases}\int_0^{+\infty}12e^{-(3x+4y)}\mathrm{d}y & (x>0)\\ 0 & (\text{其他})\end{cases}=\begin{cases}3e^{-3x}\int_0^{+\infty}4e^{-4y}\mathrm{d}y & (x>0)\\ 0 & (\text{其他})\end{cases}$$

$$=\begin{cases}3e^{-3x} & (x>0)\\ 0 & (\text{其他})\end{cases}$$

$$p_Y(y)=\int_{-\infty}^{+\infty}p(x,y)\mathrm{d}x=\begin{cases}\int_0^{+\infty}12e^{-(3x+4y)}\mathrm{d}x & (y>0)\\ 0 & (\text{其他})\end{cases}=\begin{cases}4e^{-4y}\int_0^{+\infty}3e^{-3x}\mathrm{d}x & (y>0)\\ 0 & (\text{其他})\end{cases}$$

$$=\begin{cases}4e^{-4y} & (y>0)\\ 0 & (\text{其他})\end{cases}$$

③ 由于对一切的 x,y 均有 $p(x,y)=p_X(x)p_Y(y)$，所以 X 和 Y 相互独立。

$$④ \ P(X>Y)=\iint_{\{(x,y)\mid x>y\}}f(x,y)\mathrm{d}x\mathrm{d}y=\int_0^{+\infty}3e^{-3x}\left(\int_0^x4e^{-4y}\mathrm{d}y\right)\mathrm{d}x$$

$$=\int_0^{+\infty}3e^{-3x}(1-e^{-4x})\mathrm{d}x=\int_0^{+\infty}3e^{-3x}\mathrm{d}x-\int_0^{+\infty}3e^{-7x}\mathrm{d}x$$

$$=1-\frac{3}{7}\int_0^{+\infty}7e^{-7x}\mathrm{d}x=1-\frac{3}{7}=\frac{4}{7}$$

此积分在微积分中常常通过画图定积分上下限，在这里可以如此，也可以利用已知联合密度函数的非零区间直接求出与所求概率对应区域的交集即可，省去了画图过程。

显然上述各式最后都是利用"整体化'1'"获得结果的。

这是一道二维随机变量中有典型意义的代表性题目，之所以这样说，是因为从解题的过程中，可以看出它有别具特色的高效解题途径，从所得结果上，它又能得到更一般性规律：

若(X,Y)的联合分布密度为

$$p(x,y)=\begin{cases}Ae^{-(cx+dy)} & (x>0,y>0)\\ 0 & (\text{其他})\end{cases}$$

则有

$$A=c\times d$$

$$p_X(x)=\begin{cases}ce^{-cx} & (x>0)\\ 0 & (\text{其他})\end{cases}$$

$$p_Y(y)=\begin{cases}de^{-dy} & (y>0)\\ 0 & (\text{其他})\end{cases}$$

$$X \text{ 与 } Y \text{ 相互独立}$$

$$P(X > Y) = \frac{d}{c+d}$$

……

微积分中,被积函数若是幂函数与以 e 为底的指数函数的乘积,一般都是用分部积分法,相对于积分运算而言,无疑是一个难点。在概率论中,只要涉及这类积分,都可以用“整体化‘1’”。

【例 3.2.4】 已知随机变量 X 的密度函数为

$$p(x) = \begin{cases} \dfrac{x}{a^2}e^{-\frac{x^2}{2a^2}} & (x > 0) \\ 0 & (x \geqslant 0) \end{cases}$$

求 $Y = \dfrac{1}{X}$ 的数学期望 $E(Y)$。

解 $E(Y) = \int_{-\infty}^{+\infty} \frac{1}{x} p(x) dx = \int_0^{+\infty} \frac{1}{x} \cdot \frac{x}{a^2} e^{-\frac{x^2}{2a^2}} dx = \int_0^{+\infty} \frac{1}{a^2} e^{-\frac{x^2}{2a^2}} dx$

令 $x = at, dx = a dt = \frac{1}{a}\int_0^{+\infty} e^{-\frac{t^2}{2}} dt = \frac{1}{2a}\int_{-\infty}^{+\infty} e^{-\frac{t^2}{2}} dt = \frac{\sqrt{2\pi}}{2a}\int_{-\infty}^{+\infty} \frac{1}{\sqrt{2\pi}} e^{-\frac{t^2}{2}} dt = \frac{\sqrt{2\pi}}{2a}$

【例 3.2.5】 设二维随机变量 $(X,Y) \sim N(\mu_1,\mu_2,\sigma_1^2,\sigma_2^2,\rho)$,则 $X \sim N(\mu_1,\sigma_1^2)$,$Y \sim N(\mu_2,\sigma_2^2)$。

证明 由于 $(X,Y) \sim N(\mu_1,\mu_2,\sigma_1^2,\sigma_2^2,\rho)$,即

$$p(x,y) = \frac{1}{2\pi\sigma_1\sigma_2\sqrt{1-\rho^2}}\exp\left\{-\frac{1}{2(1-\rho^2)} \cdot \left[\frac{(x-\mu_1)^2}{\sigma_1^2} - 2\rho\frac{(x-\mu_1)(y-\mu_2)}{\sigma_1\sigma_2} + \frac{(y-\mu_2)^2}{\sigma_2^2}\right]\right\} \quad (\infty < x, y < +\infty)$$

且

$$\begin{aligned} & -\frac{1}{2(1-\rho^2)}\left[\frac{(x-\mu_1)^2}{\sigma_1^2} - 2\rho\frac{(x-\mu_1)(y-\mu_2)}{\sigma_1\sigma_2} + \frac{(y-\mu_2)^2}{\sigma_2^2}\right] \\ & = -\frac{1}{2}\left(\rho\frac{x-\mu_1}{\sigma_1\sqrt{1-\rho^2}} - \frac{y-\mu_2}{\sigma_2\sqrt{1-\rho^2}}\right)^2 - \frac{(x-\mu_1)^2}{2\sigma_1^2} \end{aligned}$$

从而

$$\begin{aligned} p_X(x) &= \int_{-\infty}^{+\infty} p(x,y) dy \\ &= \frac{1}{2\pi\sigma_1\sigma_2\sqrt{1-\rho^2}}\exp\left\{\frac{(x-\mu_1)^2}{2\sigma_1^2}\right\}\int_{-\infty}^{+\infty}\exp\left\{-\frac{1}{2}\left(\rho\frac{x-\mu_1}{\sigma_1\sqrt{1-\rho^2}} - \rho\frac{y-\mu_2}{\sigma_2\sqrt{1-\rho^2}}\right)^2\right\} dy \end{aligned}$$

令

$$t = \rho\frac{x-\mu_1}{\sigma_1\sqrt{1-\rho^2}} - \frac{y-\mu_2}{\sigma_2\sqrt{1-\rho^2}}$$

则

$$\begin{aligned} p_X(x) &= \frac{1}{2\pi\sigma_1\sigma_2\sqrt{1-\rho^2}}\exp\left\{\frac{(x-\mu_1)^2}{2\sigma_1^2}\right\}\sigma_2\sqrt{1-\rho^2}\int_{-\infty}^{+\infty}\exp\left\{-\frac{t^2}{2}\right\} dt \\ &= \frac{1}{\sqrt{2\pi}\sigma_1\sigma_2\sqrt{1-\rho^2}}\exp\left\{\frac{(x-\mu_1)^2}{2\sigma_1^2}\right\}\sigma_2\sqrt{1-\rho^2}\int_{-\infty}^{+\infty}\frac{1}{\sqrt{2\pi}}\exp\left\{-\frac{t^2}{2}\right\} dt \end{aligned}$$

$$= \frac{1}{\sqrt{2\pi}\sigma_1}\exp\left\{\frac{(x-\mu_1)^2}{2\sigma_1^2}\right\} \quad (-\infty < x < +\infty)$$

即

$$X \sim N(\mu_1, \sigma_1^2)$$

显然,积分的最终解决还是用了"整体化'1'"方法。同上,极易得到 $Y \sim N(\mu_2, \sigma_2^2)$,留给读者自己做练习。

【例 3.2.6】 设随机变量 $X \sim N(\mu_1, \sigma_1^2)$,$Y \sim N(\mu_2, \sigma_2^2)$,且 X 与 Y 相互独立,则 $X + Y \sim N(\mu_1 + \mu_2, \sigma_1^2 + \sigma_2^2)$。

解 令 $Z = X + Y$,则 $Z = X + Y$ 仍在 $(-\infty, +\infty)$ 上取值,利用卷积公式,得

$$p_Z(z) = \frac{1}{2\pi\sigma_1\sigma_2}\int_{-\infty}^{+\infty}\exp\left\{-\frac{1}{2}\left[\frac{(z-y-\mu_1)^2}{\sigma_1^2} + \frac{(y-\mu_2)^2}{\sigma_2^2}\right]\right\}dy$$

对上式被积函数中的指数部分按 y 的幂次展开,再合并同类项,不难得到

$$\frac{(z-y-\mu_1)^2}{\sigma_1^2} + \frac{(y-\mu_2)^2}{\sigma_2^2} = A\left(y - \frac{B}{A}\right)^2 + \frac{(z-\mu_1-\mu_2)^2}{\sigma_1^2+\sigma_2^2}$$

其中

$$A = \frac{1}{\sigma_1^2} + \frac{1}{\sigma_2^2}, \quad B = \frac{z-\mu_1}{\sigma_1^2} + \frac{\mu_2}{\sigma_2^2}$$

代回原式,可得

$$\begin{aligned} p_Z(z) &= \frac{1}{2\pi\sigma_1\sigma_2}\exp\left\{-\frac{1}{2}\frac{(z-\mu_1-\mu_2)^2}{\sigma_1^2+\sigma_2^2}\right\}\cdot\int_{-\infty}^{+\infty}\exp\left\{-\frac{A}{2}\left(y-\frac{B}{A}\right)^2\right\}dy \\ &= \frac{1}{2\pi\sigma_1\sigma_2}\exp\left\{-\frac{1}{2}\frac{(z-\mu_1-\mu_2)^2}{\sigma_1^2+\sigma_2^2}\right\}\cdot\int_{-\infty}^{+\infty}\frac{1}{\sqrt{2\pi}\left(\frac{1}{\sqrt{A}}\right)}\exp\left\{-\frac{1}{2\left(\frac{1}{\sqrt{A}}\right)^2}\left(y-\frac{B}{A}\right)^2\right\}dy \\ &= \frac{1}{2\pi\sigma_1\sigma_2}\exp\left\{-\frac{1}{2}\frac{(z-\mu_1-\mu_2)^2}{\sigma_1^2+\sigma_2^2}\right\} \end{aligned}$$

这正是均值为 $\mu_1 + \mu_2$,方差为 $\sigma_1^2 + \sigma_2^2$ 的正态分布的密度函数。

上述结论表明:两个独立的正态变量之和仍为正态变量,其分布中的两个参数分别对应相加,即

$$N(\mu_1, \sigma_1^2) \cdot N(\mu_2, \sigma_2^2) = N(\mu_1 + \mu_2, \sigma_1^2 + \sigma_2^2)$$

显然,这个结论可以推广到有限个独立正态变量之和的场合。这就是正态分布的可加性。

【例 3.2.7】 设 $X_1, X_2, \cdots, X_n$ 为正的独立同分布的连续型随机变量,证明:对任意的 $k(1 \leqslant k \leqslant n)$,有 $E\left(\frac{X_1 + X_2 + \cdots + X_k}{X_1 + X_2 + \cdots + X_n}\right) = \frac{k}{n}$。

证明 由 $X_i > 0$,知$\frac{X_1 + X_2 + \cdots + X_k}{X_1 + X_2 + \cdots + X_n}$分母不为 0,利用独立同分布可得

$$\begin{aligned} E\left(\frac{X_1 + X_2 + \cdots + X_k}{X_1 + X_2 + \cdots + X_n}\right) &= \int_0^{+\infty}\cdots\int_0^{+\infty}\frac{x_1 + x_2 + \cdots + x_k}{x_1 + x_2 + \cdots + x_n}f(x_1)\cdots f(x_n)dx_1\cdots dx_n \\ &= k\int_0^{+\infty}\cdots\int_0^{+\infty}\frac{x_1}{x_1 + x_2 + \cdots + x_n}f(x_1)\cdots f(x_n)dx_1\cdots dx_n \\ &= \frac{k}{n}\int_0^{+\infty}\cdots\int_0^{+\infty}\frac{x_1 + \cdots + x_n}{x_1 + \cdots + x_n}f(x_1)\cdots f(x_n)dx_1\cdots dx_n \end{aligned}$$

$$= \frac{k}{n}\int_0^{+\infty}\cdots\int_0^{+\infty} f(x_1)\cdots f(x_n)\mathrm{d}x_1\cdots\mathrm{d}x_n$$

$$= \frac{k}{n}$$

读者从中一定会悟出："整体化'1'"为正态分布诸多规律的揭示及相关问题的解决开辟了一条绿色通道。之所以如此，追根求源，就是对应的密度函数中含有以"e为底、指数为2次"的这个可转化背景。像正态分布的线性函数、正态分布的条件分布仍为正态分布等也一样，可以用"整体化'1'"，在这里不再赘述。

3.3 基础概率的计算

由于问题的背景不同，计算概率的方法多种多样，但从整体宏观而论，不外乎为直接计算概率法和间接计算概率法。考虑到研究对象的特点，我们以随机变量的引入为界分基础概率篇和现代概率篇。

3.3.1 基础概率直接计算概率法

直接计算概率法的典型示范在基础概率中为确定概率的古典方法和确定概率的几何方法。引入随机变量后，此类方法的应用更是比比皆是。

3.3.1.1 确定概率的古典方法

确定概率的古典方法是概率历史上最先开始研究的情形。它简单、直观，不需要大量重复试验，而是在经验事实的基础上，对被考察事件的可能性进行逻辑分析后即可得出该事件的概率。但它仅局限于古典概率模型，简称古典概型。

1. 古典概型

如果随机试验具有下列特点：① 所涉及的随机现象只有有限个样本点，比如 n 个(有限性)；② 每个样本点发生的可能性相等(等可能性)。则称此类试验为古典型试验，它对应的数学模型为古典概率模型，简称古典概型。计算此类概型相关概率的依据就是概率的古典定义。

2. 概率的古典定义及应用

$$P(A) = \frac{A\text{ 中所包含的样本点数 }m}{\Omega\text{ 中样本点总数 }n} = \frac{\text{有利场合数 }m}{\text{基本事件总数 }n}$$

由上述两点即得计算古典概率的方法，又称确定概率的古典方法。

由于概率的古典定义只适用于古典概型的概率计算，所以在解题时，首先要分析所对应的试验是否属于古典概型，盲目乱用，就会出现错误；其次，由概率的古典定义可以看出计算古典概率的关键在于如何根据问题的条件区分两种不同的基本事件，并能正确计算出两种基本事件总数 n 与 m。因此，在古典概率计算中，"具体情况，具体分析"所呈现出来的灵活性、技巧性，往往使初学者深感困惑。但灵活性、技巧性理所当然地也要受到某种共性的约束。① 那就是：做验证（有限性、等可能性缺一不可）；求 n、m（计算出有利场合数与基本事件总数）；算比值。做好三抓：一抓样本空间的确定，二抓事件的构造性处理，三抓 n 与 m 的计算。

(1) 样本空间的确定

随机试验的所有可能结果的全体称为样本空间。通常用 Ω 表示。Ω 中的点称为样本点，通常用 ω 表示。在古典概率计算中，由于样本点总数和有利场合数的计算必须在已经确定的样本空间中进行，显然构造恰当的样本空间是古典概率解题的第一步。而且随着研究问题的不同，样本空间可以相当简单，也可以相当复杂。即使是同一问题，也同样会如此。

一个具体的问题，如何去寻求最佳样本空间呢？就一般而论，古典概率解题中样本空间构造的原则为① 能够反映我们关心的问题（即包含所要研究的事件）；② 尽量简单。其中①是基本性的，②是技巧性的。这里的“尽量简单”不仅仅理解为要求样本空间包含的样本点尽量少，一般应以样本点总数和有利场合数计算简单方便为依据。尤其是无限样本空间的场合更是如此。因而，对于一个具体的问题构造其最佳样本空间，其中关键的一点要抓住欲求概率事件的本质特点，而把与其无关的因素丢掉不予考虑，删繁就简，事半功倍。

【例 3.3.1】 袋中有 a 只黑球，b 只白球，它们除颜色不同外，其他方面没有差别。现在把球随机地一只只摸出来，求第 k 次摸出的一只球是黑色球的概率（$1\leqslant k\leqslant a+b$）。

解法 1 把 a 只黑球及 b 只白球都看作是不同的（例如设想把它们编号），若把摸出的球依次放在排列成一直线的 $a+b$ 个位置上，则可能的排列法相当于把 $a+b$ 个元素进行全排列，总数为 $(a+b)!$。第 k 次摸得黑球有 a 种取法，而另外 $a+b-1$ 次摸球相当于把 $a+b-1$ 只球进行全排列，所以有利场合数为 $a\times(a+b-1)!$，故所求概率为

$$P_k = \frac{a(a+b-1)!}{(a+b)!} = \frac{a}{a+b}$$

解法 2 把 a 只黑球看作是没有区别的，把 b 只白球也看作是没有区别的，仍把摸出的球依次放在排列成一直线 $a+b$ 个位置上，黑球的位置有 C_{a+b}^{a} 种放法。由于第 k 次摸得黑球第 k 个位置必须放黑球，剩下的黑球可以在 $a+b-1$ 个位置上任取 $a-1$ 个位置，因此有利场合数为 C_{a+b+1}^{a-1}。所以所求概率为

$$P_k = \frac{C_{a+b+1}^{a-1}}{C_{a+b}^{a}} = \frac{a}{a+b}$$

由上两种解法可以看出：在第一种解法中把球看作是有“个性”的，而后一种解法中则对同色球不加区别。因此前者要顾及各黑球及各白球间的顺序用排列，后者则不注意次序而用组合。所以第二种解法的每一样本点是由第一种解法中的 $a!\ b!$ 个样本点合并而得。从此意义上看，解法 2 中的样本空间构造得比解法 1 简单。有没有比解法 2 还好的样本空间呢？

解法 3 对第 k 次以后的抽球情况不考虑，把从 $a+b$ 个球中任取 k 个球的一个排列看作一个样本点，其总数为 A_{a+b}^{k}。第 k 次抽到黑球有 a 种可能，前面的 $k-1$ 次是从余下的 $a+b-1$ 个球中任抽 $k-1$ 个。故有利场合数 aA_{a+b-1}^{k-1}，因此

$$P_k = \frac{aA_{a+b-1}^{k-1}}{A_{a+b}^{k}} = \frac{a}{a+b}$$

① 马文. 概率应用及思维方法[M]. 重庆：重庆大学出版社，1989：6.

由于此解法考虑到主要关心的是第 k 次摸球的情况，所以构造样本空间时仅考虑前 k 次取球情况，因而使得样本空间的构造比解法 2 还简单。

由此解法，很容易联想到下述解法：

解法 4 只考虑第 k 次抽球，$a+b$ 个球中任何一个都有可能在第 k 次被抽到，故样本点总数为 $a+b$ 个。抽到黑球仅有 a 种可能，即有利场合数为 a，所以

$$P_k = \frac{a}{a+b}$$

显然解法 4 是比较简单的。事实上，解法 4 中样本空间的构造也是最简单的(再简单就不能保持等可能性了)。由于样本空间的构造愈简单，概率的计算就可大大简化，所以同一个问题中最简单的样本空间为最佳样本空间。

【例 3.3.2】 一次投掷两颗骰子，求出现的点数之和为奇数的概率。

解法 1 令 $A=\{$出现点数之和为奇数$\}$，把一次试验的所有可能结果取为 $(i,j)(i,j=1,2,\cdots,6)$，一个数对 (i,j) 对应一个基本事件，基本事件的总数就是所有可能数对 (i,j) 的总数，即 6 个元素中任取 2 个元素可允许重复的排列数 $n=6^2=36$，显然这 36 个基本事件构成等概样本空间。

完成事件 $A=\{$出现点数之和为奇数$\}$ 有两类办法，一类办法是"第一颗骰子出现奇数点，第二颗出现偶数点"，由乘法原理完成这类办法只有 3×3 种；第二类办法是"第一颗骰子出现偶数点，第二颗骰子出现奇数点"，由乘法原理知完成此类办法共有 3×3 种，再由加法原理知，完成事件 A 的总方法数即事件 A 包含的基本事件为 $m=3\times3+3\times3=18$。

从而所求事件 A 的概率为

$$P(A) = \frac{m}{n} = \frac{18}{36} = \frac{1}{2}$$

解法 2 若把第一次试验的所有可能结果取为{(奇、奇)，(奇、偶)，(偶、奇)，(偶，偶)}，则它们也组成等概样本空间，基本事件的总数 $n=4$，A 包含的基本事件数 $m=2$。所以

$$P(A) = \frac{m}{n} = \frac{2}{4} = \frac{1}{2}$$

解法 3 若把一次试验的所有可能结果取为{(点数和为奇数)，(点数和为偶数)}，它们也构成等概样本空间，样本空间的总数 $n=2$，A 包含的基本事件数 $m=1$。故

$$P(A) = \frac{m}{n} = \frac{1}{2}$$

本题的三种解法是从不同角度来考虑样本空间的，但其中的样本点必须是等概的，若选择样本空间为{(两个奇)，(一奇一偶)，(两个偶)}，则得出了 $P(A)=\frac{1}{3}$ 的错误答案，错的原因就是它不是等概的。因为

$$P(\text{奇}) = \frac{1}{4}, \quad \text{而 } P(\text{一奇一偶}) = \frac{1}{2}$$

(2) 事件的构造性处理

由上述讨论可以看出，样本空间由基本事件(样本点)构成，就像集合与其元素的关系一样，从另一方面看，一个最佳的样本空间取决于基本事件的构造，并同时决定对待求概率的事件的内涵展示清晰度，所以，在古典概率的直接计算中，对基本事件及待求概率事件的结构进行科学构造性的数学处理，可以让其直接与数学问题(如排列、组合等)挂钩，就能为很

多较复杂问题的解决提供行之有效的途径。

【例 3.3.3】 将 1,2,⋯,n 这 n 个数字任意排列,试求:

① 2 在 1 前面的概率;

② 1,2,3 依次出现的概率。

解 ① 方法 1 令 $A=\{2$ 在 1 前面$\}$,则 n 个数字任意排列有 $n!$ 种排法,即样本点总数为 $n!$ 个,2 一定排在 1 之前有 $C_n^2(n-2)!$ 种排法,故所求概率为

$$P(A)=\frac{C_n^2(n-2)!}{n!}=\frac{1}{2}$$

方法 2 由题我们所关心的是 1 和 2 两个数字的排法,1,2 两个数字任意排有两种排法,则样本空间 $\Omega=\{(1,2),(2,1)\}$,即 Ω 包含两个样本点,于是 $A=\{(2,1)\}$ 只包含一个样本点,故所求的概率为

$$P(A)=\frac{1}{2}$$

② 方法 1 令 $A=\{1,2,3$ 依次出$\}$,则 n 个数字的任意排列有 $n!$ 种排法,“1,2,3 依次出现”可依次出现在 n 位置的 3 个位置上,故有 C_n^3 种占位方法,这 3 个位置被 1,2,3 依次占据后,其余的 $n-3$ 个数字可按任意次序在余下的 $n-3$ 个位置上有 $(n-3)!$ 种排法,故“1,2,3 依次出现”有 $C_n^3(n-3)!$ 种排法,故所求概率为

$$P(A)=\frac{C_n^3(n-3)!}{n!}=\frac{1}{6}$$

方法 2 仅考虑 1,2,3 三个数字的排列情况,将 1,2,3 任意排列共有 3! 种排法,即 $\Omega=\{(1,2,3),(1,3,2),(2,3,1)(2,1,3),(3,1,2),(3,2,1)\}$,$\Omega$ 包含 6 个样本点,而 A 仅包含一个样本点(1,2.3),故所求概率为

$$P(A)=\frac{1}{6}$$

由上例解题过程可以看出,对基本事件的不同构造性处理直接影响着待求概率事件的构造性处理和获得结果的顺畅与简洁。①、②中的方法 1 均把基本事件构造为 n 个数的一种排序,因而不论计算基本事件(样本点)的总数还是计算有利场合数(A 所包含的基本事件)都转化为了排列及有限制条件下的排列数的计算,从而用相应的排列公式就可获得 n 与 m。而方法 2 把与所要考虑问题紧密相关的问题对应排序构成基本事件,由于紧紧抓住欲求概率事件而就事论事,从而把样本空间压缩到最小,两种基本事件数 n 与 m 数数便得。回顾例 3.3.1 与例 3.3.2 不也是如此吗?动之以思,晓之以理,行之以径,储之以技,妙哉妙哉!

事件是样本点的集合,对事件的结构进行构造性的数学处理,更有利于一些复杂事件的求解。譬如两等价事件含有相同的基本事件(或样本点),故在同一次试验中两事件发生的概率是相等的。正是利用这一性质,我们可以在古典概型中待求概率的事件所含样本点数不易求时,通过将其转化为等价事件,建立起相应的样本空间,求出等价事件的概率而达目的。

抓住实际问题的本质加以简化、抽象,尽可能地把实际问题划归为已知解法的某一类问题,也是古典概率计算中的常用方法。

例 3.3.1 的结果是十分重要的,值得把它当作一个基本定理看待。不少问题可归结为上例所考虑的情况。

【例 3.3.4】 袋中有 a 只黑球，b 只白球，把球随机地一只只摸出来（不放回），直至袋中剩下球的颜色都相同为止，求最后剩下的全是黑球的概率。

解 设想摸球直至摸完为止，那么“最后全剩下黑球”（事件 A）与“最后摸出的是黑球”（事件 B）是同一回事。可以这样考虑，如果最后全剩下黑球（A 发生），那么最后摸出的必是黑球（B 发生，所以 $A\subset B$）；反之，如果最后摸出的是黑球（发生），那么最后剩下同一种颜色的球时必包含这最后一球，所以剩下的必全是黑球（A 发生，所以 $B\subset A$）。因此两个事件相等。事件 B 就是第 $a+b$ 次摸出黑球，所以它的概率为 $\dfrac{a}{a+b}$。

抽球问题中的“球”，当然也可以是实际问题中“人”“产品”“物品”等。

【例 3.3.5】 某人有 n 把钥匙，其中只有一把能打开他的门，他逐把取出钥匙，试开到第 i 次打开锁的概率均为 $\dfrac{1}{n}(i=1,2,\cdots n)$。

【例 3.3.6】 袋中有 a 个黑球，b 个白球，甲、乙、丙 3 人依次从袋中取出一球（不放回），试分别求出 3 人各自取得黑球的概率（$b\geqslant 3$）。

对于此题，同样可以认为从袋中随机地一个个摸球，分别求第一次、第二次、第三次摸出白球的概率。这样由所讨论问题的结论，显然可知均为 $\dfrac{a}{a+b}$。

值得一提的是，利用等价事件转化有时还可以把一个无穷样本空间转化为有穷样本空间，从而使得不能利用古典概型解决的问题转化为可以解决的问题。

【例 3.3.7】 任取一个自然数，求此数被 2 整除的概率。

解 先把任取一个自然数作为一个样本点，那么对应的样本空间为无穷样本空间。但若转而考虑任取一自然数被 2 除其余数不外乎为 0 或 1，由于取数的任意性，此二余数出现的可能性相等，被 2 整除即余数为 0，于是所求概率为 $p=\dfrac{1}{2}$。

(3) n 与 m 的常用计算方法

求解古典概率，关键是要求出 n 与 m。所以，前面不论是构建最佳样本空间，还是对事件进行科学性的数学处理，最终就是为了准确求出 n 与 m。由于古典概率模型背景繁杂多异，所以对应的计算方法也是杂乱纷纭，限于篇幅，仅就一些常用技巧性的方法介绍如下：

1）图示看数

数形结合始终是人们在分析与解决问题中乐于使用的方法，因为它能把十分复杂的问题通过图直观表达，观察就可以得到所要的数据。比如，对于古典概型中的链式问题，利用树形图效果尤其显著。

【例 3.3.8】① 4 张卡片上分别写着 1,2,3,4，某人随机抽出 1 张卡片，再投掷 1 次标有 1,2,3,4,5,6 的骰子，求两个得数之和正好是 3 的倍数的概率。

解 由抽取卡片的随机性及骰子的匀称性可知，何张卡片被抽取及骰子上各数字的出现都是等可能的，从而试验可由图 3.2 表示。

令 $A=\{$所得之和 3 的倍$\}$，由图 3.2 可以看出各种等可能结果总数 $n=24$，其中有利于 A 的场合数为 $m=8$，故有

① 张德然. 概率论思维论[M]. 合肥：中国科学技术大学出版社，2004：66-67.

$$P(A) = \frac{8}{24} = \frac{1}{3}$$

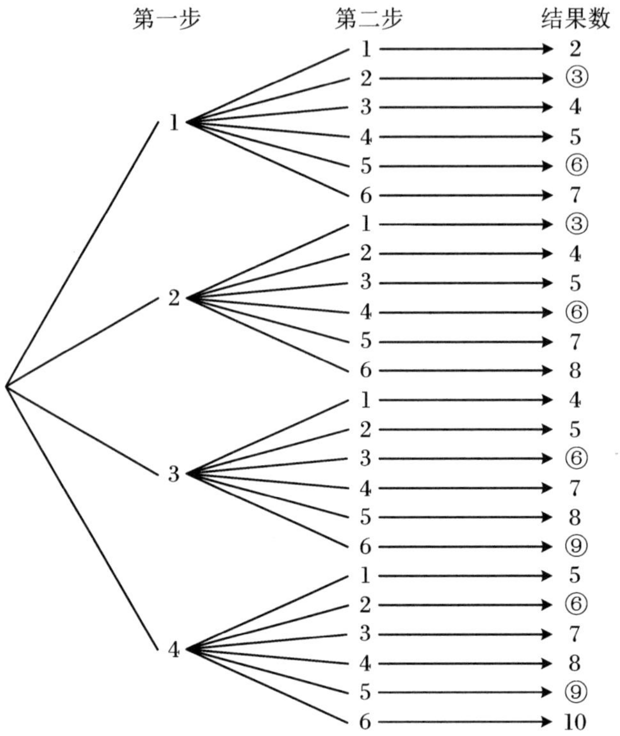

图 3.2 例 3.3.8 示意图

【例 3.3.9】 连续掷两颗均匀的骰子，求：

① 点数之和分别为 2,3,4,5,6,7,8,9,10,11,12 的概率；

② 最大点数分别为 1,2,3,4,5,6 的概率。

解 ① 用 X 表示点数之和，显然 X 的所有可能取值为 2,3,4,5,6,7,8,9,10,11,12。分别用横轴、纵轴表示依次掷出骰子的点数，从而试验可由图 3.3 表示。

由图 3.3 可明显找到基本事件总数与各对应事件的有利场合数，于是得

$$P(X=2)=\frac{1}{36};\quad P(X=3)=\frac{2}{36};\quad P(X=4)=\frac{3}{36};\quad P(X=5)=\frac{4}{36}$$

$$P(X=6)=\frac{5}{36};\quad P(X=7)=\frac{6}{36};\quad P(X=8)=\frac{5}{36};\quad P(X=9)=\frac{4}{36}$$

$$P(X=10)=\frac{3}{36};\quad P(X=11)=\frac{2}{36};\quad P(X=12)=\frac{1}{36}$$

② 用 Z 表示最大点数，其可能取值为 $1,2,3,\cdots,6$，分别用横轴、纵轴表示依次掷出骰子的点数，从而试验可由图 3.4 表示。

由图 3.4 可明显找到基本事件总数与各对应事件的有利场合数，于是得

$$P(X=1)=\frac{1}{36};\quad P(X=2)=\frac{3}{36};\quad P(X=3)=\frac{5}{36};$$

$$P(X=4)=\frac{7}{36};\quad P(X=5)=\frac{9}{36};\quad P(X=6)=\frac{11}{36}$$

类似的，可以求出其他相关事件的概率。

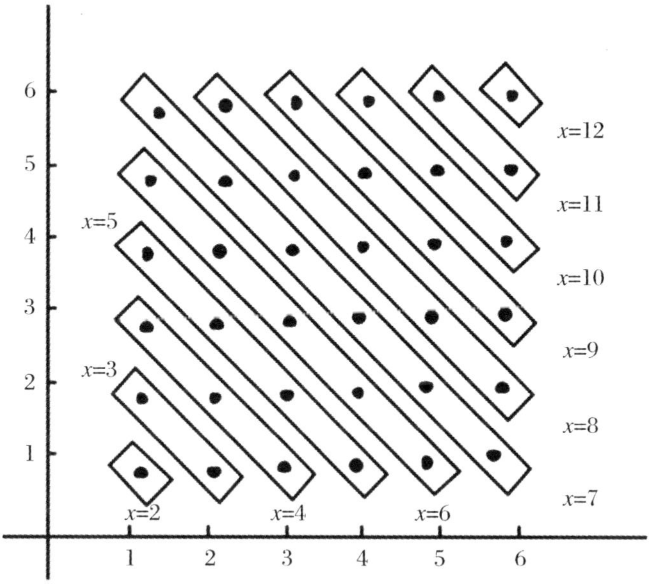

图 3.3 例 3.3.9①示意图

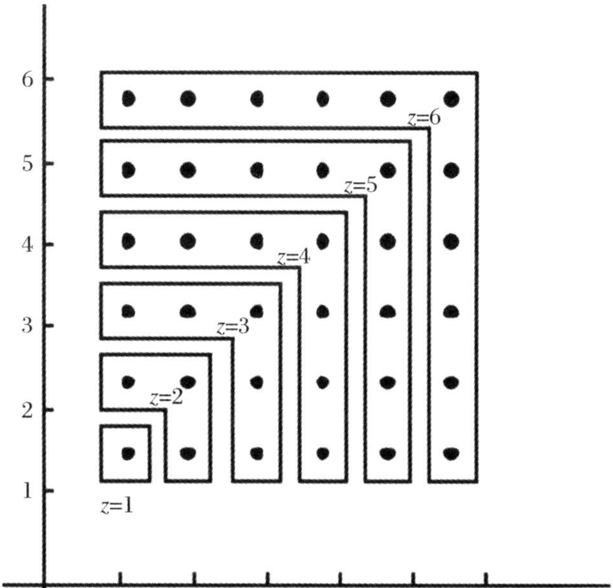

图 3.4 例 3.3.9②示意图

2）表格数数

统计表是展示数据和分析数据的常用方式，由于它的条理性，观察起来一目了然，这正是古典概率计算 n 与 m 所需要的，因为它不仅仅把所有的样本点表达得清清楚楚，而且便于寻找样本点，不会出现重复与遗漏。

【例 3.3.10】[①] 在有 3 个孩子的家庭中，有 2 个男孩、1 个女孩的概率是多少？

解 用“男”表示男孩，“女”表示女孩，则 3 个孩子的样本空间见表 3.1。

表 3.1 3 个孩子性别分布表

第一个孩子	第二个孩子	第三个孩子	样本点
男	男	男	(男,男,男)
男	男	女	(男,男,女)
男	女	男	(男,女,男)
男	女	女	(男,女,女)
女	男	男	(女,男,男)
女	女	男	(女,女,男)
女	女	女	(女,女,女)

显然，样本点总数 $n=8$，令 $A=\{$有 2 男 1 女$\}$，则

$$A=\{(男,男,女),(男,女,男),(女,男,男)\}$$

故

$$P(A)=\frac{3}{8}$$

此法的优点是简单明了，但对于基本事件总数较大时不宜使用。

3) 数学计数

对于较复杂的样本空间，如用 1)、2)的方法去做是很困难的，此时可采取用数学的已有公式去计算两种基本事件总数 n 与 m，其中排列组合功不可没。正可谓：古典概率事件繁，排列组合常相伴。前面已举出不少这样的例子，事实上，古典概率常见的“摸球问题”“占房问题”“随机取数”问题都是通过排列、组合去计数的，这些，一般概率论教材都会涉及，在这里就不再重复了。

需要强调的是，排列组合是初等数学的难点，在使用时一定要厘清待解决问题的背景及已知信息的内涵，以做出正确选择。尤其是在同一个问题的解决过程中两个基本事件的计算时排列与组合混用，就会导致两种基本事件数不属同一样本空间。

【例 3.3.11】 从有 3 件次品的 10 件产品中一件一件不放回地任意取出 4 件，求 4 件中恰有 1 件次品的概率。

解 把 10 件产品一件一件不放回地取出 4 件，第一次取有 10 种取法，第二次取有 9 种取法，第三次取有 8 种取法，第四次取有 7 种取法，由乘法原理共有 $10\times9\times8\times7$ 种取法。即基本事件总数为 $10\times9\times8\times7$ 个。

令 $A=\{$取出的 4 件恰有 1 件次品$\}$，则 A 含有 $C_3^1\times C_7^3$ 个基本事件，即先从 3 个次品中取 1 件，再从 7 件正品中取 3 件，共有 $C_3^1\times C_7^3$ 种取法。所以

$$P(A)=\frac{C_3^1\times C_7^3}{10\times9\times8\times7}=\frac{1}{48}$$

此解是错的，原因是计算总的基本事件个数用的是排列的方法，即考虑了抽取次序，而

① 张德然. 概率论思维论[M]. 合肥：中国科学技术大学出版社，2004：67-68.

计算事件 A 所含的基本事件数时用的是组合的方法，即没有考虑抽取的次序。这样，两类基本事件数就不属同一样本空间了。正确的做法如下：

解法 1 由题知，总的基本事件数为 A_{10}^4，A 含有 $C_4^1\times A_3^1\times A_7^3$ 个基本事件，即要使 4 件中含有一个次品，可以看成 4 次抽取中有一次抽到次品有 C_4^1 种方式，对于每一方式，从 3 件次品中取一件，再从 7 件正品中一件一件地取 3 件，共有 $C_4^1\times A_3^1\times A_7^3$ 种取法。所以

$$P(A)=\frac{C_4^1\times A_3^1\times A_7^3}{A_{10}^4}=\frac{1}{2}$$

解法 2 一件一件地不放回抽取 4 件，可以看成一次抽取 4 件，故总的基本事件数为 C_{10}^4，A 含有其中的 $C_3^1\times C_7^3$ 个基本事件。所以

$$P(A)=\frac{C_3^1\times C_7^3}{C_{10}^4}=\frac{1}{2}$$

重复与遗漏也是解排列与组合问题中的常见错误，所以在利用其求概率时要特别留神。

【例 3.3.12】[①] 从 5 双不同的手套中任意抽取 4 只，问其中至少有 2 只配成一双的概率是多少？

解 从 10 只手套中任取 4 只总的基本事件数为 C_{10}^4 个，令 $A=\{$至少有 2 只配成双$\}$，则 A 含有 $C_5^1\times C_8^2$ 个基本事件(先从 5 双中任取一双，然后在剩下的 8 只中任取 2 只)。所以

$$P(A)=\frac{C_5^1\times C_8^2}{C_{10}^4}=\frac{14}{21}$$

这是一个错解。错就错在 A 包含的基本事件有重复。在 C_8^2 种取法中的 2 只手套有“配成双”和“不成双”两种情况，容易看出，先取的任意一双(有 C_5^1 种取法)与“不成双”的任意 2 只配成 4 只的取法种数不可能重复，有重复的是 4 只手套配成 2 双的情况。现将 5 双手套分别编上 1,2,3,4,5 的号码，用数对 (i,j) $(i=1,2,3,4,5,i\neq j)$ 表示先取到 i 号手套、后取到 j 号手套，4 只配成 2 双有下面配对法：

*	(1,2)	(1,3)	(1,4)	(1,5)
(2,1)	*	(2,3)	(2,4)	(2,5)
(3,1)	(3,2)	*	(3,4)	(3,5)
(4,1)	(4,2)	(4,3)	*	(4,5)
(5,1)	(5,2)	(5,3)	(5,4)	*

显然重复了 $C_5^2=10$ 种，故 A 含的基本事件数是 $C_5^1\times C_8^2-C_5^2=130$ 种，故

$$P(A)=\frac{130}{C_{10}^4}=\frac{13}{21}$$

(4) 计算古典概率的特色技巧

1) 相关元素定位法

在一些概率问题中，若其显性或隐性彰显或蕴含着两个元素有制约关系时，此时一定要注意充分利用和挖掘。一般的做法是：将其中的一个首先固定，在此前提下考虑另一元素的各种可能状态，从而建立起相应的样本空间，一般此必是最佳样本空间。

【例 3.3.13】 k 个朋友随机地围绕圆桌而坐，求甲、乙两人坐在一起(座位相邻)的概率。

① 张德然. 概率论思维论[M]. 合肥：中国科学技术大学出版社，2004：85.

解　设甲已坐好，考虑乙的坐法。甲有 k 种坐法，对于每一种坐法，乙有 $k-1$ 种坐法。所以，在甲已坐好的情形下，乙的坐法即基本事件总数为 $k-1$，令 $A=\{$两人坐在一起$\}$，则有利场合数为 2。故

$$P(A)=\frac{2}{k-1}$$

【例 3.3.14】　n 个人坐成一排，求甲、乙两人相邻而坐的概率。

解　令 $A=\{$两人相邻而坐$\}$。

① 先考虑样本空间的样本点数：甲先坐、乙后坐，则共有 $n(n-1)$ 种可能。

② 甲在两端，则乙与甲相邻共有 2 种可能。

③ 甲在中间 $(n-2)$ 个位置上，则乙左右都可坐，所以共有 $2(n-2)$ 种可能。由此得所求概率为

$$P(A)=\frac{2+2(n-2)}{n(n-1)}=\frac{2}{n}$$

【例 3.3.15】　n 个人坐成一排，求甲、乙两人恰有 $r(0\leqslant r\leqslant n-2)$ 个人的概率。

解　令 $A=\{$甲、乙两人恰有 r 个人$\}$，n 个人排成一排，样本点总数为 $n!$。甲、乙两人中间有 r 个人的排法数可以这样考虑：

设甲排在第 i 位，则乙必排在第 $i+r+1$ 位，所以 i 只能取 $1,2,\cdots,n-r-1$，共 $n-r-1$ 种；其余 $n-2$ 个位置是 $n-2$ 人的全排列，有 $(n-2)!$ 种；甲、乙位置可以互换，有 C_2^1 种，故有利场合数为 $C_2^1(n-r-1)(n-2)!$。所以

$$P(A)=\frac{C_2^1(n-r-1)(n-2)!}{n!}=\frac{2(n-r-1)}{n(n-1)}$$

若 n 个人排成一圈，求按顺时针方向，由甲到乙中间相隔 r 个人的概率呢？

因为是环形排列，没有首尾之分，甲、乙按顺时针方向排列，中间相隔 r 人的样本点总数是 n 个人取 2 人（甲或乙）的排列，有 A_n^2 种，而甲的位置有 n 种选法，所以

$$P(A)=\frac{n}{A_n^2}=\frac{1}{n-1}$$

【例 3.3.16】　8 个蓝球队中有 2 个强队，任意将这 8 个队等分成甲、乙两组进行比赛，求这 2 个强队被分在一个组内的概率是多少？

此题可构造 6 种不同的样本空间，从而得到 6 种不同的解法，通常被解为

$$P=\frac{2C_6^2}{C_8^4C_4^4}=\frac{3}{7}\quad 或\quad P=\frac{2C_2^2C_6^2C_4^4}{C_8^4C_4^4}=\frac{3}{7}$$

由相关元素定位法，即可得到如下简洁解法：

解　设强队 A 的编组已定，则与 A 同组的空位只有 3 个，与 A 不同组的空位有 4 个，强队 B 选择任意空位的可能性相等。

甲组　　　　乙组

于是基本事件共 7 个，“B 与 A 同组”的基本事件是 3 个，故

$$P(两个强队同组)=\frac{3}{7}$$

推广到 $2n$ 个队的情景，得

$$P(\text{两个强队同组}) = \frac{n-1}{2n-1}$$

有时相关元素不止2个，可能是3个或者更多，这时可逐步确定，同样可使得样本空间的构造简单明了。

【例3.3.17】 一个人把6根草紧握在手中，仅露出它们的头和尾。然后请另一个人把6个头两两相接，6个尾也两两相接。求放开手以后6根草恰巧连成一个环的概率。并把上述结果推广到 $2n$ 根草的情形。

解 ① 6根草的情形。取定一个头，它可与其他的5个头之一相接，再取另一个头，它又可与其他未接过的3个之一相接，最后将剩下的2个头相接，故对头而言有 $5\times3\times1$ 种接法，同样对尾也有 $5\times3\times1$ 种接法，所以样本点总数为 $(5\times3\times1)^2$。

令 $A=\{6\text{根草连接成一个环}\}$，这种连接，对头而言仍有 $5\times3\times1$ 种连接法，而对尾而言，任取一尾，它只能与和它的头未连接的另4根草的尾连接。再取另一尾，它又只能和未与它的头连接的另2根草的尾连接，最后再将其余的尾连接成环，故尾的连接法为 4×2。所以 A 包含的样本点数为 $(5\times3\times1)(4\times2)$，于是

$$P(A) = \frac{(5\times3\times1)(4\times2)}{(5\times3\times1)^2} = \frac{8}{15}$$

② 对于 $2n$ 根草的情况类似可得

$$P(A) = \frac{(2n-2)!!}{(2n-1)!!}$$

2）主观隔离法

所谓主观隔离法，就是通过人为将混排的两类事物科学分离，然后按照要求寻求解决问题的方法。对于两类事物的混排问题，通过主观隔离，有利于明晰思路，找到方法。

【例3.3.18】 把 n 个“0”与 n 个“1”随机地排列，求没有两个“1”连在一起的概率。

解 考虑 n 个“1”的放法：$2n$ 个位置上“1”占有 n 个位置，所以共有 C_{2n}^n 种放法，而“没有两个‘1’连在一起”相当于在 n 个“0”之间及两头共 $n+1$ 个位置上放“1”，这共有 C_{n+1}^n 种放法，于是所求概率为

$$P = \frac{C_{n+1}^n}{C_{2n}^n} = \frac{n+1}{C_{2n}^n}$$

【例3.3.19】 n 个男孩，m 个女孩（$m\leqslant n+1$）被随机地排成一排，试求任意两个女孩都不相邻的概率。

解 仿上题，把 n 个男孩看成 n 个“0”，m 个女孩看成 m 个“1”，而“任意两个女孩都不相邻”则相当于“没有两个‘1’在一起”，于是在 $m\leqslant n+1$ 时，所求概率为

$$P = \frac{C_{n+1}^m}{C_{n+m}^m}$$

【例3.3.20】① 将 n 个完全相同的球（这时也称球是不可辨的）随机地放入 N 个盒中，试求：

① 某个指定的盒中恰好有 k 个球的概率；

② 恰好有 m 个空盒的概率；

① 茆诗松，程依明，濮晓龙. 概率论与数理统计教程习题与解答[M]. 北京：高等教育出版社，2018：18-19.

③ 某指定的 m 个盒子恰好有 j 个球的概率。

解 先求样本点总数。用 $N+1$ 根火柴棒排成一行，火柴棒之间的 N 个间隔恰好形成 N 个盒子，并依次称它们为第 1 个盒子，第 2 个盒子，…，第 N 个盒子，n 个球用“0”表示，考虑到两端必须是火柴棒方能形成 N 个盒子，所以 n 个（不可辨）球放入 N 个（可辨）盒子中，就相当于把 $N-1$ 根火柴棒（$N+1$ 根火柴棒中去掉两端的两根）和 n 个“0”随机地排成一行。这样一来，n 个球放入 N 个盒中所有的样本点总数相当于：从 $N-1+n$ 个位置任选 n 个位置放“0”，其他位置放火柴棒。故样本点总数为 C_{N+n-1}^{n}。

① 令 $A=\{$指定的某个盒子中恰有 k 个球$\}$，不失一般性，可认为第一个盒子中有 k 个球，则余下的 $n-k$ 个球放入另外 $N-1$ 个盒子中。类似于样本点总数的计算，此种样本点共有 $C_{N-1+n-k-1}^{n-k}$。故

$$P(A)=\frac{C_{N+n-k-2}^{n-k}}{C_{N+n-1}^{n}}\quad(0\leqslant k\leqslant n)$$

② 令 $B_m=\{$恰有 m 个空盒$\}$，其发生可分两步描述：

第一步：从 N 个盒子任取 m 个盒子，共有 C_N^m 种取法；

第二步：将 n 个球放入余下的 $N-m$ 个盒中，且这 $N-m$ 个盒中都要有球。

这当然要求 $n\geqslant N-m$（或 $m\geqslant N-n$），否则第二步发生的概率为 0。为了使第二步能发生，我们设想先把 n 个球排成一行，随机抽取球与球之间的 $n-1$ 个间隔中的 $N-m-1$ 个间隔放火柴棒即可，这有 C_{n-1}^{N-m-1} 种可能。

综合上述两步，所求概率为

$$P(B_m)=\frac{C_N^m C_{n-1}^{N-m-1}}{C_{N+n-1}^{n}}\quad(N-n\leqslant m\leqslant N-1)$$

③ 令 $C=\{$指定的 m 个盒子中恰有 j 个球$\}$，这意味着另外 $N-m$ 个盒子中放 $n-j$ 个球。由类似于样本点总数的计算可知：j 个球放入 m 个盒子中共有 C_{m+j-1}^{m-1} 种放法，而另外 $n-j$ 个球放入余下的 $N-m$ 个盒子中有 $C_{N-m+n-j-1}^{n-j}$ 种放法。于是所求概率为

$$P(C)=\frac{C_{m+j-1}^{m-1}C_{N-m+n-j-1}^{n-j}}{C_{N+n-1}^{n}}\quad(1\leqslant m\leqslant N,0\leqslant j\leqslant n)$$

由上例可见，通过主观隔离，由于凸显了思维方法，也使得两种样本点数计算起来方便多了。

3）分部如愿法

所谓分部如愿，顾名思义就是通过分部如愿以偿。前提是分部，即化整为零，关键是要所需结果来自各部分的聚合。由此看来，结果决定分部，恰当的分部更利于结果的实现。

【例 3.3.21】 口袋中有 10 个球，分别标有号码 1～10，现从中不返回地任取 4 个，记下取出球的号码，试求最小号码为 5 和最大号码为 5 的概率。

解 从 10 个球中任取 4 个，共有 C_{10}^4 种等可能取法，即基本事件总数为 C_{10}^4。

令 $A=\{$最小号码为 5$\}$，$B=\{$最大号码为 5$\}$。为便于求 $P(A)$ 和 $P(B)$，可将球号码 1～10 分成 3 组：第一组：$\{1,2,3,4\}$，第二组：$\{5\}$，第三组：$\{6,7,8,9,10\}$。

显然，事件 A 发生必须从第二组中取 1 个，从第三组中取 3 个，其共有 $C_1^1C_5^3$ 种取法。故

$$P(A)=\frac{C_1^1C_5^3}{C_{10}^4}=\frac{1}{21}$$

事件 B 发生必须从第二组中取 1 个，从第一组中取 3 个，其共有 $C_1^1C_4^3$ 种取法。故

$$P(B)=\frac{C_1^1C_4^3}{C_{10}^4}=\frac{2}{105}$$

类同,可推广到一般。

【例 3.3.22】 从 n 个数 $1,2,\cdots,n$ 中任取 2 个,问其中一个小于 k 另一个大于 $k(1<k<n)$ 的概率是多少?

解 从 n 个数 $1,2,\cdots,n$ 中任取 2 个,共有 C_n^2 种等可能的取法,而要其中一个小于 k,另一个大于 k,可将 $1,2,\cdots,n$ 分成三组:第一组:$\{1,2,\cdots,k-1\}$,第二组:$\{k\}$,第三组:$\{k+1,k+2,\cdots,n\}$。

于是,所求事件是从第一组中任取 1 个且从第三组任取 1 个,其共有 $C_{k-1}^1C_{n-k}^1$ 种取法,于是所求概率为

$$\frac{C_{k-1}^1C_{n-k}^1}{C_n^2}=\frac{2(k-1)(n-k)}{n(n-1)}$$

【例 3.3.23】 一种福利彩票称为 35 选 7,即购买时从 01,02,…,35 中任选 7 个号码,开奖时从 01,02,…,35 中不重复地选出 7 个基本号码和一个特殊号码。中各等奖的规则见表 3.2:

表 3.2　中奖级别及规则

中奖级别	中奖规则
一等奖	7 个基本号码相同
二等奖	中 6 个基本号码及特殊号码
三等奖	中 6 个基本号码
四等奖	中 5 个基本号码及特殊号码
五等奖	中 5 个基本号码
六等奖	中 4 个基本号码及特殊号码
七等奖	中 4 个基本号码,或中 3 个基本号码及特殊号码

试求一购买者中奖的概率。

解 把 35 个号码分成 3 组:第一组:7 个基本号码;第二组:1 个特殊号码;第三组:27 个一般号码。类上各题可求得中各类奖的概率如下:

$$p_1=\frac{C_7^7C_1^0C_{27}^0}{C_{35}^7}=0.149\times10^{-6},\qquad p_2=\frac{C_7^6C_1^1C_{27}^0}{C_{35}^7}=1.04\times10^{-6}$$

$$p_3=\frac{C_7^6C_1^0C_{27}^1}{C_{35}^7}=28.106\times10^{-6},\qquad p_4=\frac{C_7^5C_1^1C_{27}^1}{C_{35}^7}=84.316\times10^{-6}$$

$$p_5=\frac{C_7^5C_1^0C_{27}^2}{C_{35}^7}=1.096\times10^{-3},\qquad p_6=\frac{C_7^4C_1^1C_{27}^2}{C_{35}^7}=1.827\times10^{-3}$$

$$p_7=\frac{C_7^4C_1^0C_{27}^3+C_7^3C_1^1C_{27}^3}{C_{35}^7}=30.448\times10^{-3}$$

中奖的概率为 $p_1+p_2+p_3+p_4+p_5+p_6+p_7=0.033485$。

有时还会通过分部把简单问题复杂化,但这种分部确使两种样本点的计算更简单了,当然是非常值得关注的。就拿例 3.3.21 来说,也可如下解:

解 令 X 为取出球的最小号码,Y 为取出球的最大号码,则

$$P(A) = P(X = 5) = P(X \geqslant 5) - P(X \geqslant 6) = \frac{C_6^4}{C_{10}^4} - \frac{C_5^4}{C_{10}^4} = \frac{1}{21}$$

$$P(B) = P(Y = 5) = P(Y \leqslant 5) - P(Y \leqslant 4) = \frac{C_5^4}{C_{10}^4} - \frac{C_4^4}{C_{10}^4} = \frac{2}{105}$$

推广到一般

$$P(X = k) = P(X \geqslant k) - P(X \geqslant k + 1)$$
$$P(Y = k) = P(Y \leqslant k) - P(Y \leqslant k - 1)$$

4) 等价事件转换法

等价变换是一类应用非常广泛的数学思想方法,因为可以通过变换达到化归。即在解决一个问题时,人们不是直接寻找问题的答案,而是寻找一些熟悉的结果,设法将面临的问题化为某一规范的问题,以便运用已知的理论、方法和技术使问题得到解决。① 在其过程中,不乏是等价变形。在古典概率计算中,它的表现形式就是等价事件转换。原因是两个等价事件发生的概率相等,通过转化可以使得问题得以解决。对此在前面关于事件的构造性处理中已做了一些阐述。例 3.3.4 至例 3.3.7 也展示了其处理的思维与方法,在此不再举例赘述。但有两点需要再强调一下:在进行等价事件转化时,一是把握转化的目标,说白一些,就是能解决问题,且易解决问题;二是确保转化后的事件与原事件等价,最好通过 Venn 图或逻辑推理(互含法:即互相包含)进行直观检验或严格理论证明,确保所求结果的准确性。从思维方法的角度来分析,确定概率的几何方法从广义上来看,也是一种等价事件转化。

由于确定概率的古典方法是在概率论发展初期被人们研究并普遍接受的方法,所以在很多概率统计理论方法的产生与发展中它起着十分重要的奠基作用,并且许多问题的解决也常常最终化归为古典概型,由确定概率的古典方法最终给予解决。

3.3.1.2 确定概率的几何方法

一个随机试验,如果它的数学模型是古典概型,就可以成功地应用概率的古典定义求得相关问题的概率。但是,在古典概型中,试验的结果是有限的,一旦此限制被突破,概率的古典定义就失效了。因为“有限”到“无限”,这不仅仅是量的变化,而是一个质的飞跃,怎么办?一个朴素的想法就是要把无限转化为有限。一旦转化成功,就可以运用确定概率的古典定义去求概率了。几何概率模型(简称几何概型)就是通过转化而可以用雷同于概率的古典定义去确定概率的一种概率模型。

1. 几何概型

若随机试验满足:

(1) 它的可能结果有无穷多个,其每一可能结果对应某一有限测度区域中的一个点;

(2) 任一事件 A 发生的概率与 A 的测度(度量)成正比,与其位置形状无关。

这类随机试验对应的数学模型称为几何概率模型,简称几何概型或几何型。

显然,(2)就是等可能性的体现,所以几何概型就是满足“无穷性”与“等可能性”的概率模型。

计算此类概型相关概率的依据就是概率的几何定义。

① 顾泠沅. 数学思想方法[M]. 北京:中央广播电视大学出版社,2017:110.

2. 概率的几何定义及应用

对于几何概型的任一事件 A，有 $P(A)=\dfrac{S_A}{S_\Omega}$。其中，$S_\Omega$，$S_A$ 分别为样本点总数与 A 所包含的样本点所对应的区域的几何度量。

这就是概率的几何定义，由于利用它可以直接求出几何概型中相关事件的概率，所以又称确定概率的几何方法。

【例 3.3.24】 设有任意两数 x，y，满足 $0<x<1$，$0<y<1$，求 $xy<\dfrac{1}{3}$ 的概率。

解 由题意，样本空间对应的区域为 $\Omega=\{(x,y)\mid 0<x<1,0<y<1\}$，令 $A=\left\{xy<\dfrac{1}{3}\right\}$，则 A 所包含的样本点对应的区域为

$$\left\{(x,y)\mid\left(x,y\in\Omega\text{ 且 }xy<\frac{1}{3}\right)\right\}$$

由图 3.5 可以看出，Ω 对应的是边长为 1 的正方形，其对应的面积为 $S_\Omega=1$，A 对应图中阴影部分，其面积为 $S_A=\dfrac{1}{3}+\displaystyle\int_{\frac{1}{3}}^{1}\frac{1}{3x}\mathrm{d}x=\dfrac{1}{3}+\dfrac{1}{3}\ln3$。故由概率的几何定义得

$$P(A)=\frac{S_A}{S_\Omega}=\frac{\frac{1}{3}+\frac{1}{3}\ln3}{1}=\frac{1}{3}+\frac{1}{3}\ln3$$

与古典概型相比，几何概型仅是把“有限性”推向了“无限性”，因此，要解决几何概型的概率计算问题，自然而然就要想方设法将其化归到古典概型，即把“无限性”转化为“有限性”。依据几何概型的特征，试验的每一可能结果对应某一有限测度区域中的一个点，那么就可以通过“样本点”与“平面点”的对应，从而达到这种质的转化。上述例 3.3.22 的解题过程也鲜明地展示了上述思维。

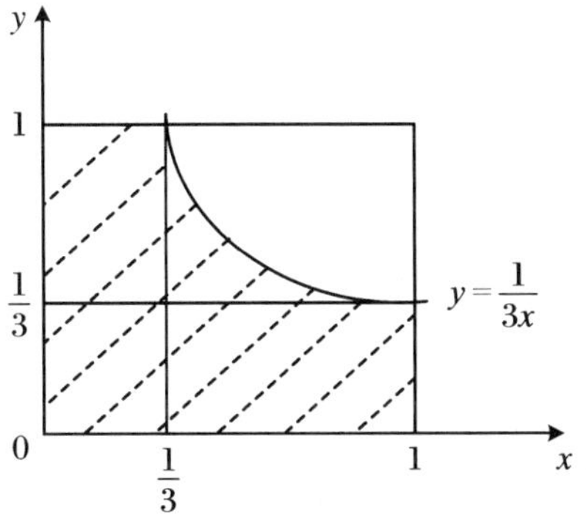

图 3.5　例 3.3.24 示意图

思维决定方法，方法确定步骤。对于几何概型，计算事件概率的一般步骤如下：

(1) 计算几何概率的一般步骤

1）定区域

建立坐标系，通过点与样本点的对应关系，确定出样本点总数与所考虑事件 A 所包含的样本点数对应的区域。

2）算测度（度量）

利用数学的对应方法计算出样本点总数与所考虑事件 A 所包含的样本点数对应的区域的测度 S_Ω 及 A 所对应的区域的测度 S_A。

3）求比值

即求出 $P(A)=\dfrac{S_A}{S_\Omega}$。由上述分析明显看出，几何概型中要求出事件 A 的概率的关键，就是根据实际背景准确求出 S_Ω 与 S_A。

（2）几何概率常见的四类问题

1）会面问题

【例 3.3.25】 甲、乙两人约定在下午 6—7 点之间在某处会面，并约定先到者应等候另一人 20 分钟，过时即刻离去。求两人能会面的概率。

解 以 x 和 y 分别表示甲、乙两人到达约会地点的时间（以分钟为单位），在平面上建立 xoy 直角坐标系（图 3.6）。因为甲、乙都是在 0—60 分钟内到达，所以由等可能性知这是一个几何概率问题。(x,y) 的所有可能取值在边长为 60 的正方形区域内，其面积为 $S_\Omega=60^2$，而事件 $A=\{$两人能够会面$\}$相当于

$$|x-y|\leqslant 20$$

即图 3.6 中的阴影部分，其面积为 $S_A=60^2-40^2$，所以

$$P(A)=\frac{S_A}{S_\Omega}=\frac{60^2-40^2}{60^2}=\frac{5}{9}=0.5556$$

类同，可以求出不能会面的概率。

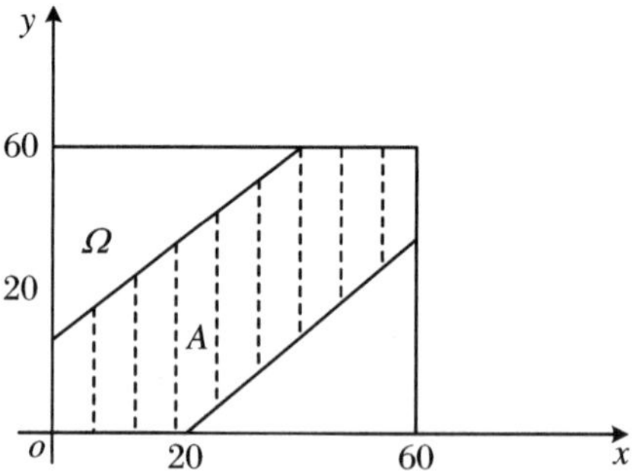

图 3.6 例 3.3.25 示意图

【例 3.3.26】 甲、乙两艘轮船驶向一个不能同时停泊两艘轮船的码头，它们在一昼夜内到达的时间是等可能的，如果甲船停泊的时间是 1 小时，乙船停泊的时间是 2 小时，求它们中任何一艘都不需要等候码头空出的概率是多少？

解 用 x 和 y 分别表示甲乙两艘轮船到达码头的时间（以小时为单位），则 (x,y) 的所有可能取值形成边长为 24 的正方形 Ω，其面积为 $S_\Omega=24^2$。而事件 $A=\{B$ 不需要等候码头空出$\}$有两种情况：一种情况是甲船先到，则乙船在 1 小时之后到达，即满足 $y-x\geqslant 1$；另一种情况是乙船先到，则甲船在 2 小时后到达，即满足 $x-y\geqslant 2$。所以事件 $A=\{(x,y):x-y\leqslant -1$ 或 $x-y\geqslant 2\}$，其对应区域为图 3.7 中的阴影部分，其面积为 $S_A=\dfrac{1}{2}(23^2+22^2)$，所以

$$P(A)=\frac{S_A}{S_\Omega}=\frac{\frac{1}{2}(23^2-22^2)}{24^2}=0.879$$

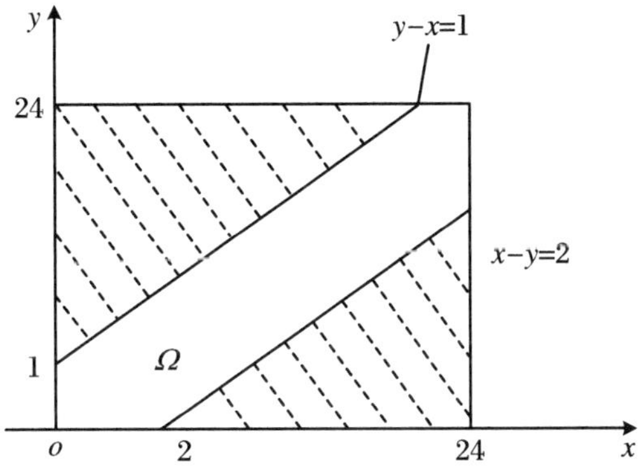

图 3.7 例 3.3.26 示意图

2) 蒲丰抛针问题

【例 3.3.27】 平面上画有间隔为 $d(d>0)$的等距平行线,向平面任意投掷一枚长为 $l(l<d)$的针,求针与任一平行线相交的概率。

解 以 x 表示针的中点与最近一条平行线的距离,φ 表示针与此直线间的夹角(图 3.8),易知样本空间满足

$$0\leqslant x\leqslant\frac{d}{2},\quad 0\leqslant\varphi\leqslant\pi$$

由此两式确定了 φox 平面上的一个矩形 Ω,这就是样本空间,其面积为 $S_\Omega=\frac{d\pi}{2}$。令 $A=\{$针与平行线相交$\}$,则 A 发生的充要条件是

$$x\leqslant\frac{l}{2}\sin\varphi$$

由此不等式表示的区域是图 3.9 中的阴影部分。

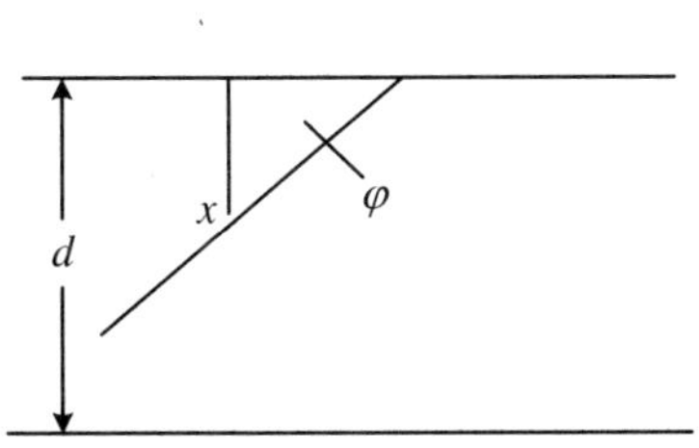

图 3.8 例 3.3.27 示意图(1)

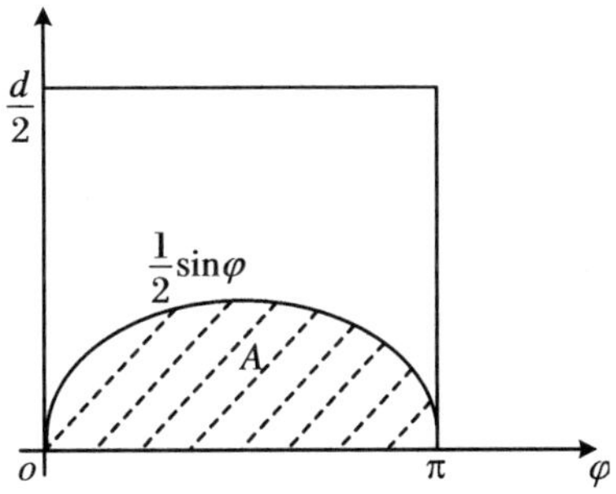

图 3.9 例 3.3.27 示意图(2)

由于针是向平面任意投掷的,所以由等可能性知这是一个几何概率问题,从而

$$P(A)=\frac{S_A}{S_\Omega}=\frac{\int_0^\pi\frac{l}{2}\sin\varphi d\varphi}{\frac{d}{2}\pi}=\frac{2l}{d\pi}$$

蒲丰抛针问题的解决很有启发性，利用它的结果，我们可分别求出向平面投一三角形、向平面投掷一凸多边形及向平面投一圆，其与平行线相交的概率（见例 2.4.1、例 2.4.2、例 2.4.3），并得出：任意投一凸多边形、圆，其与画有等间隔为 d 的平行线的平面上平行线相交的概率与其周长有关，具体地说是对应测度量的$\frac{1}{d\pi}$。且当对应测度量与平行线间的距离成比例变化时，则其与平行线相交的概率 p 不变。

3）构成三角形问题

这类问题一般有两类：一类是将一线段任意分成三段，求其构成三角形的概率；另一类是在已知线段上任取三点，以同一始点分别与三分点为终点所形成的三线段构成三角形的概率。

【例 3.3.28】 在长度为 a 的线段上任取两点，将其分为三段，求它们可以构成一个三角形的概率。

解 由于是将线段任意分成三段，所以由等可能性知这是一个几何概率问题。分别用 x，y 和 $a-x-y$ 表示线段被分成的三段长度，则显然应有

$$0<x<a;\quad 0<y<a;\quad 0<a-x-y<a$$

其中，第三个式子等价于 $0<x+y<a$，所以样本空间为

$$\Omega=\{(x,y):0<x<a,)<y<a),0<x+y<a\}$$

如图 3.10，$S_\Omega=\frac{a^2}{2}$。

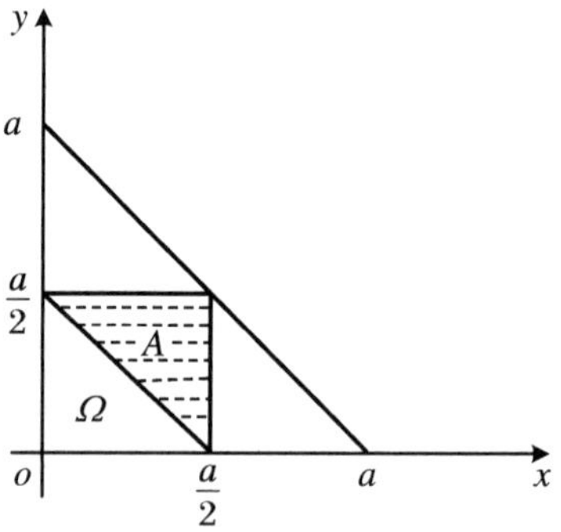

图 3.10 例 3.3.28 示意图(1)

根据构成三角形的充要条件：三角形中任意两边之和大于第三边，得事件 A 所含样本点(x,y)必须满足：

$$\begin{cases}0<a-(x+y<x+y)\\0<x<y+(a-x-y)\\0<y<x+(a-x-y)\end{cases}$$

整理，得

$$\frac{a}{2}<x+y<a;\quad 0<x<\frac{a}{2};\quad 0<y<\frac{a}{2}$$

所以事件 A 可用图 3.10 中的阴影部分表示，即 $S_A=\frac{a^2}{8}$。

从而，有

$$P(A)=\frac{S_A}{S_\Omega}=\frac{\frac{a^2}{8}}{\frac{a^2}{2}}=\frac{1}{4}$$

【例 3.3.29】 在线段 AB 上任取三点 x_1,x_2,x_3，求 Ax_1,Ax_2,Ax_3 能构成三角形的概率。

解 不失一般性，设 AB 的长为 1，则

$$\Omega=\{(x_1,x_2,x_3)\mid 0\leqslant x_1\leqslant 1,0\leqslant x_2\leqslant 1,0\leqslant x_3\leqslant 1\}$$

即边长为 1 的正方体中点。Ax_1,Ax_2,Ax_3 能构成三角形当且仅当 $x_1+x_2>x_3,x_1+x_3>x_2,x_2+x_3>x_1$。

即点(x_1,x_2,x_3)应在平面 $x_1=x_2+x_3(OAC)$的“下方”，在平面 $x_2=x_1+x_3(OBC)$的“左方”，在平面 $x_1=x_2+x_3(OAB)$的“后方”，也就是说，点(x_1,x_2,x_3)应落入图 3.11 中六面体 $OABCD$ 的内部，故有利场合数可用六面体 $OABCD$ 的体积来度量。

所以

$$P(Ax_1,Ax_2,Ax_3\text{ 构成三角形})=\frac{\text{六面体 }OABCD\text{ 的体积}}{\text{以 1 为边长的正方体体积}}=\frac{1^3-3\times\frac{1}{3}\times\frac{1}{2}\times1\times1\times1}{1^3}=\frac{1}{2}$$

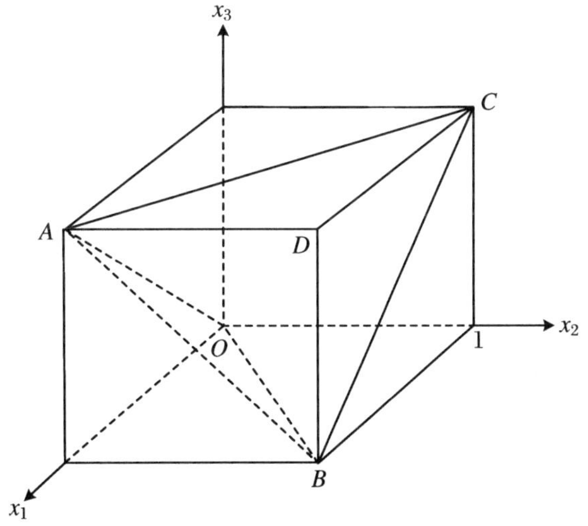

图 3.11　例 3.3.29 示意图

由以上两例可以看出，所有样本点对应的几何区域及有利场合数所对应的几何区域针对性很强，一旦研究背景稍有变化，就会改变其对应的两种区域的形态。

4) 方程根的问题

一提到方程的根，大家都会自然联想到韦达定理及根的判别式等。在概率论中，凡是涉及方程根的相关概率问题，这些仍是用来确定两种样本点数的理论依据。尤其在确定几何概率两种样本点对应区域时，其表现更为突出。

【例 3.3.30】 设二维点(p,q)在$|p|\leqslant 1,|q|\leqslant 1$ 中均匀出现，试求方程 $x^2+px+q=0$ 的根：① 都是实根的概率 p_1；② 两根都是正数的概率 p_2。

解　由题知，Ω 是以原点为中心边长为 2 的正方形，即

$$\Omega = \{(p,q) \mid |p| \leqslant 1, |q| \leqslant 1\}$$

① 要使两根都是实根，(p,q) 必须且只需满足

$$\Delta = p^2 - 4q \geqslant 0 \quad \text{即} \quad q \leqslant \frac{1}{4}p^2$$

其对应的区域即为图 3.12 中的阴影部分，其中

$$S_{MOC} = \int_0^1 \frac{1}{4}p^2 \mathrm{d}p = \frac{1}{12}$$

所以

$$p_1 = \frac{1 \times 2 + 2 \times \frac{1}{12}}{2 \times 2} = \frac{13}{24}$$

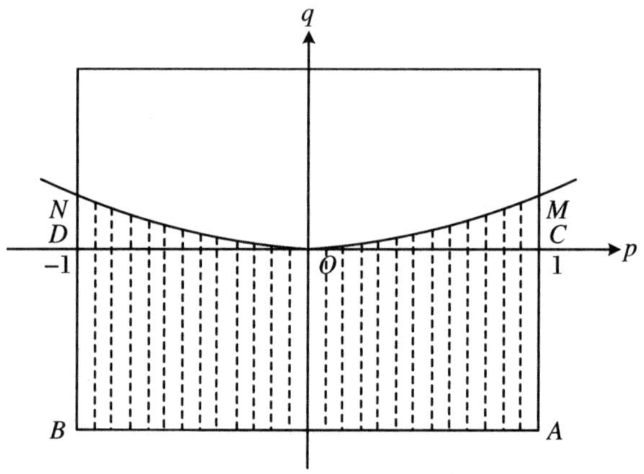

图 3.12　例 3.3.30 示意图

② 若两根 x_1 和 x_2 均为正数，由韦达定理：$x_1x_2 = q, x_1 + x_2 = -p$。从而有：$p<0$，$q>0$且 $p^2 - 4q \geqslant 0$。此确定了图 3.12 中的阴影部分区域 NOD，其面积为$\frac{1}{12}$。所以 $p_2 = \frac{1}{12} \div 4 = \frac{1}{48}$。

3. 几点说明

(1) 针对不同的问题背景，选择相应的几何测度

在几何概率中，利用样本点与区域点的一一对应，求出样本点总数及所关心的事件所包含的样本点对应区域的测度是解决问题的关键。一般情况下，若考虑的问题中只有一个因素在变，则取一维几何量——长度做几何测度；若所考虑的问题中有两个因素在变，则取二维几何量——面积做几何测度；若有三个因素变化，则取三维几何量——体积做几何测度。[①] 依次类推，若考虑的问题中有 n 个因素变化，则取 n 维几何量——体积做几何测度。在具体实施过程中，一种是背景清晰，自然而然地定出两种对应区域，如例 3.3.25 至例 3.3.26 均如此，还有一种是样本点总数对应的区域明确，有利场合数对应的区域不明确，但其中现

① 孙清华，孙昊. 概率论与数理统计内容、方法与技巧[M]. 武汉：华中科技大学出版社，2002：12.

象的必然性仍是不可掩饰的，如例 3.3.27 至例 3.3.30，构成三角形的充要条件、三角形的边角关系、方程根与系数的关系（韦达定理）等，必然寓于偶然之中，联系各科学习，可谓“蓦然回首，那人却在灯火阑珊处”。

(2) 确定概率的几何方法的理论“归宿”是确定概率的古典方法

确定概率的几何方法的理论“归宿”是确定概率的古典方法，从它们相应处理问题的链条中看得非常清楚。

古典方法：

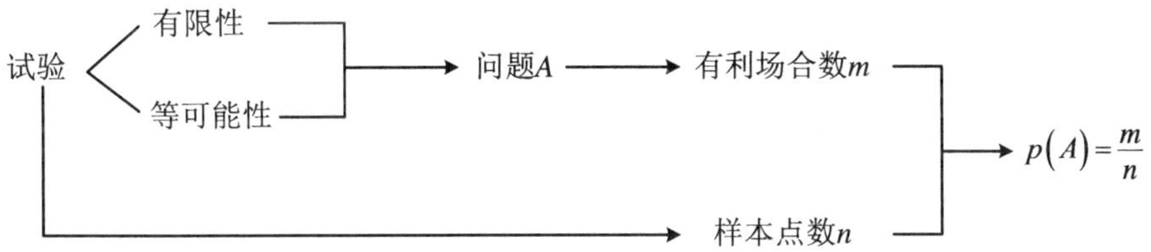

几何方法：

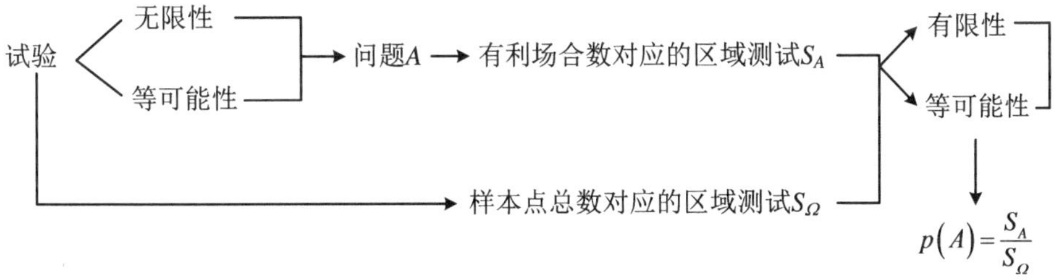

这里之所以用了“理论归宿”，就是因为最终结果的“落脚点”仍是$\frac{\text{有利场合数}}{\text{样本点总数}}$，所不同的是，几何方法插入了一个“对应”与“转化”，而这种“对应”与“转化”，，正是使无限变有限，使之圆满地走进“归宿”。

(3) 确定概率的几何方法同一问题也可构造多个不同的样本空间，且同时存在最佳样本空间

如例 3.3.28，也可构造如下样本空间：

解 取此线段为数轴，折断点的坐标为 x,y，则必有 $0<x<a$，$0<y<a$。这相当于 xoy 平面中的点 (x,y) 落在边长为 a 的正方形中，故样本点数可以用此正方形的面积来表示。若三线段能构成三角形，则要求其中任一线段之长小于其他二线段之和，也就是说三段中每段长都不能超过$\frac{a}{2}$。

先设 $|y-x|<\frac{a}{2}$，此时 $x-\frac{a}{2}<y<x+\frac{a}{2}$，即点 (x,y) 落入 $y=x+\frac{a}{2}$ 与 $y=x-\frac{a}{2}$ 二直线之间的带形区域内。

再考虑线段两端的长不超过$\frac{a}{2}$的情形，这又可以分为两种情况：

① $x<\frac{a}{2}$，$y>\frac{a}{2}$，此时点 (x,y) 落入图 3.13 中的区域Ⅰ；

② $y<\frac{a}{2},x>\frac{a}{2}$,此时点$(x,y)$落入图3.13中的区域Ⅱ。

因此,有利场合数可以用区域Ⅰ、Ⅱ的面积表示,从而有

$$P(A)=\frac{\text{区域 Ⅰ、Ⅱ 的面积}}{\text{正方形的面积}}=\frac{\left(\frac{a}{2}\right)^2}{a^2}=\frac{1}{4}$$

有比较就有鉴别,如此通过多种不同样本空间的解题过程比较,就可以确定出最佳的样本空间。

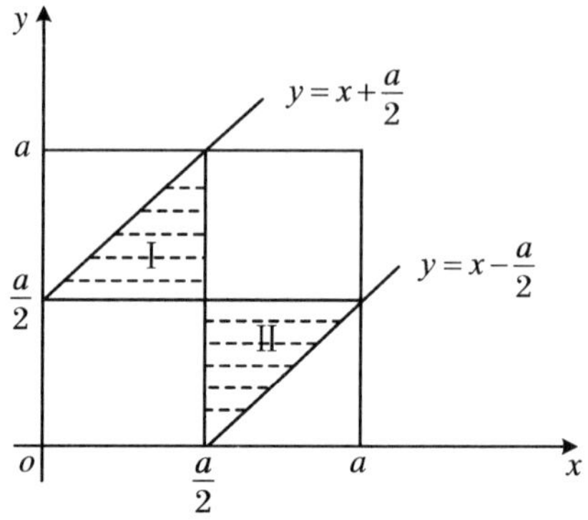

图3.13 例3.3.28示意图(2)

3.3.1.3 确定概率的频率方法

随机现象有其偶然性一面,也有其必然性一面,这种必然性表现在大量重复试验或观察中现象所呈现出的固有规律。因而,在一般情形下观察与试验是认识随机现象、发现与解决概率问题的一种有效的方法。除了历史上有多名数学家、统计学家通过大数次试验发现抛掷硬币发现出现正面的频率围绕着0.5摆动外,统计学家克拉美(1893—1985)用瑞典1958年的官方统计资料也发现女婴出生的频率总是在0.482左右波动。如此等等,随着人们观察对象的广泛化,人们越来越认识到,对一个随机事件来说,发生可能性大小的度量是由它自身决定的,好比一根木棒有长度,一块土地有面积一样,它就是频率稳定的中心值。法国数学家笛卡儿(1596—1650)说:"当我们不具备决定什么是真理的力量时,我们应遵从什么是最可能的,这是千真万确的真理。"于是,人们就把频率稳定的中心值作为事件发生的概率。这就是概率的统计定义,又称为确定概率的频率方法。

1. 概率的统计定义(确定概率的频率方法)

在相同的条件下,对随机现象进行 n 次试验,当试验次数 n 逐渐增加时,事件 A 发生的频率越来越稳定在某个确定的常数 p 附近摆动,则称常数 p 为事件 A 发生的概率,即$P(A)=p$。

确定概率的频率方法是在大量重复试验中,用频率的稳定值去获得概率的一种方法,它提供了概率的一个可供想象的具体值,并且在试验重复次数 n 较大时,可用频率获得概率的一个近似值,这一点是概率统计定义最有价值的地方。但是在现实世界里,人们无法把一个试验无限次重复下去,甚至不能做重复试验(破坏性试验),因此要精确获得频率的稳定值是困难的,且仅通过若干次观察或试验就把所得结论不加证明地推广到一般,从逻辑推理上

也是欠缺的，因为它只是部分表象，且因人而异。德国概率论学者冯·米赛斯花了很大精力研究这个问题，试图发展出一套在逻辑上说得通的理论体系。然而他的努力从理论的角度上讲并没有成功。后来伯努利大数定理的出现就彻底说清楚了。

定理（伯努利大数定理） 设 μ_n 为 n 重伯努利试验中事件 A 发生的次数，p 为每次试验中 A 出现的概率，则对任意的 $\varepsilon>0$，有

$$\lim_{n\to\infty}P\left\{\left|\frac{\mu_n}{n}-p\right|<\varepsilon\right\}=1$$

伯努利大数定理说明：随着试验次数 n 的增大，事件 A 发生的频率 $\frac{\mu_n}{n}$ 与其概率 p 的偏差 $\left|\frac{\mu_n}{n}-p\right|$ 大于预先给定的精度 ε 的可能性愈来愈小，小到可以忽略不计，这就是频率稳定于概率的含义，或者说频率以概率收敛于概率。

2. 确定概率的频率方法的若干应用

陈希孺院士在《机会的数学》中指出："数学中研究的种种模型，往往包含了对现实情况的简化。这是因为，数学方法的力量毕竟是有限的，对于过于复杂的现实问题往往无能为力。只要这种简化不与现实距离过远，或者说，所造成的误差不致对结论的有用性造成较大的伤害，基于简化模型而发展的数学方法仍有其使用价值。"概率的统计定义虽然不能确切地定出概率，但却给出了一个通过实地观察或试验取估计概率的方法。譬如要估计某种产品的不合格品率 p，则可从该种产品中随机抽取 n 件，当 n 很大时，这 n 件产品中的不合格品的比例即可作为不合格品率 p 的估计值等。同时，它的思想与方法也为构造概率模型解决一些与概率相关的实际问题开拓了广阔的空间。

（1）敏感性问题的调查

信息是思考与解决问题的基础，没有可靠的信息即使方法再科学都将无济于事。因而如何收集所需信息始终是统计学研究的重要课题。应用随机性及确定概率的频率方法我们可以进行敏感性问题的调查，并能获得较可靠的数据资料。比如，我们若采取问话调查："你考试作弊过吗？"，恐怕一般情况下很难得到真实的答案。对此，我们可采取下述方法进行：

首先列出两个问题（其中一个问题是无关紧要的，但答案明确，另一个是所关心的问题），如欲了解某一学生群体考试作弊情况，可设计如下问题：

问题1：你手机号码的末位数字是偶数吗？

问题2：你考试作弊过吗？

然后让被提问者在旁无他人的环境下投掷一枚硬币，出现正面时要求正确回答问题1，出现反面时要求正确回答问题2。此时提问者并不知道被问者回答的是哪一个问题，但可统计出来。比如，设计如下答卷，被调查者无论回答问题1或问题2，只需在答卷认可的方框内打钩（图3.14），然后把答卷放入一个密封的投票箱内。

假设我们有 n 张答卷，通过最终统计其中有 k 张回答"是"，由全概率公式，有

$$P(\text{是})=P(\text{正面})P(\text{是}\mid\text{正面})+P(\text{反面})P(\text{是}\mid\text{反面})=\frac{1}{2}\times\frac{1}{2}+\frac{1}{2}p$$

其中，p 为考试作弊的概率，当 n 充分大时，就有 $\frac{k}{n}\approx\frac{1}{4}+\frac{1}{2}p$，从而有

$$p \approx \frac{\frac{k}{n} - \frac{1}{4}}{\frac{1}{2}} = \frac{2k}{n} - \frac{1}{2}$$

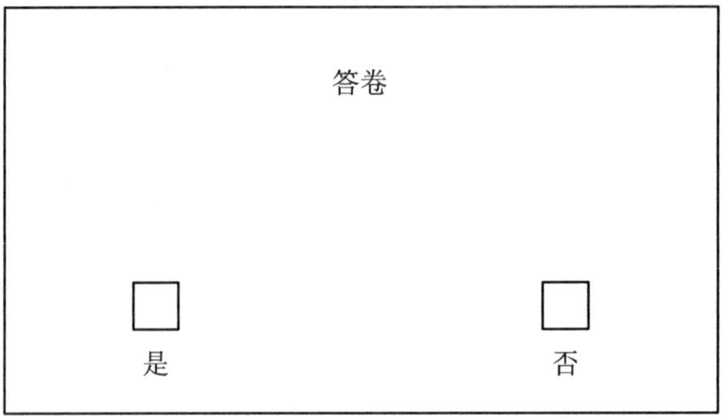

图 3.14　答卷示意图

(2) 塘中估鱼

有一池塘,只知其中有鱼若干,为估计塘中有某类鱼的总数,可采取“捉—放—捉”的试验。其具体做法是:首先从塘中捕该类鱼若干条,数目记作 r,在这 r 条鱼上标上记号再放回塘中,待过了一段时间(让鱼能随机地在塘中散开)再从塘中捞出这种鱼 n 条,发现其中有记号的为 m 条,假设该池塘总共有该种鱼 N 条,利用已知的 r,n 和 m 就可以对总数 N 做估计了。

事实上,由确定概率的频率方法,应有

$$\frac{r}{N} \approx \frac{m}{n}$$

即有

$$N \approx \left[\frac{nr}{m}\right]$$

当然,这只是一种近似的估计而非严格相等,n 愈大时,误差就愈小。

同样用上述方法,估计该池塘中的活鱼量将更方便。

(3) 通过随机试验确定未知参数

著名的蒲丰投针问题是几何概率的一个早期的例子,它的解决不仅较典型地反映了几何概率的特征及处理方法——观察与试验,而且还可以由此领略到从概率土壤上开出的一朵瑰丽的鲜花——蒙特卡罗方法。

由蒲丰抛针问题的结果知:向画有等距为 a 的平行线的平面内投掷一枚长为 $l(l<a)$ 的针,此针与平行线相交的概率为 $P=\frac{2l}{\pi a}$。所以,如果平行线间的距离 a 及针长 l 已知,将 π 的值代入即可计算出针与平行线相交的概率 P。反之,若已知针与平行线相交的概率 P,也可用上述答案求得 π。当然,一般来说 P 是未知的,但可以用频率去近似它。其方法是投针 N 次。得到此针与平行线相交的次数 n,则频率为$\frac{n}{N}$,于是得 $\pi=\frac{2lN}{an}$。

这就是历史上著名的“投针见 π”,其试验结果见第 2 章宏观篇 2.2 节试验法。

用蒙特卡罗方法计算定积分(随机投点法)在上述也已有涉及(例 2.2.3),在此不再重复赘述。

（4）不规则图形面积的近似计算

类上，我们可以求出任意的不规则图形的面积，如图 3.15，由于不规则图形 g 形状复杂，不能简单地用尺子等测量工具来求出图形的面积，"割补法"与高等数学中的诸多方法也难达目的，但我们可以应用确定概率的几何方法和确定概率的频率方法求得 g 的面积的近似值。其方法如下：

① 在不规则图形 g 的外围做一长、宽分别为 a、b 的长方形(也可做正方形或圆)；

② 重复向长方形内掷点，在 n 次掷点中假设落入不规则图形中有 m 次，当 n 充分人时，就有

$$\frac{m}{n} \approx p = \frac{S_g}{a \times b} \quad (\text{其中 } S_g \text{ 为图形} g \text{ 的面积})$$

从而可求得不规则图形 g 的近似面积为

$$S_g \approx \frac{abm}{n}$$

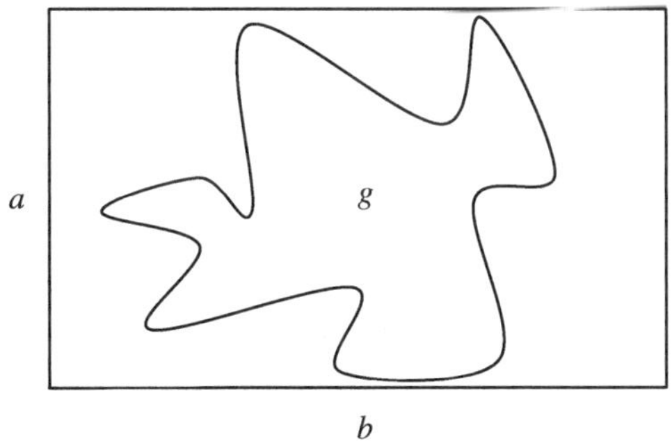

图 3.15　不规则图形示意图

当然，利用现代计算机技术，通过产生伪随机数列，可以极方便地达到预期目的。这种方法的成功(或精确性)取决于随机数产生器的可信度以及在给出的条件下可产生多少有关的随机点数。

凡是概率出没的时刻，就有频率展现身手的场所。事实上，只要设计一个随机试验使一个事件的概率与某个未知参数有关，就一定可以通过重复试验用频率估计概率求得未知参数的近似值。一般说来，试验次数越多，则求得的近似值就越精确。随着电子计算机的出现，人们便可利用计算机来大量地模拟所设计的随机试验，人们称这种方法为随机模拟法，也称蒙特卡罗法。

另外，在参数估计中，尤其是在矩法与最大似然估计中，用频率去估计概率自然而然，在社会生活中，用频率估计概率更是比比皆是，在此不再一一赘述。

虽然确定概率的频率方法是在概率论发展初期人们通过长期观察而发现的，尽管从发现到给出理论上的解释是漫长的，但毕竟在纷乱中找到了一种秩序，因而丝毫没影响它在概率统计的理论与实践上的广泛应用。回顾整个概率统计的发展历史，它的思想和方法在抽样调查、假设检验等理论与方法中都留下了深深的烙印。随着计算机等现代科学技术的发展，概率的统计定义的思想不仅在概率统计的新理论新方法中继续发挥着重要作用，而且在其他学科的发展中将产生重大影响。

3.3.1.4 确定概率的主观方法

当事件可以在同样条件下多次重复观察时，该事件的概率可由其出现的频率去决定，虽然它不是精确值而只是一个估计，且不同的人通过重复观察所得频率也会有差异。但重要的是，大家公认这是一个客观合理的方法。不同的人可能会得出不同的估计，是偶然性的作用所致，而不是方法上的问题，何况在观察次数足够多时，不同估计之间的差异会很小，以致在应用上不具有重要性。① 在一次事件（即已过之后再不能重复的事件）的场合，确定概率频率的方法不能用，到目前为止，还不存在一种得到公认的客观方法去计算其概率，因此只能诉诸主观判断。基于主观判断定出的概率叫作"主观概率"。而相应确定概率的方法称确定概率的主观方法。

定义：认识主体根据其所掌握的知识、信息和证据，对某种情况出现可能性大小所做的数量判断称为主观概率。相应的，这种方法称为确定概率的主观方法。例如：

(1) 一个企业家根据他多年的经验和当时的一些市场信息，认为"某项新产品在未来市场上畅销"的可能性为 80%；

(2) 一位教师根据多年的经验以及甲、乙两学生的学习情况，认为"甲学生能考上大学"的可能性为 40%；

(3) 一个外科医生根据自己多年来的临床经验和一位患者的病情，认为"此手术成功"的可能性为 90%；

(4) 1999 年 1 月 14 日《科学时报》对"神农架是否存在野人"问题的讨论做了报道。因为普天下无第二个神农架，这是一个一次性事件，从报道上看，学者们的意见基本一致，即可能性很小：有的学者认为完全不可能，即把"神农架存在野人"这个事件的概率判为 0，另一位学者将其判为 0.05，还有的学者只判断"很小"但未给出数值，这就是各学者对此事件发生所给出的主观概率。

主观概率冠以"主观"，表明它只是关乎该认识主体，但下述问题需要理解：②

(1) 主观与唯心是有区别的。也即是说主观概率和主观臆造有着本质上的不同。前者要求当事人对所考虑的事件有透彻的了解和丰富的经验，甚至是这一行的专家，并能对历史信息和当时的信息仔细分析，如此确定的主观概率是可信的。后者则带有随机性。

(2) 用主观方法得出的随机事件发生的可能性大小，本质上是对随机事件概率的一种推断和估计，虽然结论的精确性有待实践的检验和修正，但结论的可信性在统计意义上是有其价值的。

因而，在遇到的随机现象无法大量重复时，用主观方法去做决策和判断是适合的。

值得注意的是，主观概率的确定除根据自己的经验外，决策者还可以利用别人的经验。例如，对一项有风险的决策，决策者向某位专家咨询的结果为"成功的可能性为 60%"。而决策者很熟悉这位专家，认为专家的估计往往是偏保守的，过分谨慎的，为此决策者可以对其进行调整，譬如修改为"成功的概率为 70%"。

【例 3.3.31】 用主观方法确定：大学生中戴眼镜的概率是多少？

解 依据观察，首先确定小范围内（譬如班级内）大学生戴眼镜的频率：全班 50 人，戴眼

---

① 陈希孺. 机会的数学[M]. 北京：清华大学大学出版社，暨南大学出版社，2002：31.

② 茆诗松，程依明，濮晓龙. 概率论与数理统计教程（第 3 版）[M]. 北京：高等教育出版社，2019：26.

镜的38人,频率为$\frac{38}{50}=0.76$。然后再对比其他班级对此频率做出调整:如从几个班级的观察得到频率为0.72,就暂认为是0.72。最后,再考察一下一些高校之间的差别,并可听取同学和老师的意见,通过综合分析,确定为大学生中戴眼镜的概率为0.72。

3.3.1.5　基于伯努利概型的概率计算

只有两个可能结果的试验称为伯努利试验。伯努利试验是很广泛的一类试验,比如,检查一件产品,可能出现的结果为合格品或不合格品;掷一枚硬币,可能出现的结果只有正面或反面;分析新生婴儿性别,可能出现的结果是男或女;观察战士打靶,可能出现的结果是命中或不命中等等。这些都是不同的随机试验,假如我们只注意可能出现结果的随机性本质,而不去注意每个可能出现结果的具体属性,那么,这些都是只有两个可能结果的试验,它们都是伯努利试验。有时尽管一个试验有两个以上的可能结果,但是,如果我们只关心其中一个可能结果或一个事件出现与否,则我们可以把除此之外的其他结果抽象为一个可能结果,这时,仍可把该试验看成伯努利试验。由此看来,客观上的两个可能结果和主观上的两个结果,就产生了五彩缤纷的伯努利试验。

将伯努利试验重复独立进行n次所得到的试验称为n重伯努利试验。其对应的概率模型称为伯努利概率模型。

根据伯努利概型结构特征,伯努利定理给出了直接求概率的方法。

伯努利定理　在n重伯努利试验中,事件A恰发生k次的概率为

$$P_n(k)=C_n^kp^k(1-p)^{n-k}\triangleq C_n^kp^kq^{n-k},\quad 其中\ P(A)=p,q=1-p(k=0,1,\cdots,n)$$

证明　令$A_i=\{在第\ i\ 次试验中\ A\ 发生\}(i=1,2,\cdots,n)$,由于试验是相互独立的,则$A$在$n$次独立试验中发生$k$次有$C_n^k$种不同的情况,而对任一种情况,比如说前$k$次的试验中$A$都发生,后$n-k$次试验中$A$都不发生,其概率为

$$\begin{aligned}P(A_1A_2\cdots A_k\overline{A_{k+1}}\cdots\overline{A_n})&=P(A_1)P(A_2)\cdots P(A_k)P(\overline{A_{k+1}})\cdots P(\overline{A_n})\\&=p^k(1-p)^{n-k}\end{aligned}$$

又因为C_n^k种情况是互斥的,所以得

$$P_n(k)=C_n^kp^k(1-p)^{n-k}\triangleq C_n^kp^kq^{n-k}\quad(k=0,1,\cdots,n)$$

注:(1) 公式中p和k是一致的,即p是A发生的概率,k是A发生的次数。

(2) 利用伯努利定理可以求以下的概率:

$$P\{n\ 重伯努利试验中\ A\ 至多发生\ k\ 次\}=\sum_{i=1}^{k}C_n^ip^i(1-p)^{n-i};$$

$$P\{n\ 重伯努利试验中\ A\ 至少发生\ k\ 次\}=\sum_{i=k}^{n}C_n^ip^i(1-p)^{n-i};$$

$$P\{n\ 重伯努利试验中\ A\ 发生的次数在\ k_1\ 至\ k_2\ 之间\}=\sum_{i=k_1}^{k_2}C_n^ip^i(1-p)^{n-i}$$

从上述可以看出,我们之所以可以把伯努利定理看成求概率的一种直接方法,就是因为关于伯努利概型中的各种对应事件的概率都可以转化成若干个求“恰好发生k次”事件的概率问题,从而利用伯努利定理直接求出。

【例3.3.32】　已知一条流水线上生产的产品合格品率为0.8,现检查10件,求:

① 恰有8件为合格品的概率;② 有7～9件为合格品的概率;③ 至少有1件次品的

概率。

解 这是一个10重伯努利试验，$n=10$，$p=0.8$，由伯努利定理，10件产品中有k件合格品的概率为

$$P_{10}(k)=C_{10}^{k}(0.8)^{k}(0.2)^{10-k}\quad(k=1,2,\cdots,10)$$

① $P_{10}(8)=C_{10}^{8}\times 0.8^{8}\times 0.2^{2}=0.3020$；

② $\sum\limits_{k=7}^{9}P_{10}(k)=C_{10}^{7}\times 0.8^{7}\times 0.2^{3}+C_{10}^{8}\times 0.8^{8}\times 0.2^{2}+C_{10}^{9}\times 0.8^{9}\times 0.2^{1}=0.7718$；

③ $P\{\text{至少有1件次品}\}=\sum\limits_{k=1}^{10}C_{10}^{k}(0.2)^{k}(0.8)^{10-k}=1-P_{n}(10)$
$=1-C_{10}^{10}\times 0.8^{10}\times 0.2^{0}=0.8926$。

3.3.2 基础概率间接计算概率法

概率论的统计定义、古典定义、几何定义、主观定义与伯努利定理都在一定场合下有着各自确定概率的方法，由于这些定义各适合一类特定的随机现象，因而其内涵及应用都有局限性。1933年，苏联数学家科尔莫哥洛夫提出了公理化定义。此定义通过三条公理刻画了概率的本质，既概括了历史上几种概率定义中的共同特性，又避免了各自的局限性和含混之处。尽管定义本身没有直接给出计算概率的方法，但由此推出的一系列性质却形成了计算概率的间接方法。

概率的间接计算是解决一些复杂事件的概率方法。根据复杂事件的结构，不管它以什么形式出现，它不外乎是由一些简单事件(基本事件)经过"∪"、"∩"、差、逆等运算组合而成，从宏观上讲，概率的加法公式、乘法公式，差与逆概率公式，全概率及贝叶斯公式等无疑是计算复杂事件概率间接方法的理论依据。基于此，在求解复杂事件概率时要注重以下几点：

3.3.2.1 找关系，在已知与未知中架桥筑路

公式是联系若干数量的纽带，一旦已知与未知构成了一个公式的完整的量，这个问题就圆满解决了。基于此，在未知与已知中架桥筑路，形成畅通的闭环，是达到目标的关键。

1. 显关系

所谓显关系，指相对来说题中的关系较明确，只要把已知未知信息完整串起来，解题路径就明确了。

【例3.3.33】 设A，B为两个事件，且$P(A)=0.7$，$P(A-B)=0.3$，求$P(\overline{AB})$。

对照已知与未知，有$P(A-B)=P(A)-P(AB)$把$P(A-B)$，$P(A)$，$P(B)$联系起来了，由此可以求出$P(AB)$，再利用$P(\overline{AB})=1-P(AB)$即可求得$P(\overline{AB})$。

解 由$P(A-B)=P(A)-P(AB)$得

$$P(AB)=P(A)-P(A-B)=0.7-0.3=0.4$$

所以

$$P(\overline{AB})=1-P(AB)=1-0.4=0.6$$

【例3.3.34】 已知事件$P(A)=P(B)=P(C)=\dfrac{1}{4}$，$P(AB)=0$，$P(AC)=P(BC)=$

$\frac{1}{16}$。则 A,B,C 中至少发生一个的概率是多少？A,B,C 都不发生的概率是多少？

看到上述题目，一个清楚的理念就会显现：概率相加积和现，加法公式是条线。

知道了 $P(A),P(B),P(C),P(AC),P(BC),P(AB)$，要求 $P(A\cup B\cup C)$，就差一个 $P(ABC)$，已知与未知就形成了一个闭环，由 $ABC\subset AB$ 及已知 $P(AB)=0$，即得 $P(ABC)=0$。于是问题就解决了。

解 因为 $P(AB)=0$，且 $ABC\subset AB$，所以由概率的单调性知 $P(ABC)=0$，再由加法公式，得 A,B,C 中至少发生一个的概率为

$$P(A\cup B\cup C)=P(A)+P(B)+P(C)-P(AB)-P(AC)-P(BC)+P(ABC)$$
$$=\frac{1}{4}+\frac{1}{4}+\frac{1}{4}-0-\frac{1}{16}-\frac{1}{16}+0=\frac{3}{4}-\frac{2}{16}=\frac{5}{8}$$

从而

$$P(A,B,C\text{ 都不发生})=1-P(A\cup B\cup C)=1-\frac{5}{8}=\frac{3}{8}$$

由以上两例可见，在复杂事件的概率求解中，对立事件的概率公式频频出现。

2. 灰关系

所谓灰关系，指大体关系从题中有显现，但仍需再进一步挖掘部分信息方可填补充分，从而形成明确的解题路径。

【例 3.3.35】 已知事件 $A,B,A\cup B$ 的概率分别为 0.3，0.4，0.6，求 $P(A\bar{B})$。

已知给出了两事件概率加法公式的部分条件，未知是 $P(A\bar{B})$，按照“见逆还原”的一般思路，有 $P(A\bar{B})=P(A-AB)=P(A)-P(AB)$，只要 $P(AB)$问题就解决了。这恰好用上已知即可。

解 由概率的加法公式 $P(A\cup B)=P(A)+P(B)-P(AB)$及题设条件知 $0.6=0.4+0.3-P(AB)$，由此解得 $P(AB)=0.1$，于是

$$P(A\bar{B})=P(A-AB)=P(A)-P(AB)=0.4-0.1=0.3$$

【例 3.3.36】 口袋中有编号为 $1,2,\cdots,n$ 的 n 个球，从中有放回地任取 m 次，求取出的 m 个球的最大号码为 k 的概率。

解 令 $A_k=\{$取出的 m 个球的最大号码为 $k\}$。如果直接考虑事件 A_k，则比较复杂，因为“最大号码为 k”可以包括取到 1 次 k，取到 2 次 k，…，取到 m 次 k。

为此我们取事件 $B_i=\{$取出的 m 个球的最大号码小于等于 $i\}(i=1,2,\cdots,n)$。则显然有

$$P(B_i)=\frac{i^m}{n^m}\quad(i=1,2,\cdots,n)$$

又因为 $A_k=B_k-B_{k-1}$，且 $B_{k-1}\subset B_k$，这样，自然而然就想到了如下关系式：

$$P(A_k)=P(B_k-B_{k-1})=P(B_k)-P(B_{k-1})$$

由前分析可知

$$P(A_k)=\frac{k^m}{n^m}-\frac{(k-1)^{m-1}}{n^m}=\frac{k^m-(k-1)^m}{n^m}\quad(k=1,2,\cdots,n)$$

3. 隐关系

所谓隐关系，泛指题目中的信息隐而不明，只有通过进一步挖掘和推理才能成功解题。

此在有关概率的等式或不等式的证明中常见。

【例 3.3.37】 若 $P(A)=1$,证明:对任一事件 B,有 $P(AB)=P(B)$。

证 因为 $A\cup B\supset A$,所以由概率的单调性知 $P(A\cup B)\geqslant P(A)=1$,从而得 $P(A\cup B)=1$。

又因为

$$1=P(A\cup B)=P(A)+P(B)-P(AB)$$

所以有

$$P(B)-P(AB)=0$$

即

$$P(AB)=P(B)$$

【例 3.3.38】 设 $0<P(B)<1$,试证:事件 A 与 B 独立的充要条件是 $P(A|B)=P(A|\bar{B})$。

证 先证必要性:因为 A 与 B 独立,所以 A 与 $\bar{B}$ 独立,由此得

$$P(A\mid B)=P(A)=P(A\mid\bar{B})$$

再证充分性:由 $P(A|B)=P(A|\bar{B})$ 可得 $\dfrac{P(AB)}{P(B)}=\dfrac{P(A\bar{B})}{P(\bar{B})}$,即

$$P(AB)P(\bar{B})=P(B)P(A\bar{B})$$

$$P(AB)(1-P(B))=P(B)(P(A)-P(AB))$$

由此得 $P(AB)=P(A)P(B)$,所以 A 与 B 独立。

可见,在关系不清晰时,“化逆还原”的确是一种强有力的手段。

3.3.2.2 事件繁,化整为零分别算

化整为零是化归法的常见手段,因为很多数学问题,通过此法就可化繁为简,化陌生为熟悉,从而使问题迎刃而解。在概率论中,对于复杂的事件,正是实施“化整为零”与“积零为整”的分解与组合的相辅相成,隐关系转变为显关系,使我们能在新的关系结构中找到解题途径。在这方面,概率的加法运算及相应的概率计算公式发挥着突出作用。

【例 3.3.39】 某宾馆一楼有 3 部电梯,今有 5 位宾客要乘电梯,假定选择哪部电梯是随机的,求每部电梯内至少有一位宾客的概率。

显然,所求概率的事件是一个复杂事件,虽然 3 部电梯都空不可能,但可以有 1 部或者 2 部空。根据“至少”的内涵,可以用和的概率公式间接求得“至少有 1 部电梯空着”的概率,然后再利用逆事件的概率公式即可求得。

解 令 $A_i=\{$没有一位宾客进入第 i 部电梯$\}(i=1,2,3)$,则

$$P(A_i)=\frac{(3-1)^5}{3^5}=\left(\frac{2}{3}\right)^5\quad(i=1,2,3)$$

“没有一位宾客进入第 i 部和第 j 部电梯”的概率为

$$P(A_iA_j)=\left(\frac{1}{3}\right)^5\quad(i,j=1,2,3)$$

由于 3 部电梯全空着的概率为 0,于是

$$\begin{aligned}P\{\text{至少有 1 部电梯空着}\}&=P(A_1\cup A_2\cup A_3)\\&=P(A_1)+P(A_2)+P(A_3)-P(A_1A_2)-P(A_1A_3)-P(A_2A_3)\\&=3\times\left(\frac{2}{3}\right)^5-3\times\left(\frac{1}{3}\right)^5=0.38\end{aligned}$$

从而

$$
\begin{aligned}
P\{\text{每部电梯至少有 1 位宾客}\} &= P\{\text{每部电梯都不空}\} \\
&= 1 - P\{\text{至少有 1 部电梯空着}\} \\
&= 1 - 0.38 = 0.62
\end{aligned}
$$

【例 3.3.40】 从 $a,b,c,\cdots,h$ 等 8 个字母中任意选出 3 个不同的字母，试求 $A=\{3\text{ 个字母中不含 } a \text{ 或 } b\}$的概率。

解 令 $B_1=\{\text{所取的 3 个字母不含 } a\}$，$B_2=\{\text{所取的 3 个字母不含 } b\}$。则

$$
\begin{aligned}
P(A) &= P(B_1 \cup B_2) = P(B_1) + P(B_2) - P(B_1B_2) \\
&= \frac{C_7^3}{C_8^3} + \frac{C_7^3}{C_8^3} - \frac{C_6^3}{C_8^3} = \frac{10}{8} - \frac{5}{14} = \frac{25}{28}
\end{aligned}
$$

在例 3.3.23 “35 选 7”中，购买者中奖的概率就是分别求出“中一等奖”“中二等奖”“中三等奖”“中四等奖”“中五等奖”“中六等奖”“中七等奖”的概率，然后再相加即可。

3.3.2.3 分层次，由始到末做分解

概率论中的有些事件是通过有序叠加而成的，要计算这些事件的概率，乘法公式功不可没。

【例 3.3.41】 一批零件共有 100 个，其中有 10 个不合格品，从中一个一个取出，求第三次才取得不合格品的概率是多少?

这是一个分层次逐次递进的连续过程，而对整体而言就是“同时发生”，自然要用概率的乘法公式去求得。

解 令 $A_i=\{\text{第 } i \text{ 次取出的是不合格品}\}(i=1,2,3)$，则所求概率为

$$
\begin{aligned}
P(\overline{A_1}\,\overline{A_2}A_3) &= P(\overline{A_1})P(\overline{A_2} \mid \overline{A_1})P(A_3 \mid \overline{A_1}\,\overline{A_2}) \\
&= \frac{90}{100} \cdot \frac{89}{99} \cdot \frac{10}{98} = 0.0826
\end{aligned}
$$

对于更复杂一些的“罐子模型”也是如此。

【例 3.3.42】①(罐子模型) 设罐中有 b 个黑球，r 个红球，每次随机取出一个球，取出后将原球放回，还加进 c 个同色球和 d 个异色球。记 B_i 为“第 i 次取出的是黑球”，R_j 为“第 j 次取出的是红球”。

若连续从罐中取出 3 个球，其中有 2 个红球、1 个黑球，则由乘法公式可得

$$
\begin{aligned}
P(B_1R_2R_3) &= P(B_1)P(R_2 \mid B_1)P(R_3 \mid B_1R_2) \\
&= \frac{b}{b+r} \cdot \frac{r+d}{b+r+c+d} \cdot \frac{r+d+c}{b+r+2c+2d} \\
P(R_1B_2R_3) &= P(R_1)P(B_2 \mid R_1)P(R_3 \mid R_1B_2) \\
&= \frac{r}{b+r} \cdot \frac{b+d}{b+r+c+d} \cdot \frac{r+d+c}{b+r+2c+2d} \\
P(R_1R_2B_3) &= P(R_1)P(R_2 \mid R_1)P(B_3 \mid R_1R_2) \\
&= \frac{r}{b+r} \cdot \frac{r+c}{b+r+c+d} \cdot \frac{b+2d}{b+r+2c+2d}
\end{aligned}
$$

以上概率与黑球在第几次被抽出有关。

---

① 茆诗松，程依明，濮晓龙. 概率论与数理统计教程习题与解答[M]. 北京：高等教育出版社，2018：39-40.

显然,有

① 当 $c=-1,d=0$ 时,即为不返回抽样,此时前次抽取结果会影响后次抽取结果,但只要抽取的黑球与红球个数确定,则概率不依赖于其抽出球的次序,都是一样的,此例中有

$$P(B_1R_2R_3)=P(R_1B_2R_3)=P(R_1R_2B_3)=\frac{br(r-1)}{(b+r)(b+r-1)(b+r-2)}$$

② 当 $c=0,d=0$ 时,即为返回抽样,此时前次抽取结果不会影响后次抽取结果,故上述三个概率相等,且都等于

$$P(B_1R_2R_3)=P(R_1B_2R_3)=P(R_1R_2B_3)=\frac{br^2}{(b+r)^2}$$

③ 当 $c>0,d=0$ 时,称为传染病模型,此时,每次取出的球后会增加下一次取到同色球的概率,或换句话说,每次发现一个传染病患者,以后都会增加再传染的概率。此时,三个概率都相等,且都等于

$$P(B_1R_2R_3)=P(R_1B_2R_3)=P(R_1R_2B_3)=\frac{br(r+c)}{(b+r)(b+r+c)(b+r+2c)}$$

④ 当 $c=0,d>0$ 时,称为安全模型。此模型可解释为:每当事故发生了(红球被取出),安全工作就抓紧一些,下次再发生事故的概率就会减少;而当事故没有发生时(黑球被取出),安全工作就放松一些,下次再发生事故的概率就会增大。在这种场合,上述三个概率分别为

$$P(B_1R_2R_3)=\frac{b}{b+r}\cdot\frac{r+d}{b+r+d}\cdot\frac{r+d}{b+r+2d}$$

$$P(R_1B_2R_3)=\frac{r}{b+r}\cdot\frac{b+d}{b+r+d}\cdot\frac{r+d}{b+r+2d}$$

$$P(R_1R_2B_3)=\frac{r}{b+r}\cdot\frac{r}{b+r+d}\cdot\frac{b+2d}{b+r+2d}$$

【例 3.3.43】 7 人抓阄,其中 6“空”1“有”,现每人依次随机抽取一张,求第 5 个人抽到“有”的概率。

解 令 $A_i=\{$第 i 个人抓到“有”$\}(i=1,2,\cdots,7)$,则

$$\begin{aligned}P(A_5)&=P(\overline{A_1}\,\overline{A_2}\,\overline{A_3}\,\overline{A_4}A_5)\\&=P(\overline{A_1})P(\overline{A_2}\mid\overline{A_1})P(\overline{A_3}\mid\overline{A_1}\,\overline{A_2})P(\overline{A_4}\mid\overline{A_1}\,\overline{A_2}\,\overline{A_3})P(A_5\mid\overline{A_1}\,\overline{A_2}\,\overline{A_3}\,\overline{A_4})\\&=\frac{6}{7}\times\frac{5}{6}\times\frac{4}{5}\times\frac{3}{4}\times\frac{1}{3}=\frac{1}{7}\end{aligned}$$

类上可以算得 $P(A_i)=\frac{1}{7}(i=1,2,\cdots,7)$。

此例告诉我们:抓阄结果与抓阄次序无关。所以,抓阄时不用争先恐后。

3.3.2.4 类加序,先类后序依次计

这种情境在概率论中常见。由于事件的复杂性,常常类中有序,所以在处理此类问题时,常常是先分类,然后再在各类中按序分层计算,最后再聚类成整达到解题目的。显然,从概率计算上看,运算顺序为“加—乘—加”或是“加—乘—加—除”,在这方面,全概率公式和贝叶斯公式的统计思想与应用展示得淋漓尽致。

【例 3.3.44】 有 n 个人各填写一份登记表并附一张照片。现在把登记表及照片任意地装入 n 个有姓名的档案袋中(每袋只允许装入一份登记表及照片)。求没有一袋的登记表

及照片装对的概率。

因为要求概率的是“没有一袋的登记表及照片都装对”，这显然是一个全局的问题，要解决这个全局的问题，自然要从构成全局的每一局部入手，即分别考虑每一袋的登记表及照片是否装对，考虑到思维的明确性及计算的方便性，对于此类问题，一般从所考虑事件的逆事件入手。

解 令 $A_i=\{$第 i 袋的登记表及照片装对$\}$，则所求概率的事件{没有一袋的登记表及照片装对} $=\bigcap_{i=1}^{n}\overline{A_i}$，从而有

$$P(\bigcap_{i=1}^{n}\overline{A_i})=1-P(\bigcup_{i=1}^{n}A_i)$$

$$=1-\left[\sum_{i=1}^{n}P(A_i)-\sum_{1\leqslant i<j\leqslant n}P(A_iA_j)+\cdots+(-1)^{n-1}P(A_1A_2\cdots A_n)\right]$$

而

$$P(A_i)=\frac{1}{n^2}\quad(i=1,2,\cdots,n)$$

$$P(A_iA_j)=P(A_i)P(A_j\mid A_i)=\frac{1}{n^2}\cdot\frac{1}{(n-1)^2}\quad(1\leqslant i<j\leqslant n)$$

$$P(A_iA_jA_k)=P(A_iA_j)P(A_k\mid A_iA_j)$$

$$=\frac{1}{n^2(n-1)^2}\cdot\frac{1}{(n-2)^2}\quad(1\leqslant i<j<k\leqslant n)$$

……

$$P(A_1A_2\cdots A_n)=\frac{1}{n^2(n-1)^2(n-2)^2\cdots 3^2\cdot 2^2\cdot 1^2}=\frac{1}{n!n!}$$

$$P(\bigcap_{i=1}^{n}\overline{A_i})=1-\left[n\cdot\frac{1}{n^2}-C_n^2\cdot\frac{1}{n^2(n-1)^2}\right.$$

$$\left.+C_n^3\cdot\frac{1}{n^2(n-1)^2(n-2)^2}+\cdots+(-1)^{n-1}\frac{1}{n!n!}\right]$$

$$=1-\frac{1}{n}+\frac{(n-2)!}{n!}\cdot\frac{1}{2!}-\frac{(n-3)!}{n!}\cdot\frac{1}{3!}+\cdots+(-1)^n\frac{(n-n)!}{n!}\cdot\frac{1}{n!}$$

$$=\frac{1}{n}\sum_{k=0}^{n}(-1)^k\cdot\frac{(n-k)!}{k!}$$

【例 3.3.45】 有两箱零件，第一箱装 50 件，其中 20 件是一等品；第二箱装 30 件，其中 18 件是一等品，现从两箱中随意挑出一箱，然后从该箱中先后任取两个零件，试求：

① 第一次取出的零件是一等品的概率；

② 在第一次取出的是一等品的条件下，第二次取出的零件仍是一等品的概率。

显然，取到一等品，不管是哪一次，都与取它时的背景有关。因此要分别考虑，然后再综合。

解 令 $B_i=\{$第 i 次取出的是一等品$\}$ $(i=1,2)$。$A_i=\{$次取到的是第 i 箱$\}$ $(i=1,2)$。

① 由全概率公式，得

$$P(B_1)=P(A_1)P(B_1\mid A_1)+P(A_2)P(B_1\mid A_2)=\frac{1}{2}\times\frac{20}{50}+\frac{1}{2}\times\frac{18}{30}=0.5$$

② $P(B_1B_2)=P(A_1)P(B_1B_2\mid A_1)+P(A_2)P(B_1B_2\mid A_2)$

$$=\frac{1}{2}\times\frac{20}{50}\times\frac{19}{49}+\frac{1}{2}\times\frac{18}{30}\times\frac{17}{29}\approx 0.253$$

从而

$$P(B_2\mid B_1)=\frac{P(B_1B_2)}{P(B_1)}=\frac{0.253}{0.5}=0.506$$

这里把待求概率的事件设为 B_i，不仅仅是突出重点，直对研究结果，而且由此容易产生联想，"转轴拨弦三两声，未成曲调先有情"，想到导致 B_i 发生的 A_i 在哪？找到了所有的 A_i，由因求果，就求得了 $P(B_i)$ 及相关概率。

"若言琴上有琴声，放在匣中何不鸣？若言声在指头上，何不于君指上听？"概率论解题就像欣赏一首美妙的乐曲，它不仅仅是乐曲自身的旋律优美，还取决于欣赏者的欣赏角度与能力。概率论知识的恰好应用，问题的圆满解决让人感到快慰，但问题解决过程中少一些困惑多一些自然而然更让人感到学科的美与成就感。因此，注重挖掘问题解决过程中的一切有利因素并注意凝练积累，形成若干习惯与规范，也是应该致力培养的。

【例 3.3.46】 甲口袋有 a 个白球，b 个黑球，乙口袋有 n 个白球，m 个黑球。

① 从甲口袋任取 1 个球放入乙口袋，然后再从乙口袋任取 1 个球，试求最后从乙口袋中取出的是白球的概率；

② 从甲口袋任取 2 个球放入乙口袋，然后再从乙口袋任取 1 个球，试求最后从乙口袋中取出的是白球的概率。

解　令 $B=\{$从乙口袋中取出白球$\}$，$A=\{$从甲口袋中取出白球$\}$。则

① $P(B)=P(A)P(B|A)+P(\bar{A})P(B|\bar{A})=\frac{a}{a+b}\cdot\frac{n+1}{n+m+1}+\frac{b}{a+b}\cdot\frac{n}{n+m+1}$。

② 对甲口袋取出的 2 个球分 3 种情况：2 个白球、1 黑 1 白、2 个黑球，利用全概率公式即得

$$P(B)=\frac{a(a-1)}{(a+b)(a+b-1)}\cdot\frac{n+2}{n+m+2}+\frac{2ab}{(a+b)(a+b-1)}\cdot\frac{n+1}{n+m+2}+\frac{b(b-1)}{(a+b)(a+b-1)}\cdot\frac{n}{n+m+2}$$

对于复杂事件的概率计算而言，由于题中关系的显示度不同，尤其是在"灰关系"与"隐关系"的场合，要达到解题目的，经常需要进一步挖掘来扩展信息，因为只有有效信息的自然衔接，才会使得"天堑变通途"。当然，挖掘信息的手段及渠道是多种多样的：简单的，从合乎情理入手；复杂的，要利用数学的思维与方法通过逻辑推理，甚至要融合多学科进行。

【例 3.3.47】 口袋中有 1 个球，不知它的颜色是黑的还是白的，现再往口袋中放入 1 个白球，然后从口袋中任意取出 1 个，发现取出的是白球，试问：口袋中原来那个球是白球的可能性为多少？

解　令 $B=\{$取出的是白球$\}$，$A=\{$原来的那个球是白球$\}$。

容易得到：$P(B|A)=1$，$P(B|\bar{A})=0.5$。另外，由于对口袋中原来那个球的颜色一无所知，故可认为 $P(A)=P(\bar{A})=0.5$。由贝叶斯公式，得

$$P(A\mid B)=\frac{P(A)P(B\mid A)}{P(A)P(B\mid A)+P(\bar{A})P(B\mid\bar{A})}=\frac{0.5\times 1}{0.5\times 1+0.5\times 0.5}=\frac{2}{3}$$

【例 3.3.48】 m 个人相互传球，求从甲手中开始传出，每次传球时，传球者等可能地把球传给其余 $m-1$ 个人中的任何一个，求第 n 次传球时仍由甲传出的概率。

解 令 $A_i=\{$第 i 次传球由甲传出$\}$，并记 $P(A_i)=p_i(i=1,2,\cdots)$，则 $p_1=1$，且

$$P(A_{i+1}\mid A_i)=0,P(A_{i+1}\mid \overline{A_i})=\frac{1}{m-1}$$

$$\begin{aligned}P(A_n)&=P(A_{n-1})P(A_n\mid A_{n-1})+P(\overline{A_{n-1}})P(A_n\mid \overline{A_{n-1}})\\&=p_{n-1}\times 0+(1-p_{n-1})\frac{1}{m-1}\end{aligned}$$

由上式得递推公式 $p_n=\frac{1}{m-1}(1-p_{n-1})(n\geqslant 2)$。

将 $p_1=1$ 代入上递推公式可得

$$p_n=\frac{1}{m}\left\{1-\left(\frac{-1}{m-1}\right)^{n-2}\right\}\quad(n=2,3,\cdots)$$

【例 3.3.49】 甲、乙、丙三人进行比赛，规定每局两个人赛，胜者与第三个人比赛，依次循环，直至有一人连胜两次为止，此人即为冠军。而每次比赛双方取胜的概率都是$\frac{1}{2}$，现假定甲、乙两人先比，试求各人得冠军的概率。

解 若记 A、B、C 分别为“甲、乙、丙获冠军”，事件 A_i、B_i、C_i 分别为“第 i 局中甲、乙、丙获胜”，则

$$\begin{aligned}P(A)=&\ [P(A_1A_2)+P(A_1C_2B_3A_4A_5)+P(A_1C_2B_3A_4C_5B_6A_7A_8)+\cdots]\\&+[P(B_1C_2A_3A_4)+P(B_1C_2A_3B_4C_5A_6A_7)+\cdots]\\=&\left(\frac{1}{2^2}+\frac{1}{2^5}+\frac{1}{2^8}+\cdots\right)+\left(\frac{1}{2^4}+\frac{1}{2^7}+\cdots\right)\\=&\ \frac{1}{4}\left(1+\frac{1}{2^3}+\frac{1}{2^6}+\cdots\right)+\frac{1}{16}\left(1+\frac{1}{2^3}+\frac{1}{2^6}+\cdots\right)\\=&\ \frac{5}{16}\left(\frac{1}{1-\frac{1}{8}}\right)=\frac{5}{14}\end{aligned}$$

因为甲、乙两人所处地位是对称的，所以 $P(B)=P(A)=\frac{5}{14}$。由此又可得 $P(C)=1-P(A)-P(B)=\frac{4}{14}=\frac{2}{7}$。

当然，在问题的背景比较复杂时，要注意特例的分析，因为它的解决常常给我们带来思维的启迪，从而使得抽象变得不抽象。甚至可以把间接计算直接化，因为此时有利情形的计算有规律，所以可通过古典概率的定义直接求得。

【例 3.3.50】 甲、乙两人赌博，他们在每一局获胜的概率都是$\frac{1}{2}$，两人约定谁先赢的一定的局数就获得全部本金。但赌博在中途被打断了，请问在以下各种情况下，应如何合理分配本金？

① 甲、乙两人都各需赢 k 局才能获胜；

② 甲还需赢 2 局才能获胜，乙还需赢 3 局才能获胜；

③ 甲还需赢 n 局才能获胜，乙还需赢 m 局才能获胜。

一般意义上讲，人们会按最终获胜的概率大小的比例分本金较合理。

解 ① 在这种情况下，甲、乙两人所处的地位是对称的，因此甲、乙最终获胜的概率都

是$\frac{1}{2}$,所以,甲得全部本金的$\frac{1}{2}$,乙得全部本金的$\frac{1}{2}$。

② 最多再赌 4 局必分胜负,若令 $A_i=\{$再赌下去的第 i 局中甲赢$\}(i=1,2,3,4)$,则

$$\begin{aligned}P(\text{甲最终获胜}) &= P(A_1A_2 \cup A_1\overline{A_2}A_3 \cup \overline{A_1}A_2A_3 \cup A_1\overline{A_2}\,\overline{A_3}A_4 \\ &\quad \cup \overline{A_1}A_2\overline{A_3}A_4 \cup \overline{A_1}\,\overline{A_2}A_3A_4) \\ &= \left(\frac{1}{2}\right)^2 + 2\times\left(\frac{1}{2}\right)^3 + 3\times\left(\frac{1}{2}\right)^4 = \frac{11}{16}\end{aligned}$$

所以,甲得全部本金的$\frac{11}{16}$,乙得全部本金的$\frac{5}{16}$。

由②则知③,再赌 $n+m-1$ 局必分胜负,共有 2^{n+m-1} 种等可能的情况,而"甲最终获胜"意味着:已在此 $n+m-1$ 局中至多赢 $m-1$ 局,这共有 $C_{n+m-1}^0+C_{n+m-1}^1+\cdots+C_{n+m-1}^{m-1}$ 种可能的情况,若记

$$\begin{cases} a = C_{n+m-1}^0 + C_{n+m-1}^1 + C_{n+m-1}^0 + \cdots + C_{n+m-1}^{m-1} \\ b = C_{n+m-1}^m + C_{n+m-1}^{m+1} + C_{n+m-1}^{m+2} + \cdots + C_{n+m-1}^{n+m-1} \end{cases}$$

则

$$P(\text{甲最终获胜}) = \frac{a}{2^{n+m-1}}, \quad P(\text{乙最终获胜}) = \frac{b}{2^{n+m-1}}$$

所以,甲得全部赌本的$\frac{a}{2^{n+m-1}}$,乙得全部赌本的$\frac{b}{2^{m+n-1}}$。

3.3.2.5 抓特点,特殊背景用特法

1. 微分方程法

若随机事件的概率依赖于一个变量,则概率就是一个未知函数。此时可通过建立微分方程及解微分方程来求出所需求的概率。

【例 3.3.51】 设电话用户$(t,t+\Delta t]$这段时间内对电话交换站呼唤一次的概率为 $\lambda\Delta t+o(\Delta t)$,且与时刻 t 以前的呼唤次数无关,而在这段时间内呼唤两次或两次以上的概率为 $o(\Delta t)$,求在$(0,t)$这段时间内恰好呼唤 k 次的概率。

解 设在$(0,\Delta t]$这段时间内恰好呼唤 k 次的概率为 $P_k(t)(k=0,1,2,\cdots)$,由于在$(0,t+\Delta t)$内没有呼唤就是在$(0,t]$及$(t,t+\Delta t)$都没有呼唤,因此

$$P_0(t+\Delta t) = P_0(t)(1-\lambda\Delta t) + o(\Delta t)$$

从而,有

$$\frac{P_0(t+\Delta t)-P_0(t)}{\Delta t} = -\lambda P_0(t) + \frac{o(\Delta t)}{\Delta t}$$

令 $\Delta t\to 0$,得

$$\frac{\mathrm{d}P_0(t)}{\mathrm{d}t} = -\lambda P_0(t)$$

在初始条件 $P_0(0)=1$ 下,解得 $P_0(t)=\mathrm{e}^{-\lambda t}$。

又由于在$(0,t+\Delta t]$呼唤 k 次就是在$(0,t)$及$(t,t+\Delta t]$内分别呼唤 k 次及没有呼唤,或呼唤 $k-1$ 次及 1 次,或呼唤 $k-1$ 次以下及 1 次以上,因此

$$P_k(t+\Delta t) = P_k(t)(1-\lambda\Delta t) + P_{k-1}(t)\cdot\lambda\Delta t + o(\Delta t)$$

整理,得

$$\frac{P_k(t+\Delta t)-P_k(t)}{\Delta t}=\lambda[P_{k-1}(t)-P_k(t)]+\frac{o(\Delta t)}{\Delta t}$$

令 $\Delta t\to 0$,得

$$\frac{dP_k(t)}{\mathrm{d}t}=\lambda[P_{k-1}(t)-P_k(t)]\quad(k=1,2,\cdots)$$

在初始条件 $P_k(0)=0(k=1,2,\cdots)$下,考察上述微分方程:

当 $k=1$ 时,微分方程为

$$\frac{\mathrm{d}P_1(t)}{\mathrm{d}t}+\lambda P_1(t)=\lambda \mathrm{e}^{-\lambda t}$$

通解为

$$p_1(t)=\mathrm{e}^{-\lambda t}\left(\int \lambda \mathrm{e}^{-\lambda t}\mathrm{e}^{-\lambda t}\mathrm{d}t+c_1\right)=\mathrm{e}^{-\lambda t}(\lambda t+c_1)$$

由 $p_1(0)=0$,得 $c_1=0$,所以 $p_1(t)=\lambda t\mathrm{e}^{-\lambda t}$。

当 $k=2$ 时,微分方程为

$$\frac{\mathrm{d}P_2(t)}{\mathrm{d}t}+\lambda P_2(t)=\lambda^2 t\mathrm{e}^{-\lambda t}$$

通解为

$$p_2(t)=\mathrm{e}^{-\lambda t}\left(\int \lambda^2 t\mathrm{e}^{-\lambda t}\mathrm{e}^{-\lambda t}\mathrm{d}t+c_2\right)=\mathrm{e}^{-\lambda t}\left(\frac{\lambda^2 t^2}{2}+c_2\right)$$

由 $p_2(0)=0$,得 $c_2=0$,所以 $p_2(t)=\dfrac{\lambda^2 t^2}{2}\mathrm{e}^{-\lambda t}$。

同样,当 $k=3$ 时,有 $p_3(t)=\dfrac{(\lambda t)^3}{2}\mathrm{e}^{-\lambda t}$。由数学归纳法,得

$$p_k(t)=\frac{(\lambda t)^k}{k!}\mathrm{e}^{-\lambda t}\quad(k=0,1,2,\cdots)$$

如上述考察依赖于一个连续变量(比如时间)而变化的概率的时候,可以从局部增量变化的特征分析或相应状态的转移变化分析入手,利用构建微分方程求出。相应与寻求一类随机变量的可视为整序变量的概率的时候,有时候可借助于求解差分方程而得出。[①]

2. 差分方程法

【例 3.3.52】 设质点 M 在整数集$(0,1,2,\cdots,a)$上做随机徘徊,就是说,每经过一单位时间,按下列规则改变一次位置:如果它现在在点 $z(0<z<a)$上,下一步依概率 $p(0<p<1)$转移到 $z+1$,依概率 $q=1-p$ 转移到 $z-1$;如果它现在在 0(或 a),它以后就永远停留在 0(或 a)。试求自 z 点出发,终于要到达 0(或 a)的概率 q_z(或 p_z)。

解 系统$\begin{cases}\text{从状态 } z \text{ 转移到} z+1\text{,再从 } z+1 \text{ 出发,最终到达 } 0\\ \text{从状态 } z \text{ 转移到} z-1\text{,再从 } z-1 \text{ 出发,最终到达 } 0\end{cases}$$\Leftrightarrow$系统从状态 z 出发,终于到达状态 0。由 $p+q=1$,根据全概率公式可得

$$\begin{cases}q_z=pq_{z+1}+qq_{z-1}\\ q_0=1,q_a=0\end{cases}\quad(0<z<a)\qquad ①$$

设差分方程的解为 λ^z,即得 $\lambda^z=p\lambda^{z+1}+q\lambda^{z-1}$。即 $p\lambda^2-\lambda+q=0$。$\lambda_1=1,\lambda_2=\dfrac{q}{p}$。

① 马文.概率应用及思维方法[M].重庆:重庆大学出版社,1989:45-46.

从而①有二特解：

$$q_z = 1,\quad q_z = \left(\frac{q}{p}\right)^z$$

由①的齐次性，对任意常数 $A,B,q_z = A + B\left(\frac{q}{p}\right)^z$ 也是其解。由边值条件 $q_0 = 1, q_a = 0$，得$\begin{cases} A+B=1 \\ A+B\left(\frac{q}{p}\right)^a = 0 \end{cases}$。

求出 A,B 后，即得 $q_z = \dfrac{\left(\frac{q}{p}\right)^a - \left(\frac{q}{p}\right)^z}{\left(\frac{q}{p}\right)^a - 1}(p \neq q)$。同理可求得 p_z。

【例 3.3.53】 甲口袋有 1 个黑球，2 个白球，乙口袋有 3 个白球，每次从两口袋中各任取一球，交换后放入另一口袋，求交换 n 次后，黑球仍在甲口袋中的概率。

解 令 $A_i = \{$第 i 次交换后黑球仍在甲口袋中$\}$，记 $p_i = P(A_i), i = 1,2,\cdots$，则有 $p_0 = 1$，且 $P(A_{i+1} \mid A_i) = \dfrac{2}{3}, P(A_{i+1} \mid \overline{A_i}) = \dfrac{1}{3}$，所以，由全概率公式，得

$$p_n = \frac{2}{3}p_{n-1} + \frac{1}{3}(1 - p_{n-1}) = \frac{1}{3}p_{n-1} + \frac{1}{3} \quad (n \geqslant 1)$$

将 $p_0 = 1$ 代入上式可得

$$p_n - \frac{1}{2} = \left(\frac{1}{3}\right)^n\left(\frac{1}{2}\right)$$

由此得

$$p_n = \frac{1}{2}\left[1 + \left(\frac{1}{3}\right)^n\right] \quad (n = 1,2,\cdots)$$

可以看出，对一个复杂事件系统地描述全概率公式的思维与方法作用显著。

无疑，在特定背景下，利用微分方程和差分方程作为表示概率变化情况的数学模型，也可使之成为研究随机现象的有利方法。

3.4 随机变量相关问题处理策略与方法

3.4.1 概论

随机变量的引入从形式上也从方法上使随机现象诸多问题的解决如虎添翼，为概率论的飞速发展注入了强劲活力。

3.4.1.1 引进随机变量的主要价值

1. 可行性

形形色色的样本空间和样本点都可以与实数轴上的一个集合或一个点形成对应，从而

使得用变量的取值来描述随机现象有可能。

（1）大多随机现象的可能结果都可以用数来表示。例：

射击一发子弹命中靶台的环数；

某一时刻某一车间正常工作的车床数；

某一品牌电视机的寿命数；

单位面积玻璃上的气泡数；

……

（2）有些随机现象的可能结果虽不与数值有直接关系，但可以通过人为构建使之与数值对应。例：掷一枚均匀的硬币出现的正面数。

令 $X=\begin{cases}0 & \text{出反面}\\ 1 & \text{出正面}\end{cases}$，这样，若令 $A=\{\text{出正面}\}$，则有 $A=\{X=1\}$，$\bar{A}=\{X=0\}$。

同样，任抽一件产品，观察是正品还是次品可完全类上处理。

2. 必要性

引进随机变量后不仅使得事件的表达形式更为简洁，而且更便于用现代数学的理论与方法去求解随机事件的概率，过程规范、路径严谨。

例如：掷一枚均匀的骰子10次，求恰有3次出现1点的概率。

令 X 为10次掷骰子中出现1点的次数，则

$$\{X=i\}=\{10\text{次掷骰子中出现1点}\ i\ \text{次}\}\quad(i=0,1,2,\cdots,10)$$

于是

$$P(X=3)=C_{10}^{3}\left(\frac{1}{6}\right)^{3}\left(1-\frac{1}{6}\right)^{10-3}=C_{10}^{3}\left(\frac{1}{6}\right)^{3}\left(\frac{5}{6}\right)^{7}$$

3.4.1.2 随机变量的分类

按随机变量的取值划分，大致可分为三类：

1. 离散型

随机变量仅可能取有限个或可列个值。

如：一颗骰子抛2次，用 X，Y 分别表示2次所得的最小点数及所得点数之差的绝对值，则 X，Y 均为离散型随机变量。

2. 连续随机变量

随机变量的可能取值充满数轴上的一个区间 (a,b)。

如：学生完成一道作业的时间 X，某加油站每周的销售量 Y 等，都是连续型随机变量。

3. 奇异型

随机变量仅可能取值时而有限个或可列个值，时而充满数轴上的一个区间 (a,b)。

例2.1.1 已知 X 的分布函数为

$$F(x)=\begin{cases}0 & (x<0)\\ \dfrac{1+x}{2} & (0\leqslant x<1)\\ 1 & (x\geqslant 1)\end{cases}$$

它可以分解为 $F(x)=\frac{1}{2}F_1(x)+\frac{1}{2}F_2(x)$，其中

$$F_1(x)=\begin{cases}0 & (x<0)\\ 1 & (x\geqslant 0)\end{cases},\quad F_2(x)=\begin{cases}0 & (x<0)\\ x & (0\leqslant x<1)\\ 1 & (x\geqslant 1)\end{cases}$$

而 $F_1(x)$是(离散)单点分布函数,$F_2(x)$是(连续)均匀分布 $U(0,1)$的分布函数。所以 X 既非离散又非连续型随机变量。

一般,概率论中只讨论离散型和连续型,对于既非离散又非连续型的奇异型不进行专门讨论。

3.4.1.3 随机变量的描述方式

仅以一维为例加以介绍,多维将在后面阐述。

1. 分布函数:$F(x)=P(X\leqslant x)$

从形式上看,它是一个累积概率函数,它可以用来表示 X 取值任何区间的概率,如

$$P(X>x)=1-P(X\leqslant x)=1-F(x)$$
$$P(X\geqslant x)=1-F(x-0)$$
$$P(x_1<X\leqslant x_2)=F(x_2)-F(x_1)$$
$$P(X=x)=F(x)-F(x-0)$$
$$P(x_1<X<x_2)=F(x_2-0)-F(x_1)$$
$$P(x_1\leqslant X<x_2)=F(x_2-0)-F(x_1-0)$$
$$P(x_1\leqslant X\leqslant x_2)=F(x_2)-F(x_1-0)$$

特别,当 $F(x)$在 x_1 与 x_2处连续时,有

$$F(x_1-0)=F(x_1),\quad F(x_2-0)=F(x_2)$$

基于此,可以看出,分布函数完整地描述了随机变量的统计规律性。同时由它的定义知,它既可以用来描述离散型随机变量,也可以用来描述连续型随机变量。

2. 分布密度:$p(x)=F'(x)$

显然,密度函数只能用于描述连续型随机变量,且有

$$p(x)\rightarrow\int_{-\infty}^{x}p(t)\mathrm{d}t\rightarrow F(x);\text{反之,有}$$
$$F(x)\rightarrow F'(x)\rightarrow p(x)$$

3. 概率分布律(列):$P(X=x_i)=p_i\ (i=1,2,\cdots)$

显然,概率分布律只能用于描述离散型随机变量,因为它给出的是点点概率。当然也可以用来描述区间的概率,且有 $P(X\in D)=\sum\limits_{x_i\in D}P(X=x_i)$ 。所以对离散型随机变量而言,概率分布律同样完整地描述了随机变量的统计规律性。

如果把随机变量的所有可能取值的概率一一求出,连同取值形成列表如下:

X	x_1	x_2	$\cdots$
P	p_1	p_2	$\cdots$

这就是离散型随机变量统计规律的另一种常用表达形式——分布列。

这就是说,离散型随机变量的分布规律可以通过两种形式表示:概率函数与分布列。

两者相比之下，前者抽象精准，后者直观明了，所以，涉及运算时，一般用概率函数，而仅仅要求展示概率分布显然后者较宜。其二者从量的刻画上是一致的，就雷同于数列中通项公式和具体数列各项，在存在规律的背景下可以由彼及此，也可以由此及彼。

3.4.2　离散型随机变量相关的解题方法与技巧

3.4.2.1　一维情形

1. 求概率分布律

离散型随机变量的概率分布律是点点概率的集合，也是全面描述离散型随机变量统计规律的唯一精准形式。因为有了它，不但可以准确找出随机变量取任一值的概率，同时也可求出随机变量取值于任意区间的概率与定常数等。“一花引来百花开，姹紫嫣红春满园。”求出了离散型随机变量的概率分布就可以解决与此变量相关的一切问题。

如何针对特定背景，准确无误地求出离散型随机变量的概率分布列，这就要做好以下几方面：

(1) 由题意设出随机变量，找出对应的所有可能取值。

这一点是容易办到的，因为题中涉及的事件是明确的，只要把它与一个随机变量的取值形成对应，其值的集合就是随机变量的所有取值；

(2) 一一计算出对应取值的概率。

对于随机变量对应取值的概率，一般有直接求和间接求两种方式。直接求一般多用古典概率的定义求，间接求一般多用概率的乘法公式或减法公式等。当然，最后的基本运算也同样离不开古典概率。

(3) 融合(1)(2)，用表格或函数表示。

【例 3.4.1】　一颗骰子掷 2 次，求以下随机变量的分布列：

① X 表示 2 次中所得的最小点数；

② Y 表示 2 次中所得点数之差的绝对值。

解　一颗骰子抛 2 次，共有 36 种等可能的结果。

① 由于 X 表示 2 次中所得的最小点数，则 X 的可能取值为 1,2,3,4,5,6，用确定概率的古典方法得

$$P(X=1)=\frac{11}{36},\quad P(X=2)=\frac{9}{36},\quad P(X=3)=\frac{7}{36}$$

$$P(X=4)=\frac{5}{36},\quad P(X=5)=\frac{3}{36},\quad P(X=6)=\frac{1}{36}$$

所以 X 的概率分布列为

X	1	2	3	4	5	6
P	$\frac{11}{36}$	$\frac{9}{36}$	$\frac{7}{36}$	$\frac{5}{36}$	$\frac{3}{36}$	$\frac{1}{36}$

② 由于 Y 表示 2 次中所得点数之差的绝对值，则 Y 的可能取值为 0,1,2,3,4,5，而

$$P(Y=0)=\frac{6}{36}=\frac{1}{6},\quad P(Y=1)=\frac{10}{36}=\frac{5}{18},\quad P(Y=2)=\frac{8}{36}=\frac{2}{9}$$

$$P(Y=3)=\frac{6}{36}=\frac{1}{6},\quad P(Y=4)=\frac{4}{36}=\frac{1}{9},\quad P(Y=5)=\frac{2}{36}=\frac{1}{18}$$

所以 Y 的概率分布列为

X	0	1	2	3	4	5
P	$\frac{1}{6}$	$\frac{5}{18}$	$\frac{2}{9}$	$\frac{1}{6}$	$\frac{1}{9}$	$\frac{1}{18}$

【例 3.4.2】 口袋中有 7 个白球,3 个黑球:

① 每次从中任取一个不放回,求首次取出白球的取球次数 X 的概率分布列;

② 每次从中任取一个不放回,求首次取出白球前的取球次数 Y 的概率分布列;

③ 如果取出的是黑球则不放回,而另外放入一个白球,求首次取出白球的取球次数 Z 的概率分布列。

解 ① X 为首次取出白球的取球次数,则 X 的可能取值为 1,2,3,4,记 A_i 为"第 i 次取出的球为黑球",$i=1,2,\cdots,10$。

由乘法原理,得

$$P(X=1)=P(\overline{A_1})=\frac{7}{10}$$

$$P(X=2)=P(A_1\overline{A_2})=P(A_1)P(\overline{A_2}\mid A_1)=\frac{3}{10}\times\frac{7}{9}=\frac{7}{30}$$

$$P(X=3)=P(A_1A_2\overline{A_3})=P(A_1)P(A_2\mid A_1)P(\overline{A_3}\mid A_1A_2)=\frac{3}{10}\times\frac{2}{9}\times\frac{7}{8}=\frac{7}{120}$$

$$\begin{aligned}P(X=4)&=P(A_1A_2A_3\overline{A_4})=P(A_1)P(A_2\mid A_1)P(A_3\mid A_1A_2)P(\overline{A_4}\mid A_1A_2A_3)\\&=\frac{3}{10}\times\frac{2}{9}\times\frac{1}{8}\times\frac{7}{7}=\frac{1}{120}\end{aligned}$$

所以 X 的概率分布列为

X	1	2	3	4
P	$\frac{7}{10}$	$\frac{7}{30}$	$\frac{7}{120}$	$\frac{1}{120}$

② Y 为首次取出白球前的取球次数,则 X 的可能取值为 0,1,2,3,类同于①,得

$$P(Y=0)=P(\overline{A_1})=\frac{7}{10}$$

$$P(Y=1)=P(A_1\overline{A_2})=P(A_1)P(\overline{A_2}\mid A_1)=\frac{3}{10}\times\frac{7}{9}=\frac{7}{30}$$

$$P(Y=2)=P(A_1A_2\overline{A_3})=P(A_1)P(A_2\mid A_1)P(\overline{A_3}\mid A_1A_2)=\frac{3}{10}\times\frac{2}{9}\times\frac{7}{8}=\frac{7}{120}$$

$$\begin{aligned}P(Y=3)&=P(A_1A_2A_3\overline{A_4})=P(A_1)P(A_2\mid A_1)P(A_3\mid A_1A_2)P(\overline{A_4}\mid A_1A_2A_3)\\&=\frac{3}{10}\times\frac{2}{9}\times\frac{1}{8}\times\frac{7}{7}=\frac{1}{120}\end{aligned}$$

显然,措辞的略微变化就会出现分布列的变异,所以认真审题不但是解决问题的前提,而且审题能力也是解决问题能力的关键。

③ 如果取出的黑球不放回,而另外放入一个白球,则由乘法公式,得

$P(Z=1)=P(\overline{A_1})=\frac{7}{10}$

$P(Z=2)=P(A_1\overline{A_2})=P(A_1)P(\overline{A_2}\mid A_1)=\frac{3}{10}\times\frac{8}{10}=\frac{6}{25}$

$P(Z=3)=P(A_1A_2\overline{A_3})=P(A_1)P(A_2\mid A_1)P(\overline{A_3}\mid A_1A_2)=\frac{3}{10}\times\frac{2}{10}\times\frac{9}{10}=\frac{27}{500}$

$$P(Z=4)=P(A_1A_2A_3\overline{A_4})=P(A_1)P(A_2\mid A_1)P(A_3\mid A_1A_2)P(\overline{A_4}\mid A_1A_2A_3)$$
$$=\frac{3}{10}\times\frac{2}{10}\times\frac{1}{10}\times\frac{10}{10}=\frac{3}{500}$$

从而，Z 的概率分布列为

Z	1	2	3	4
P	$\frac{7}{10}$	$\frac{6}{25}$	$\frac{27}{500}$	$\frac{3}{500}$

【例 3.4.3】 从一副 52 张的扑克牌中任抽 5 张，求其中黑桃张数的概率分布。

解 记 X 为取出的 5 张牌中黑桃的张数，则 X 的可能取值为 0,1,2,3,4,5。将 52 张牌分成两类：一类为 13 张黑桃；另一类为 39 张除黑桃外的其他花色，从而有

$$P(X=k)=\frac{C_{13}^{k}C_{39}^{5-k}}{C_{52}^{5}}\quad(k=0,1,2,3,4,5)$$

2. 分布律与分布函数的相互推求

由随机变量分布函数的定义：$F(x)=P(X\leqslant x)$，这实际上就是一个区间的概率。已知离散型随机变量的分布列，即已知了点点概率，那么就有 $F(x)=\sum\limits_{x_i\leqslant x}P(X=x_i)$。

尽管上式量的关系比较明确，但在实际问题的解决中也时常出现错误，一则是因为 X 可以跑遍整个实数轴容易遗漏，二则因为在讨论的过程中要把动态的 x 化为固定的 x，只有这样，$(X\leqslant x)$才成为常区间，$F(x)=P(X\leqslant x)$才易求，但怎样让 x 有序固定？稍不留心也容易出现错误。考虑到以上两点，如下设计即可避免：

(1) 将 X 的所有取值在数轴上标出，从而以其为端点把数轴分成若干个互斥区间；

(2) 从左至右依次在各个区间上考察 $F(x)$；

(3) 综合(2)中结果用分段函数表出。

【例 3.4.4】 从 1,2,3,4,5 五个数中任取三个，按大小排序记为 $x_1<x_2<x_3$，令 $X=x_2$，试求 X 的分布函数。

解 由题知，X 的取值只可能为 2,3,4，并容易求得

$$P(X=2)=\frac{C_1^1C_1^1C_3^1}{C_5^3}=\frac{3}{10},\quad P(X=3)=\frac{C_2^1C_1^1C_2^1}{C_5^3}=\frac{4}{10},\quad P(X=4)=\frac{C_3^1C_1^1C_1^1}{C_5^3}=\frac{3}{10}$$

从而得 X 的概率分布列为

X	2	3	4
P	$\frac{3}{10}$	$\frac{4}{10}$	$\frac{3}{10}$

有了分布列，我们就可按照前面介绍的方法来求 $F(x)=P(X\leqslant x)$了。

把 2,3,4 放在数轴上,从而把其分化成$(-\infty,2)$,$[2,3)$,$[3,4)$,$[4,\infty)$四个区间:

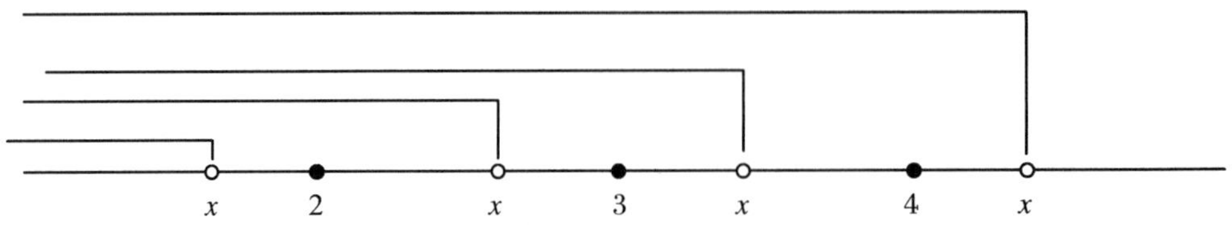

显然有:

当 $x<2$ 时,$F(x)=P(X\leqslant x)=0$

当 $2\leqslant x<3$ 时,$F(x)=P(X\leqslant x)=P(X=2)=\frac{3}{10}$

当 $3\leqslant x<4$ 时,$F(x)=P(X\leqslant x)=P(X=2)+P(X=3)=\frac{3}{10}+\frac{4}{10}=\frac{7}{10}$

当 $x\geqslant 4$ 时,$F(x)=P(X\leqslant x)=P(X=2)+P(X=3)+P(X=4)=\frac{3}{10}+\frac{4}{10}+\frac{3}{10}=1$

所以

$$F(x)=\begin{cases}0 & (x<2)\\ \frac{3}{10} & (2\leqslant x<3)\\ \frac{7}{10} & (3\leqslant x<4)\\ 1 & (x\geqslant 4)\end{cases}$$

若给定了具体的 x 求相应区间的概率更方便,因为不论是由分布列或分布函数都可求得。在已知分布函数 $F(x)$,主要利用:

$$P(X\leqslant x)=F(x)$$
$$P(X>x)=1-F(x)$$
$$P(a<X\leqslant b)=F(b)-F(a)$$
$$P(X=a)=F(a)-F(a-0)$$

基于上述,就可以在已知分布函数的前提下,求出随机变量取值于一切区间的概率。

已知分布列,求随机变量取值于一切形形色色区间的概率就更直观了。如例 3.4.4,要求 $P(X<2)$,$P(X>4)$及 $P(2<X<4)$。显然有

$$P(X<2)=0$$
$$P(X>4)=1-P(X\leqslant 4)=1-1=0$$
$$P(2<X<4)=P(X=3)=\frac{4}{10}$$

解决这类问题的理论依据为 $P(X\in A)=\sum_{x_i\in A}P(X=x_i)$。

即:看区间,找内点,点点相加结果现。

反之,若已知离散型随机变量的分布函数,怎样求概率分布列?

上述由分布列求分布函数的过程可以看出,分布函数对应的区间端点就是随机变量的可能取值点,由于分布函数的右连续,即有

$$P(X=a)=F(a)-F(a-0)$$

利用此即可求得对应取值的概率。

【例 3.4.5】 设随机变量 X 的概率分布函数为

$$F(x)=\begin{cases}0 & (x<0)\\ \dfrac{1}{4} & (0\leqslant x<1)\\ \dfrac{1}{3} & (1\leqslant x<3)\\ \dfrac{1}{2} & (3\leqslant x<6)\\ 1 & (x\geqslant 6)\end{cases}$$

试求 X 的概率分布列。

解 显然 X 的所有可能取值为 0,1,3,6,依据 $P(X=a)=F(a)-F(a-0)$,得

$$P(X=0)=\frac{1}{4}-0=\frac{1}{4},\quad P(X=1)=\frac{1}{3}-\frac{1}{4}=\frac{1}{12}$$

$$P(X=3)=\frac{1}{2}-\frac{1}{3}=\frac{1}{6},\quad P(X=6)=1-\frac{1}{2}=\frac{1}{2}$$

所以,随机变量 X 的概率分布列为

X	0	1	3	6
P	$\frac{1}{4}$	$\frac{1}{12}$	$\frac{1}{6}$	$\frac{1}{2}$

3. 定常数

“忽闻一枝花清香,百花园中竞芬芳。”定常数从始至终可谓是概率论中一道亮丽的风景线。随着理论的深入及方法的延伸,其络绎不绝出现在各个篇章中。尽管对应的背景不同,但解决的问题如出一辙。即找等量、解方程。而等式的源头不外乎是直接告知或显而易见。简言之,在解题过程中,给定条件用条件,没有条件用性质。其中前者尽管“五花八门”均无需多虑,给之用之;后者则在一般场合下的规律表达式中寻觅,其实不外乎是性质或公式。如:$\sum_i p_i=1$;$P(X=a)=F(a)-F(a-0)$;$F(-\infty)=0$,$F(+\infty)=1$ 等。

【例 3.4.6】 随机数字序列要多长才能使数字 0 至少出现一次的概率不小于 0.9?

解 用 X 表示 0 出现的次数,题中要求使 $P(X\geqslant 1)\geqslant 0.9$ 的试验次数为 n。

由于随机数字序列是由 0~9 十个数字随机取一个而排成的,取到 0 的概率为 0.1,取 n 次即进行 n 次独立重复试验,所以 $X\sim B(n,p)$,$p=0.1$,于是

$$P(X\geqslant 1)=1-P(X=0)=1-C_n^0\,(0.1)^0\,(0.9)^n\geqslant 0.9$$

即

$$0.9^n\leqslant 0.1$$

$$n\lg 0.9\leqslant \lg 0.1$$

$$n\geqslant 22$$

即随机数字序列至少要有 22 位数字,才能使数字 0 至少出现一次的概率不少于 0.9。

【例 3.4.7】 已知 $X\sim B(n,p)$,$E(X)=2.4$,$\mathrm{Var}(X)=1.44$,求 n,p。

解 因为 $X\sim B(n,p)$,$E(X)=2.4$,$\mathrm{Var}(X)=1.44$。所以有 $\begin{cases}np=2.4\\ np(1-p)=1.44\end{cases}$,解得

$n=6, p=0.4$。

有些题目表面看来不是求常数问题,但解决问题的关键仍是定常数。

【例 3.4.8】 设 $X\sim P(\lambda)$,且已知 $P(X=1)=P(X=2)$,求 $P(X=4)$。

解 求泊松分布 $P(\lambda)$相关概率的关键就是定出 λ。

由 $P(X=1)=P(X=2)$,得 $\lambda e^{-\lambda}=\lambda^2\cdot\frac{1}{2}e^{-\lambda}$,解得 $\lambda=2$。从而有

$$P(X=4)=\frac{2^4}{4!}e^{-2}=0.0902$$

【例 3.4.9】 设 $X\sim B(2,p)$,$Y\sim B(4,p)$,若 $P(X\geqslant 1)=\frac{8}{9}$,试求 $P(Y\geqslant 1)$。

由于 $Y\sim B(4,p)$,要求 $P(Y\geqslant 1)$,必须先定出 p,对于二项分布来说,p 知则皆知。本题中,X,Y 同是服从参数 p 的二项分布,依据这个关系,就可以利用 X 的信息定出 p,由此也定出了 Y 分布中的 p,于是问题就迎刃而解了。

解 由题知,$\frac{8}{9}=P(X\geqslant 1)=1-P(X=0)=1-(1-p)^2$,即 $2p-p^2=\frac{8}{9}$。

解得 $p=\frac{2}{3}$。由此得 $P(Y\geqslant 1)=1-P(Y=0)=1-(1-p)^4=1-\left(\frac{1}{3}\right)^4=\frac{80}{81}$。

借助信息,凝聚能量,解决问题是近年来概率论中出现的一种新型构题模型,在以后连续型随机变量的问题解决中更是多见。但不可否认,其中二项分布功不可没。显然,诸如上述各类定常数,一句话:给定条件用条件,咬定条件不放松。

对于没给条件定常数,一定有隐含信息客观存在,就看你会不会挖掘。一般常见情形与处理策略如下:

(1) 已知分布列定常数

依据:$\sum_i p_i=1$。

【例 3.4.10】 袋中有标号为 1,2,3,4 的球若干个,从中任取一个,假设取到各个号码球的概率与球上的号码成反比。求取到球上号码 X 的概率分布。

解 X 的所有可能取值为 1,2,3,4,且由题知 $P(X=k)=\frac{c}{k}(k=1,2,3,4)$,其中 c 是常数。有分布律性质 $\sum_{k=1}^{5}p_k=1$,得 $c+\frac{c}{2}+\frac{c}{3}+\frac{c}{4}=\frac{25}{12}c=1$。

解得 $c=\frac{12}{25}$。从而,X 的概率分布为

X	1	2	3	4
P	$\frac{12}{25}$	$\frac{6}{25}$	$\frac{4}{25}$	$\frac{3}{25}$

【例 3.4.11】 当 α 取何值时,$P(X=k)=\alpha\left(\frac{2}{3}\right)^k(k=1,2,\cdots)$才能成为随机变量 X 的分布列。

解 要使 $P(X=k)=\alpha\left(\frac{2}{3}\right)^k(k=1,2,\cdots)$成为随机变量 X 的分布列,则须

$$\sum_{k=1}^{\infty}\alpha\left(\frac{2}{3}\right)^{k}=1$$

依据无穷递减等比数列求和公式，有

$$\alpha\cdot\frac{\frac{2}{3}}{1-\frac{2}{3}}=1$$

所以 $\alpha=\frac{1}{2}$。

此时，$P(X=k)=\frac{1}{2}\left(\frac{2}{3}\right)^{k}\geqslant0(k=1,2,\cdots)$，故 $P(X=k)=\frac{1}{2}\left(\frac{2}{3}\right)^{k}\geqslant0(k=1,2,\cdots)$ 确为随机变量 X 的分布列。

(2) 已知分布函数定常数

离散型随机变量的取值为有限或可列个，其分布函数是右连续的阶梯函数，每过一个 X 的可能取值点其曲线就产生一次跳跃，其跃度从数值上就等于随机变量 X 取该值的概率，即有 $P(X=a)=F(a)-F(a-0)$。

依据：$P(X=a)=F(a)-F(a-0)$；$F(-\infty)=0$，$F(+\infty)=1$。

【例 3.4.12】 设离散型随机变量 X 的分布函数 $F(x)$ 为

$$F(x)=\begin{cases}0 & (x<-1)\\ a & (-1\leqslant x<1)\\ \frac{2}{3}-a & (1\leqslant x<2)\\ a+b & (x\geqslant2)\end{cases}，\quad 且\ P(X=2)=\frac{1}{2}$$

求 a,b。

解 由题，得

$$\begin{cases}a+b-\left(\frac{2}{3}-a\right)=\frac{1}{2}\\ a+b=1\end{cases}$$

解得

$$\begin{cases}a=\frac{1}{6}\\ b=\frac{5}{6}\end{cases}$$

4. 数字特征的计算

随机变量的数字特征是刻画随机变量某种数量特征的量，在理论与实践上都有重要价值。和求概率一样，其计算方法不外乎为直接求和间接求。

(1) 直接求(用定义)

依据：$E(X)=\sum_{i}x_iP(X=x_i)$；

$\mathrm{Var}(X)=E\,(X-E(X))^2=\sum_{i}(x_i-E(X))^2P(X=x_i)$。

按照定义，不管是求数学期望，还是求方差，不外乎求和，对于有限和，无须多论，对于无限和，关键就是把求一般和转化为求特殊和，一旦顺利实现了这种转变，未知便为已知了。

值得一提的是，无穷递减等比数列求和公式和 $e^x = \sum_{k=0}^{+\infty} \frac{x^k}{k!}$ 功不可没。

【例 3.4.13】 设随机变量 X 的分布列为

$$P(X = k) = \frac{\alpha^k}{(1+\alpha)^{k+1}} \quad (\alpha > 0, k = 0,1,\cdots)$$

求 $E(X)$。

解 由于

$$\sum_{k=0}^{\infty} kx^{k-1} = \sum_{k=0}^{\infty} (x^k)' = \left(\sum_{k=0}^{\infty} x^k\right)' = \left(\frac{1}{1-x}\right)' = \frac{1}{1-x^2} \quad (x < 1)$$

所以有

$$E(X) = \sum_{k=0}^{\infty} k \cdot \frac{\alpha^k}{(1+\alpha)^{k+1}} = \frac{\alpha}{(1+\alpha)^2}\sum_{k=0}^{\infty} k\left(\frac{\alpha}{1+\alpha}\right)^{k-1}$$

$$= \frac{\alpha}{(1+\alpha)^2} \cdot \frac{1}{\left[1 - \frac{\alpha}{(1+\alpha)}\right]^2} = \alpha$$

类上，我们可方便地求得几何分布的数学期望。

【例 3.4.14】 设 $X \sim G(p)$，即 $P(X=k) = q^{k-1}p(k=1,2,\cdots)$，$q = 1-p$，求 $E(X)$。

解

$$E(X) = \sum_{k=1}^{+\infty} kq^{k-1}p = p\sum_{k=1}^{+\infty} kq^{k-1} = p\left(\sum_{k=1}^{+\infty} q^k\right)'$$

$$= p\left(\frac{q}{1-q}\right)' = p \cdot \frac{1}{(1-q)^2} = \frac{1}{p}$$

值得注意的是，利用学科自身的理论，可以产生特色的解决问题方法，其中“整体化 1”就是典型一法，而且在解决概率论诸多问题中“整体化 1”常常见。前面第 3 章 3.2 节中已专门做了介绍，事实上在涉及数字特征的计算和证明中，也可以说比比皆是。

【例 3.4.15】 设随机变量 $X \sim h(n,N,M)$（超几何分布），即

$$P(X = k) = \frac{C_M^k C_{N-M}^{n-k}}{C_N^n} \quad (k = 0,1,\cdots,r)$$

其中，$r = \min\{M,n\}$，且 $M \leqslant N$，$n \leqslant N$，n,N,M 均为正整数，求 $E(X)$。

解 $E(X) = \sum_{k=0}^{r} k\frac{C_M^k C_{N-M}^{n-k}}{C_N^n} = n\frac{M}{N}\sum_{k=1}^{r}\frac{C_{M-1}^{k-1}C_{N-M}^{n-k}}{C_{N-1}^{n-1}} = n\frac{M}{N}$

其中后面的和式是一个新的超几何分布 $h(n-1,N-1,M-1)$ 的概率和，其值为 1。

完全类似，二项分布、泊松分布的数学期望都可以用“整体化 1”如上求得。

细心的读者可能会发现，前面所举例中为什么大都是求数学期望而未求方差，我之所以这样做，就是给大家传递一个信号，一般求离散型随机变量的方差直接用定义求较繁，尤其是取值为可列多个的情形。所以，离散型随机变量的方差一般用间接方法求得。

(2) 间接求

所谓间接求，就是运用性质或改变原模型变未知分布为常态分布，实现未知变已知。

1) 定义变形法

由定义出发，通过等价变形获得一个间接求解公式，然后由此式求出相应的数字特征。

这是“原生态”的理念与方法,通过定义变形化简,使得计算既简洁又可靠。一般,在用定义求解比较复杂的情形下常常作为解题的第一选择。比如:由于

$$\begin{aligned}\mathrm{Var}(X) &= E\,(X - E(X))^2 = E(X^2 - 2X \cdot E(X) + (E(X))^2)\\ &= E(X^2) - 2(E(X)) \cdot E(X) + (E(X))^2 = E(X^2) - (E(X))^2\end{aligned}$$

所以几乎对所有分布都用 $\mathrm{Var}(X) = E(X^2) - (E(X))^2$ 求方差,相对于用方差的定义求其方便多了。

对于离散型随机变量,对于求 $E(X^2)$,一般用下转化模式更方便:

$$\begin{aligned}E(X^2) &= \sum_k k^2 P(X = k) = \sum_k k(k-1)P(X - k) + \sum_k kP(X = k)\\ &= \sum_k k(k-1)P(X = k) + E(X)\end{aligned}$$

道理很简单,从复杂式中能析出一部分已知,剩下的部分由于自身简单了,自然处理起来也方便了。尤其是结合“整体化 1”,使得问题的解决更是锦上添花。

【例 3.4.16】 已知 $X \sim P(\lambda)$,求 $\mathrm{Var}(X)$。

解 由于 $E(X) = \lambda$,所以

$$\begin{aligned}E(X^2) &= \sum_{k=0}^{+\infty} k^2 \frac{\lambda^k}{k!}\mathrm{e}^{-\lambda} = \sum_{k=0}^{+\infty} k(k-1)\frac{\lambda^k}{k!}\mathrm{e}^{-\lambda} + \sum_{k=0}^{+\infty} k\frac{\lambda^k}{k!}\mathrm{e}^{-\lambda}\\ &= \sum_{k=2}^{+\infty} \frac{\lambda^k}{(k-2)!}\mathrm{e}^{-\lambda} + \lambda\end{aligned}$$

令

$$\begin{aligned}k' &= k - 2\lambda^2 \sum_{k'=0}^{+\infty} \frac{\lambda^{k'}}{k'!}\mathrm{e}^{-\lambda} + \lambda\\ &= \lambda^2 + \lambda\end{aligned}$$

所以 $\mathrm{Var}(X) = E(X^2) - (E(X))^2 = \lambda^2 + \lambda - \lambda^2 = \lambda$。

【例 3.4.17】 (例 3.4.13 续)$P(X = k) = \dfrac{\alpha^k}{(1+\alpha)^{k+1}}(\alpha > 0, k = 0, 1, \cdots)$,且 $E(X) = \alpha$,求 $\mathrm{Var}(X)$。

解

$$\begin{aligned}E(X^2) &= \sum_{k=1}^{\infty} k^2 \frac{\alpha^k}{(1+\alpha)^{k+1}} = \sum_{k=1}^{\infty} k(k-1)\frac{\alpha^k}{(1+\alpha)^{k+1}} + \sum_{k=1}^{\infty} k\frac{\alpha^k}{(1+\alpha)^{k+1}}\\ &= \frac{\alpha^2}{(1+\alpha)^3}\left[\sum_{k=2}^{+\infty} k(k-1)\left(\frac{\alpha}{1+\alpha}\right)^{k-2}\right] + \alpha\\ &= \frac{\alpha^2}{(1+\alpha)^3}\left[\sum_{k=1}^{+\infty}\left(\frac{\alpha}{1+\alpha}\right)^k\right]'' + \alpha\\ &= \alpha(1 + 2\alpha)\end{aligned}$$

所以 $\mathrm{Var}(X) = E(X^2) - (E(X))^2 = \alpha(1 + 2\alpha) - \alpha^2 = \alpha(1 + \alpha)$。

2) 模型转化法

由待求问题入手,通过数学转化,使之成为已知模型,从而使问题迎刃而解。

这是各学科在解决具体问题中的常用思维和方法。正如莫斯科大学教授 C. A 亚诺夫斯卡娅在“解题意味着什么”的演讲中所说:“解题——就是意味着把所要解的问题转化为已经解决的问题。”

【例 3.4.18】 从一个装有 m 个白球和 n 个黑球的袋中进行有放回摸球，直到摸到白球时停止。试求取出黑球数的期望。

解 令 X 为取出白球时已取出的黑球数，则 $Y=X+1$ 服从几何分布 $Ge\left(\frac{m}{n+m}\right)$，所以 $E(Y)=\frac{n+m}{m}=1+\frac{n}{m}$，由此得 $E(X)=E(Y-1)=E(Y)-1=\frac{n}{m}$。

类同于例 3.4.18，某种产品上的缺陷数 X 服从分布列 $P(X=k)=\frac{1}{2^{k+1}}(k=0,1,\cdots)$。由 X 的分布列知 $Y=X+1$，可看作服从几何分布 $Ge\left(\frac{1}{2}\right)$ 的随机变量，所以 $E(Y)=2$，由此得 $E(X)=E(Y)-1=2-1=1$。

【例 3.4.19】 设随机变量 X 的分布律为

$$P(X=k)=\frac{1}{2}\left(\frac{2}{3}\right)^k \quad (k=1,2,\cdots)$$

求 X 的数学期望和方差。

解 由于 $P(X=k)=\frac{1}{2}\left(\frac{2}{3}\right)^k=\frac{1}{2}\cdot\frac{2}{3}\left(\frac{2}{3}\right)^{k-1}=\left(\frac{2}{3}\right)^{k-1}\frac{1}{3}(k=1,2,\cdots)$。显然

$$X\sim Ge\left(\frac{1}{3}\right)$$

于是

$$E(X)=\frac{1}{p}=\frac{1}{\frac{1}{3}}=3,\quad \mathrm{Var}(X)=\frac{1}{p^2}=\frac{1}{\left(\frac{1}{3}\right)^2}=9$$

【例 3.4.20】 设随机变量 X 的概率分布为 $P(X=k)=\frac{c}{k!}(k=0,1,2,\cdots)$，求 $E(X^2)$。

此题显然可以通过常规做法：先依据 $\sum\limits_{k=0}^{+\infty}p_k=1$ 通过解关于 c 的方程求得 c，再由 $\sum\limits_{k=0}^{+\infty}k^2p_k$ 求得 $E(X^2)$。但如下求更简便一些：

$$1=\sum_{k=1}^{+\infty}p_i=\sum_{k=1}^{+\infty}\frac{c}{k!}=c\sum_{k=1}^{+\infty}\frac{1}{k!}=ce$$

解得

$$c=\mathrm{e}^{-1}$$

所以

$$P(X=k)=\frac{\mathrm{e}^{-1}}{k!}\quad(k=0,1,2,\cdots)$$

对比泊松分布的分布律 $P(X=k)=\frac{\lambda^k}{k!}\mathrm{e}^{-\lambda}(k=0,1,\cdots)$，一眼即可看出 X 是服从 $\lambda=1$ 的泊松分布，即 $E(X)=\mathrm{Var}(X)=\lambda=1$，故 $E(X^2)=\mathrm{Var}(X)+[E(X)]^2=1+1^2=2$。

“不识庐山真面目，只缘身在此山中”，掌握常用分布的结构，学会观察与分析，对有效解决概率问题十分有帮助。

3）概率替代法

概率替代，就是对一些特定的场合，通过对概率求和替代求取值与其概率乘积的和。

对于非负整数值随机变量 X，若 $E(X)$ 存在，一定有 $E(X)=\sum\limits_{k=1}^{+\infty}P(X\geqslant k)$。事实

上，因为

$$\begin{aligned}E(X) &= \sum_{k=0}^{+\infty} kP(X=k) = \sum_{k=1}^{+\infty} kP(X=k)\\&= P(X=1)+2P(X=2)+\cdots+kP(X=k)+\cdots\\&= P(X=1)+P(X=2)+\cdots+P(X=k)+\cdots\\&\quad +P(X=2)+\cdots+P(X=k)+\cdots\\&\quad +P(X=k)+\cdots\\&\quad +\cdots\\&= P(X\geqslant 1)+P(X\geqslant 2)+\cdots+P(X\geqslant k)+\cdots\\&= \sum_{k=1}^{+\infty} P(X\geqslant k)\end{aligned}$$

依据此结论，在求随机变量的数学期望时也可以不求分布列，只要求得 $P(X\geqslant n)$，然后再将其相加即可。

【例 3.4.21】 某城市共有 N 辆汽车，车牌号从 1 到 N，若随机观察并记下 N 辆汽车的牌号，设它们的最大号码为 X，求 $E(X)$。

解 由于 X 是取非负整数值的随机变量，且有

$$P(X\geqslant k) = 1-\frac{(k-1)^n}{N^n}$$

所以有

$$E(X) = \sum_{k=1}^{N} P(X\geqslant k) = N-\sum_{k=1}^{N}\frac{(K-1)^n}{N^n}$$

同样，对于几何分布，求其数学期望也可以如此而为之。

事实上，因为 $X\sim G(\lambda)$，即有

$$P(X=k) = (1-p)^{k-1}p \triangleq q^{k-1}p \quad (k=0,1,2,\cdots)$$

从而

$$P(X\geqslant k) = q^{k-1}p+q^kp+\cdots = \frac{q^{k-1}p}{1-q} = q^{k-1}$$

$$E(X) = \sum_{k=1}^{+\infty} P(X\geqslant k) = 1+q+q^2+\cdots = \frac{1}{1-q} = \frac{1}{p}$$

显然，要比按正常方法求简便得多了。

【例 3.4.22】 设 $X\sim P(\lambda)$，且已知 $P(X=1)=P(X=2)$，求 $E(X)$与 $\mathrm{Var}(X)$。

因为众所周知服从参数 λ 的泊松分布的数学期望和方差都是 λ，所以此题就是根据具体条件定常数 λ。

解 由 $P(X=1)=P(X=2)$，得 $\lambda e^{-\lambda}=\lambda^2\cdot\frac{1}{2}e^{-\lambda}$，解得 $\lambda=2$。从而有 $E(X)=\mathrm{Var}(X)=\lambda=2$。

可见，间接求通俗地讲就是拉关系，通过关系找联系，依据联系达目的。

4) 系数对应法

此种方法是构造一个多项式的乘积式，使得所要求的离散型的数学期望 $\sum_k kP(X=k)$ 或其中的部分和能和其展开式中的某一项或某些项的系数对应起来，从而通过求某一项或

某些项的系数获解。

【例 3.4.23】 设随机变量 X 服从超几何分布,即

$$P(X=k)=\frac{C_M^k C_{N-M}^{n-k}}{C_N^n}\quad (k=0,1,2,\cdots,r)$$

其中,$M\leqslant N$,$n\leqslant N$,$r=\min\{n,M\}$,n,N,M 均为正整数,求 $E(X)$。

解

$$E(X)=\sum_{k=0}^{r}k\,\frac{C_M^k C_{N-M}^{n-k}}{C_N^n}=\frac{1}{C_N^n}\sum_{k=0}^{r}kC_M^k C_{N-M}^{n-k}$$

因为 $\sum\limits_{k=0}^{r}kC_M^kC_{N-M}^{n-k}$ 是 $(1+x)^M(1+x)^{N-M}=(1+x)^N$ 的展开式中的 $x^k\cdot x^{n-k}=x^n$ 的系数,所以,$\sum\limits_{k=0}^{r}kC_M^kC_{N-M}^{n-k}$ 是 $\left[\frac{\mathrm{d}}{\mathrm{d}x}(1+x)^M\right](1+x)^{N-M}=M(1+x)^{N-1}$ 展开式中 x^{n-1} 的系数。故 $\sum\limits_{k=0}^{r}kC_M^kC_{N-M}^{n-k}=MC_{N-1}^{M-1}$。从而

$$E(X)=\frac{1}{C_N^n}MC_{N-1}^{n-1}=\frac{n!(N-n)!}{N!}\cdot M\frac{(N-1)!}{(n-1!)(N-M)!}=\frac{nM}{N}$$

5) *同构分解法*

如果一个复杂的整体可能有若干个同构系统组合,所以可从各个小系统入手,分别计算出其相应的数字特征,然后聚零为整。

【例 3.4.24】 对敌人的某一目标进行射击,命中 N 次才能彻底摧毁该目标,假定各次射击是独立的,并且每次射击命中的概率为 p,试求彻底摧毁这一目标平均消耗的炮弹数。

解 设 X 为 N 次命中所消耗的炮弹数,以 X_i 表示从 $i-1$ 次射中后算起到第 i 次射中所消耗的炮弹数,$i=1,2,\cdots,N$。$X=X_1+X_2+\cdots+X_N$。

显然,X_i 同服从参数为 p 的几何分布满足概率同构,且 $E(X_i)=\frac{1}{p}$,所以

$$E(X)=E(X_1)+E(X_2)+\cdots+E(X_N)=\frac{N}{p}$$

同样,对于二项分布与负二项分布也可类似处理,因为它们分别可分解为 n 个概率同构的伯努利分布和几何分布的和,所以它们的数学期望与方差分别是:

若 $X\sim b(n,p)$,则 $E(X)=np$,$\mathrm{Var}(X)=np(1-p)$;

若 $Y\sim Nb(n,p)$,则 $E(Y)=\frac{n}{p}$,$\mathrm{Var}(Y)=\frac{n(1-p)}{p^2}$。

6) *递推求解法*

对于一维离散随机变量而言,利用间接求法,不但可求其数学期望和方差,还通过递推找关系,获得一些具体的高阶矩。

【例 3.4.25】 设随机变量 X 服从参数为 λ 的泊松分布,试证明 $E(X^n)=\lambda E[(X+1)^{n-1}]$。并利用此结果计算出 $E(X^2)$。

证

$$E(X^n)=\sum_{k=0}^{+\infty}k^n\frac{\lambda^k}{k!}\mathrm{e}^{-\lambda}=\lambda\mathrm{e}^{-\lambda}\sum_{k=1}^{+\infty}k^{n-1}\frac{\lambda^{k-1}}{(k-1)!}$$

令

$$k' = k-1 = \lambda\sum_{k'=0}^{+\infty}(k'+1)^{n-1}\frac{\lambda^{k'}}{k'!}e^{-\lambda} = \lambda E[(X+1)^{n-1}]$$

由此得

$$E(X^3) = \lambda E[(X+1)^2] = \lambda^2 E(X+2) = \lambda^2 E(\lambda+2) = \lambda^3 + 2\lambda^2$$

【例 3.4.26】 设随机变量 $X \sim b(n,p)$,试推出 X 的 k 阶原点矩的递推公式,并由此求出 X 的三、四阶原点矩及中心矩。(约定:$C_n^0=1,C_0^0=1$,当 $m>n$ 时,$C_n^m=0$)

解 由题知,X 的分布律为

$$P(X=m) = C_n^m p^m q^{n-m} \quad (m=0,1,2,\cdots,n,0<p<1,q=1-p)$$

记

$$J_k(n) = \sum_{m=0}^{n} m^k C_n^m p^m q^{n-m} \quad (k=1,2,\cdots,n)$$

显然

$$J_0(n) = \sum_{m=0}^{n} C_n^m p^m q^{n-m} = 1$$

且

$$J_0(n) = J_0(n-i) = 1 \quad (i=1,2,\cdots,n)$$

$$\begin{aligned}
J_k(n) &= \sum_{m=0}^{n} m^k C_n^m p^m q^{n-m} \\
&= np\sum_{m=1}^{n}[(m-1)+1]^{k-1}C_{n-1}^{m-1}p^{m-1}q^{n-m} \\
&= np\sum_{m=1}^{n}\sum_{i=0}^{k-1}C_{k-1}^{i}(m-1)^i C_{n-1}^{m-1}p^{m-1}q^{n-m} \\
&= np\sum_{i=0}^{k-1}C_{k-1}^{i}\sum_{m=1}^{n}(m-1)^i C_{n-1}^{m-1}p^{m-1}q^{(n-1)-(m-1)} \\
&= np\sum_{i=0}^{k-1}C_{k-1}^{i}J_i(n-1)
\end{aligned}$$

从而得递推公式

$$J_k(n) = np\sum_{i=0}^{k-1}C_{k-1}^{i}J_i(n-1)$$

利用上递推公式可求出 X 的三、四阶原点矩:

$$J_1(n) = npJ_0(n-1) = np$$

$$\begin{aligned}
J_2(n) &= np[J_0(n-1)+J_1(n-1)] \\
&= np[1+(n-1)p] \\
&= np(q+np)
\end{aligned}$$

$$\begin{aligned}
J_3(n) &= np\sum_{i=0}^{2}C_2^i J_i(n-1) \\
&= np[J_0(n-1)+2J_1(n-1)+J_2(n-1)] \\
&= np\{1+2(n-1)p+(n-1)p[q+(n-1)p]\} \\
&= np[1+3(n-1)p+(n-1)(n-2)p^2]
\end{aligned}$$

$$J_4(n) = np\sum_{i=0}^{3}C_3^i J_i(n-1)$$

$$= np[J_0(n-1) + 3J_1(n-1) + 3J_2(n-1) + J_3(n-1)]$$
$$= np\{1 + 3(n-1)p + 3(n-1)p(q + (n-1)p) + (n-1)p[1 + 3(n-2)p + (n-2)(n-3)p^2]\}$$
$$= np[1 + 7(n-1)p + 6(n-1)(n-2)p^2 + (n-1)(n-2)(n-3)p^3]$$

如用 v_k 表示 k 阶原点矩，u_k 表示 k 阶中心矩，根据原点矩和中心矩之间的关系，可得

$$\begin{aligned} u_3 &= v_3 - 3v_2v_1 + 2v_1^3 \\ &= np[1 + 3(n-1)p] + 2n^3p^3 \\ &= np(1-p)(1-2p) \\ &= npq(q-p) \end{aligned}$$

同理

$$\begin{aligned} u_4 &= v_4 - 4v_3v_1 + 6v_2v_1^2 - 3v_1^4 \\ &= npq[1 + 3(n-2)pq] \end{aligned}$$

显然，使用递推法求随机变量数学特征的关键在于寻找递推关系式，一旦有了这种递推关系和初始值，便能经递推达到解题目的。

7）特征函数法

定义设 X 是一随机变量，称

$$\varphi(t) = E(e^{itX}) \quad (-\infty < t < +\infty)$$

为 X 的特征函数。

因为 $|e^{itX}| = 1$，所以 $E(e^{itX})$ 总是存在的，即任一随机变量的特征函数总是存在的。

依照特征函数与随机变量函数的数学期望的定义，若已知离散型随机变量 X 的分布列为 $P_k = P(X = x_k)(k = 1, 2, \cdots)$，则 X 的特征函数为

$$\varphi(t) = \sum_{k=1}^{+\infty} e^{itx_k} p_k \quad (-\infty < t < +\infty)$$

可以证明：若 $E(X^l)$ 存在，则 X 的特征函数 $\varphi(t)$ 可 l 次求导，且对 $1 \leqslant k \leqslant l$，有

$$\varphi^{(k)}(0) = i^k E(X^k)$$

此式提供了一条求随机变量各阶矩的途径，即有

$$E(X^k) = \frac{1}{i^k}\varphi^{(k)}(0)$$

再根据原点矩和中心矩之间的关系，可以求出相应的各阶中心矩。比如求数学期望与方差：

$$E(X) = \frac{\varphi'(0)}{i}, \quad \mathrm{Var}(X) = -\varphi''(0) + (\varphi'(0))^2$$

【例 3.4.27】 设随机变量 $X \sim b(n, p)$，试求出 X 的数学期望与方差。

解 由于二项分布 $X \sim b(n, p)$ 的特征函数为

$$\varphi(t) = (pe^{it} + q)^n$$

所以

$$E(X) = \frac{\varphi'(0)}{i} = \frac{n(pe^{it} + q)pe^{it} \cdot i}{i}\Big|_{t=0} = np$$

$$\begin{aligned} \mathrm{Var}(X) &= -\varphi''(0) + (\varphi'(0))^2 \\ &= -np[(n-1)p + 1]i^2 + n^2p^2i^2 \\ &= np(1-p) \end{aligned}$$

显然，在已知分布特征函数的情形下利用此法求数字特征较方便。但在未知分布特征函数时，为求数字特征而先去求特征函数，然后再按此法去求倒是有点舍近求远了。不过，特征函数法总归是求数字特征的一种途径。

可见，人们常说直截了当，但在概率论中，常常会有间接便当。

5. 随机变量函数的分布

所谓 $Y=G(X)$，简单地说 Y 就是每一个取值 y_i 对应于 X 的取值 x_i 满足 $y_i=G(x_i)$ 的随机变量。基于此，已知 X 的取值可确定出 Y 的取值，再利用 $X=x_i$ 求出 Y 取值 y_i 的概率即可。其思维方法就是"等价事件转换法"，由于不管从取值，还是从概率上 Y 均依赖于 X，所以，针对于 X 的分布律表达形式，可直观地采用以下方法：

(1) 倒表法

当已知的 X 的分布列用表格表示时，利用此法直观简便，不易出错。具体做法：

① 将 X 的概率分布列

X	x_1	x_2	…	x_n
P	p_1	p_2	…	p_n

两行互调为

P	p_1	p_2	…	p_n
X	x_1	x_2	…	x_n

(倒表法的"倒"字就是由此表而来。)

② 将 $Y=G(X)$ 加入上表的第三行(多个函数可依次下加)，且根据 X 的取值 x_i 分别求出 Y 的取值 $G(x_i)$ $(i=1,2,\cdots,n)$。如：

P	p_1	p_2	…	p_n
X	x_1	x_2	…	x_n
$Y=G(X)$	$G(x_1)$	$G(x_2)$	…	$G(x_n)$

③ 若 $G(x_i)$ 中无相同者，将其由小到大排序与对应的概率 p_i 列表即可；若 $G(x_i)$ 中有相同者，将其合并，对应的概率相加后再将其由小到大排序，与对应的概率列表即可。

【例 3.4.28】 已知离散型随机变量 X 的分布律为

X	-2	-1	0	1	3
P	$\frac{1}{5}$	$\frac{1}{6}$	$\frac{1}{5}$	$\frac{1}{15}$	$\frac{11}{30}$

试求：$Y=X^2$ 与 $Z=|X|$ 的分布律。

解 用倒表法，得

P	$\frac{1}{5}$	$\frac{1}{6}$	$\frac{1}{5}$	$\frac{1}{15}$	$\frac{11}{30}$
X	-2	-1	0	1	3
$Y=X^2$	4	1	0	1	9
$Z=\|X\|$	2	1	0	1	3

从而有

Y	0	1	4	9
P	$\frac{1}{5}$	$\frac{7}{30}$	$\frac{1}{5}$	$\frac{11}{30}$

Z	0	1	2	3
P	$\frac{1}{5}$	$\frac{7}{30}$	$\frac{1}{5}$	$\frac{11}{30}$

(2) 等价事件转换法

"等价事件转换法"多适用于已知自变量的概率分布律,用概率函数给出时的情形。

【例 3.4.29】 设随机变量的概率分布律为 $P(X=k)=\left(\frac{1}{2}\right)^k(k=1,2,\cdots)$,令

$$Y=\begin{cases}1 & \text{当 } X \text{ 取偶数时}\\ -1 & \text{当 } X \text{ 取奇数时}\end{cases}$$

求:随机变量 X 的函数 Y 的分布律。

解 依据事件等价的内涵,得

$$P(Y=1)=P(X=2)+P(X=6)+\cdots+P(X=2k)+\cdots$$

$$=\frac{1}{4}+\frac{1}{16}+\cdots=\frac{\frac{1}{4}}{1-\frac{1}{4}}=\frac{1}{3}$$

从而 $P(Y=-1)=1-\frac{1}{3}=\frac{2}{3}$。

即 Y 的分布律为

Y	-1	1
P	$\frac{2}{3}$	$\frac{1}{3}$

【例 3.4.30】 已知随机变量 X 的分布律为 $P(X=n)=\frac{1}{2^n}(n=1,2,\cdots)$。求 $Y=\sin\left(\frac{\pi}{2}X\right)$的分布律。

解 由于 X 只取正整数值,因此 $\frac{\pi}{2}X$ 取值为 $\frac{\pi}{2}$ 的正整数倍,故随机变量 $Y=\sin\left(\frac{\pi}{2}X\right)$只取 $-1,0,1$ 这三个值,对应的概率分别为

$$P\{Y=-1\}=P\left\{\sin\frac{\pi}{2}X=1\right\}=P\{\bigcup_{k=1}^{\infty}(X=4k-1)\}$$

$$=\sum_{k=1}^{\infty}P(X=4k-1)=\sum_{k=1}^{\infty}\frac{1}{2^{4k-1}}=\frac{2}{15}$$

$$P\{Y=0\}=P\left\{\sin\frac{\pi}{2}X=0\right\}=P\{\bigcup_{k=1}^{\infty}(X=2k)\}$$

$$=\sum_{k=1}^{\infty}P(X=2k)=\sum_{k=1}^{\infty}\frac{1}{2^{2k}}=\frac{1}{3}$$

$$P\{Y=1\}=P\left\{\sin\frac{\pi}{2}X=1\right\}=P\{\bigcup_{k=1}^{\infty}(X=4k-3)\}$$

$$=\sum_{k=1}^{\infty}P(X=4k-3)=\sum_{k=1}^{\infty}\frac{1}{2^{4k-3}}=\frac{8}{15}$$

于是,可得 Y 的分布律为

Y	-1	0	1
P	$\frac{2}{15}$	$\frac{1}{3}$	$\frac{8}{15}$

由上述可以看出,在求离散型随机变量的函数的分布中,不管是应用"倒表法",还是应用"等价事件转换法",其思维都是进行等价事件转换。只是因为已知 X 的分布律用表格表示时,转换用表格更直观、方便,所以用了"倒表法",而对于已知 X 的分布律用函数表示时,通过数学的方法进行等量变换更严谨、可靠,所以利用量的关系直接用了"等价事件转换法"。

3.4.2.2 多维情形

n 维随机变量是定义在同一样本空间上 n 个随机变量的总体,它的引入不仅可以更全面地刻画随机现象,而且可以较方便地求出:多维随机变量的整体规律的联合分布律;组成总体的每一个分量的规律的边际分布;刻画分量关系的特征数。下面仅以二维随机变量为例,就几个主要常见问题的处理与技巧加以介绍,三维及其以上可以依此类推。

与一维离散型随机变量类似,对于二维离散型随机变量(随机向量)(X,Y)而言,由于既要考虑 X 又要兼顾 Y,描述它规律的方式分布律与分布函数分别成为联合分布律与联合分布函数。

1. 求联合分布律(列)

定义如果(X,Y)只取有限个或可列个数对(x_iy_j),则称(X,Y)为二维离散随机变量,称 $p_{ij}=P(X=x_{i,}Y=y_j)(i,j=1,2,\cdots)$为$(X,Y)$的联合分布列(律)。

显然,要求出二维离散随机变量的联合分布列,只要针对所研究对象找出(X,Y)的一切可能取值$(x_i,y_j)(i,j=1,2,\cdots)$,并求出相对应的一切概率即可。其求解手段可以直接求,也可以间接求,结果的表现形式依然如一维离散随机变量那样,有"表格"和"函数"。

(1) 表格

对于二维离散随机变量(X,Y),描述其概率分布的"表格"依然是所有取值与对应概率的集合。从这个意义上讲,一般理论上处理为:

① 由题意找出(X,Y)的所有可能取值$(x_i,y_j)(i,j=1,2,\cdots)$；

② 求出所有的$p_{ij}=P(X=x_i, Y=y_j)(i,j=1,2,\cdots)$；

③ 将①②用二维联列表列出即可。

但考虑到(X,Y)取值的复杂性，再找取值的过程中容易出现遗漏，同时求概率时也会感到比较盲目。若如下操作，即可减少一些困惑，也会增加解决问题过程中的目的性和成就感。

【例 3.4.31】 将一枚均匀硬币掷 3 次，以 X 记正面出现的次数，Y 记正面出现的次数与反面出现的次数之差的绝对值，求随机变量(X,Y)的分布列。

解 由题，X 的可能取值为 0,1,2,3，Y 的取值为 1,3，将其信息列表如下：

Y \ X	0	1	2	3
1				
3				

然后对表中的每组数对依次从前到后计算出概率进行填充：

$P(X=0,Y=1)=P(\Phi)=0$

$P(X=0,Y=3)=P(3\text{ 次掷中全出现反面})=\left(\frac{1}{2}\right)^3=\frac{1}{8}$

$P(X=1,Y=1)=P(3\text{ 次掷中恰出现 1 次正面})=C_3^1\left(\frac{1}{2}\right)\left(\frac{1}{2}\right)^2=\frac{3}{8}$

$P(X=1,Y=3)=P(\Phi)=0$

$P(X=2,Y=1)=P(3\text{ 次掷中恰出现 2 次正面})=C_3^2\left(\frac{1}{2}\right)^2\left(\frac{1}{2}\right)=\frac{3}{8}$

$P(X=2,Y=3)=P(\Phi)=0$

$P(X=3,Y=1)=P(\Phi)=0$

$P(X=3,Y=3)=P(3\text{ 次掷中全出现正面})=\left(\frac{1}{2}\right)^3=\frac{1}{8}$

从而，得

Y \ X	0	1	2	3
1	0	3/8	3/8	0
3	1/8	0	0	1/8

最后，再用 $p_i\geqslant 0$，$\sum_i p_i=1$ 验证一下，进一步强化可靠性。一般意义上讲，若满足，极大可能此即为所求(X,Y)的联合分布列。

可将上述过程简单地归纳为 12 个字：“找取值，列表格，做填空（求概率），后验证”。

一旦掌握了这 12 个字的内涵和操作要领，在解决此类问题上就可以少走弯路，少犯错误。

同样，对于三维随机变量(X_1,X_2,X_3)，也可类同于二维随机变量依次操作，从而获得所求。

【例 3.4.32】 口袋中有 5 个白球、8 个黑球，从中不放回地一个接一个取出 3 个，如果第 i 次取出的是白球，则令 $X_i=1$，否则令 $X_i=0(i=1,2,3)$。求：(X_1,X_2,X_3)的联合分布列。

解 由题意及古典概率计算方法得(X_1,X_2,X_3)的联合分布列如下：

X_1	X_2	X_3	P
0	0	0	0.1958
0	0	1	0.1632
0	1	0	0.1632
0	1	1	0.0932
1	0	0	0.1632
1	0	1	0.0932
1	1	0	0.0932
1	1	1	0.0350

其中

$$P(X_1=0,X_2=0,X_3=0)=\frac{8\times 7\times 6}{13\times 12\times 11}=0.1958$$

$$\begin{aligned}P(X_1=0,X_2=0,X_3=1)&=P(X_1=0,X_2=1,X_3=0)=P(X_1=1,X_2=0,X_3=0)\\&=\frac{8\times 7\times 5}{13\times 12\times 11}=0.1632\end{aligned}$$

$$\begin{aligned}P(X_1=0,X_2=1,X_3=1)&=P(X_1=1,X_2=0,X_3=1)=P(X_1=1,X_2=1,X_3=0)\\&=\frac{5\times 4\times 8}{13\times 12\times 11}=0.0932\end{aligned}$$

$$P(X_1=1,X_2=1,X_3=1)=\frac{5\times 4\times 3}{13\times 12\times 11}=0.0350$$

有时候，(X,Y)的客观背景不够明确，但给出了一些信息，借助此信息进一步挖掘就可以找到 p_{ij}之间的数量关系，从而求出(X,Y)联合分布列。

【例 3.4.33】 设随机变量 $X_i(i=1,2)$的分布列如下，且满足 $P(X_1X_2=0)=1$，试求：(X_1,X_2)的联合分布列。

X_i	-1	0	1
P	0.25	0.5	0.25

解 记(X_1,X_2)的联合分布列为

X_2 \ X_1	-1	0	1
-1	p_{11}	p_{12}	p_{13}
0	p_{21}	p_{22}	p_{23}
1	p_{13}	p_{32}	p_{33}

由 $P(X_1X_2=0)=1$ 知 $p_{12}+p_{21}+p_{22}+p_{23}+p_{32}=1$，所以 $p_{11}=p_{13}=p_{31}=p_{33}=0$。即

X_2 \ X_1	-1	0	1
-1	0	p_{12}	0
0	p_{21}	p_{22}	p_{23}
1	0	p_{32}	0

又因为

$$\begin{aligned}0.25= P(X=-1) &= P(X=-1,X_2=-1)+P(X_1=-1,X_2=0)\\ &\quad +P(X_1=-1,X_2=1)\\ &= p_{11}+p_{12}+p_{13}=p_{12}\end{aligned}$$

同理，由

$$P(X_1=1)=P(X_2=-1)=P(X_2=1)=0.25$$

可知

$$p_{32}=p_{21}=p_{23}=0.25$$

再由分布列的正则性，得 $p_{22}=0$。

从而得到(X_1,X_2)的联合分布列为

X_2 \ X_1	-1	0	1
-1	0	0.25	0
0	0.25	0	0.25
1	0	0.25	0

与一维离散型随机变量一样，对于二维离散型随机变量(X,Y)，其联合分布完全描述了其分布规律，因此，只要求得其联合概率分布，就可求得各种背景下的相关事件的概率。如在上例中要求 $P(X_1=X_2)$，则有 $P(X_1=X_2)=p_{11}+p_{22}+p_{33}=0$。

（2）函数

多维离散型随机变量联合分布律也可以用函数表示，它通过对随机变量规律的高度抽象，使形式严谨简洁，便于运算与推证。

【例 3.4.34】 100 个产品中有 50 件一等品、30 件二等品、20 件三等品。从中任取 5 件，以 X,Y 分别表示取出的 5 件中一等品、二等品的件数，在下列情况下求(X,Y)的联合分布列：① 不放回抽取；② 有放回抽取。

解 ① 这是一个三维超几何分布，若取出的 5 件中有 i 件一等品，j 件二等品，则有 $5-i-j$ 件三等品，所以当 $i=0,1,\cdots,5,j=0,1\cdots,5,i+j\leqslant5$ 时，有

$$P(X=i,Y=j)=\frac{C_{50}^{i}C_{30}^{j}C_{20}^{5-i-j}}{C_{100}^{5}}$$

② 这是一个三项分布，若取出的 5 件中有 i 件一等品，j 件二等品，则有 $5-i-j$ 件三等品，所以当 $i=0,1,\cdots,5,j=0,1,\cdots,5,i+j\leqslant5$ 时，有

$$P(X=i,Y=j)=\frac{5!}{i!j!(5-i-j)!}(0.5)^i(0.3)^j(0.2)^{5-i-j}$$

同于表格法，有了联合概率函数，也可以求得相关各种背景下的概率。

【例 3.4.35】 设二维离散型随机变量(X,Y)的分布为

$$p_{ij}=\frac{i+j}{30}\quad(i=0,1,2,3,j=0,1,2)$$

求：① $P(X>2,Y\leqslant 2)$；② $P(X>Y)$；③ $P(X+Y=4)$。

解 ① 事件$(X>2,Y\leqslant 2)$包含$(3,2),(3,1),(3,0)$，所以

$$P(X>2,Y\leqslant 2)=\frac{(3+2)+(3+1)+(3+0)}{30}=\frac{2}{5}$$

② 事件$(X>Y)$包含$(1,0),(2,1),(2,0),(3,2),(3,1),(3,0)$，所以

$$P(X>Y)=\frac{(1+0)+(2+1)+(2+0)+(3+2)+(3+1)+(3+0)}{30}=\frac{3}{5}$$

③ 事件$(X+Y=4)$包含$(2,2),(3,1)$，所以

$$P(X+Y=4)=\frac{(2+2)+(3+1)}{30}=\frac{4}{15}$$

同上，由联合分布列，依据 $F(x,y)=P(X\leqslant x,Y\leqslant y)=\sum\limits_{x_i\leqslant x}\sum\limits_{y_j\leqslant y}p_{ij}$ 极易求得联合分布函数，在此不再一一举例。

2. 边际(边缘)分布

组成多维随机变量的每个分量及低于总维数的联合分布称为多维随机变量的边际分布。相对于联合分布、联合分布函数分别有对应的边际分布函数、边际分布列。

(1) 边际分布函数

在二维随机变量(X,Y)中，若已知其分布函数为$F(x,y)$，分别令 $y\to+\infty$，$x\to+\infty$，由于$(Y<+\infty)$，$(X<+\infty)$是必然事件，故可分别得到

$$F_X(x)=P(X\leqslant x)=P(X\leqslant x,Y\leqslant+\infty)=\lim_{y\to\infty}F(x,y)\triangleq F(x,+\infty)$$

$$F_Y(y)=P(Y\leqslant y)=P(X\leqslant+\infty,Y\leqslant y)=\lim_{x\to\infty}F(x,y)\triangleq F(+\infty,y)$$

此举不仅得到了由联合分布函数求其边际分布函数的途径，而且也凸显了一种思维：由整体求局部可反其道由局部出发，通过构建必然事件沟通与总体之间的联系，形成解题通道。这种思维在概率论中有着广泛的应用空间。

【例 3.4.36】 设二维随机变量(X,Y)的联合分布函数为

$$F(x,y)=\begin{cases}1-e^{-\lambda_1 x}-e^{-\lambda_2 y}+e^{-\lambda_1 x-\lambda_2 y-\lambda_{12}\max\{x,y\}} & (x>0,y>0)\\ 0 & (\text{其他})\end{cases}$$

试求：X 和 Y 各自的边际分布函数。

解 因为$\lim\limits_{y\to\infty}\{1-e^{-\lambda_1 x}-e^{-\lambda_2 y}+e^{-\lambda_1 x-\lambda_2 y-\lambda_{12}\max\{x,y\}}\}=1-e^{-\lambda_1 x}$；$\lim\limits_{x\to\infty}\{1-e^{-\lambda_1 x}-e^{-\lambda_2 y}+e^{-\lambda_1 x-\lambda_2 y-\lambda_{12}\max\{x,y\}}\}=1-e^{-\lambda_1 y}$。所以 X 和 Y 各自的边际分布函数为

$$F_X(x)=\begin{cases}1-e^{-\lambda_1 x} & (x>0)\\ 0 & (\text{其他})\end{cases},\quad F_Y(y)=\begin{cases}1-e^{-\lambda_2 y} & (y>0)\\ 0 & (\text{其他})\end{cases}$$

可见，这两个边际分布都是指数分布。

由于把二维离散型分布函数求其边际分布函数的问题转化为了求函数的极限问题，一

般来说这是很容易实现的，且不会发生计算错误。

在三维随机变量(X,Y,Z)的联合分布函数$F(x,y,z)$中，用类似的上述方法可以得到对应的所有边际分布函数：

$$F_X(x)=F(x,+\infty,+\infty)$$
$$F_Y(y)=F(+\infty,y,+\infty)$$
$$F_Y(y)=F(+\infty,+\infty,z)$$
$$F_{X,Y}(x,y)=F(x,y,+\infty)$$
$$F_{X,Z}(x,z)=F(x,+\infty,z)$$
$$F_{Y,Z}(y,z)=F(+\infty,y,z)$$

在更高维的场合，也可类似地从联合分布函数中获得所有的边际分布函数。比如，五维联合分布有5个一维边际分布、10个二维边际分布、10个三维边际分布和5个四维边际分布。其他可以类推。

(2) 边际分布列

设二维离散型随机变量(X,Y)的联合分布列为$P(X=x_i,Y=y_j)=p_{ij}(i,j=1,2,\cdots)$。则

$$\begin{aligned}P(X=x_i)&=P(X=x_i,Y=y_1)+P(X=x_i,Y=y_1)+\cdots+P(X=x_i,Y=y_j)+\cdots\\&=\sum_j P(X=x_i,Y=y_j)=\sum_j p_{ij}\triangleq p_{i\cdot}(i=1,2,\cdots)\end{aligned}$$

$$\begin{aligned}P(Y=y_j)&=P(X=x_1,Y=y_j)+P(X=x_2,Y=y_j)+\cdots+P(X=x_i,Y=y_j)+\cdots\\&=\sum_i P(X=x_i,Y=y_j)=\sum_i p_{ij}\triangleq p_{\cdot j}(j=1,2,\cdots)\end{aligned}$$

基于此，若已知(X,Y)的联合分布列，只需要分别对其中的行、列求和即可得到X与Y的边际分布列。

1) 已知(X,Y)的联合分布为表格形式

【例3.4.37】 设二维离散型随机变量(X,Y)的可能取值为$(0,0)$，$(-1,1)$，$(-1,2)$，$(1,0)$，且取这些值的概率依次为$\frac{1}{6}$，$\frac{1}{3}$，$\frac{1}{12}$，$\frac{5}{12}$，试求：X与Y各自的分布列。

解 由题设条件知，(X,Y)的联合分布列为

X \ Y	0	1	2
-1	0	$\frac{1}{3}$	$\frac{1}{12}$
0	$\frac{1}{6}$	0	0
1	$\frac{5}{12}$	0	0

从而得

$$\begin{aligned}P(X=-1)&=P(X=-1,Y=0)+P(X=-1,Y=1)+P(X=-1,Y=2)\\&=0+\frac{1}{3}+\frac{1}{12}=\frac{5}{12}\end{aligned}$$

即联合分布列中第一行各概率之和。

$$P(X=0)=P(X=0,Y=0)+P(X=0,Y=1)+P(X=0,Y=2)$$
$$=\frac{1}{6}+0+0=\frac{1}{6}$$

即联合分布列中第二行各概率之和。

$$P(X=1)=P(X=1,Y=0)+P(X=1,Y=1)+P(X=1,Y=2)$$
$$=\frac{5}{12}+0+0=\frac{5}{12}$$

即联合分布列中第三行各概率之和。

于是得到 X 的边际分布列为

X	-1	0	1
P	$\frac{5}{12}$	$\frac{1}{6}$	$\frac{5}{12}$

同理

$$P(Y=0)=P(X=-1,Y=0)+P(X=0,Y=0)+P(X=1,Y=0)$$
$$=0+\frac{1}{6}+\frac{5}{12}=\frac{7}{12}$$

即联合分布列中第一列各概率之和。

$$P(Y=1)=P(X=-1,Y=1)+P(X=0,Y=1)+P(X=1,Y=1)$$
$$=\frac{1}{3}+0+0=\frac{1}{3}$$

即联合分布列中第二列各概率之和。

$$P(Y=2)=P(X=-1,Y=2)+P(X=0,Y=2)+P(X=1,Y=2)$$
$$=\frac{1}{12}+0+0=\frac{1}{12}$$

即联合分布列中第三列各概率之和。

于是得到 Y 的边际分布列为

Y	0	1	2
P	$\frac{7}{12}$	$\frac{1}{3}$	$\frac{1}{12}$

把联合分布列与两个边际分布列合成如下：

X \ Y	0	1	2	P_i
-1	0	$\frac{1}{3}$	$\frac{1}{12}$	$\frac{5}{12}$
0	$\frac{1}{6}$	0	0	$\frac{1}{6}$
1	$\frac{5}{12}$	0	0	$\frac{5}{12}$
P_j	$\frac{7}{12}$	$\frac{1}{3}$	$\frac{1}{12}$	1

由此表的结构可以极易看出联合分布与边际分布的关系,中间部分为联合分布,边际(边缘)部分分别为 X 和 Y 的分布,之所以称其为“边际”分布就是由此而得。由于它集中了有关 X,Y 分布的所有信息,我们称此表为“全息表”。由此表出发可以得到我们要得到的许多结论,有了它,可以说是“所向无敌”。在后面的“定常数”“求条件分布”“判断独立性”等问题中大家可以看得一清二楚。正基于此,对二维离散型随机变量的诸多问题解决中常从构建“全息表”入手。

2) 已知(X,Y)的联合分布为函数形式

若(X,Y)的联合概率分布是用函数表示的,可以直接用 $p_{i\cdot}=\sum\limits_{i}p_{ij}, p_{\cdot j}=\sum\limits_{i}p_{ij}$ 通过函数的运算得到。

【例 3.4.38】 设二维随机变量(X,Y)的联合分布列为 $P(X=n,Y=m)=\dfrac{\lambda^n p^m(1-p)^{n-m}}{m!(n-m)!}\mathrm{e}^{-\lambda}(\lambda>0,0<p<1), m=0,1,\cdots,n, n=0,1,2,\cdots$。求 X 与 Y 的边际分布列。

解

$$P(X=n)=\sum_{m=0}^{n}P(X=n,Y=m)=\sum_{m=0}^{n}\frac{\lambda^n p^m(1-p)^{n-m}}{m!(n-m)!}\mathrm{e}^{-\lambda}$$

$$=\frac{\lambda^n\mathrm{e}^{-\lambda}}{n!}\sum_{m=0}^{n}\frac{n!}{m!(n-m)!}p^m(1-p)^{n-m}=\frac{\lambda^n\mathrm{e}^{-\lambda}}{n!}[p+(1-p)]^n$$

$$=\frac{\lambda^n\mathrm{e}^{-\lambda}}{n!}\quad(n=0,1,2,\cdots)$$

即 X 是服从参数为 λ 的泊松分布。

$$P(Y=m)=\sum_{n=m}^{+\infty}P(X=n,Y=m)=\sum_{n=m}^{+\infty}\frac{\lambda^n p^m(1-p)^{n-m}}{m!(n-m)!}\mathrm{e}^{-\lambda}$$

$$=\frac{\lambda^m p^m\mathrm{e}^{-\lambda}}{m!}\sum_{n=m}^{+\infty}\frac{\lambda^{n-m}}{(n-m)!}(1-p)^{n-m}=\frac{(\lambda p)^m\mathrm{e}^{-\lambda}}{m!}\mathrm{e}^{\lambda(1-p)}$$

$$=\frac{(\lambda p)^m}{m!}\mathrm{e}^{-\lambda p}\quad(m=0,1,2,\cdots)$$

即 Y 是服从参数为 λp 的泊松分布。

题中用到了 $\mathrm{e}^x=\sum\limits_{k=0}^{+\infty}\dfrac{x^k}{k!}$。

由此题的运算过程可以看出,若已知(X,Y)的联合列为函数形式求边际分布列的关键:一是搞清楚 X 和 Y 的取值,二是和式的准确计算。两种方法的选择至关重要,如果方法选择不当,要么计算不出,要么过程冗长。值得一提的是,在大多数情形下注意把高等数学与概率论方法相结合,就能做到过程方便,结果可靠。如前面提到的“整体化 1”和“化一般为特殊”都是常用之法。

3. 独立性的判断与应用

(1) 独立性的判断

对立性是概率论中人们最关注的问题之一,因为独立一旦成立,它将为诸多概率问题的解决带来极大方便。所以人们在研究多维随机变量时,总是首先要考虑分量之间是否独立

的问题。

依据1 若已知(X,Y)的联合分布列为$P(X=x_i,Y=y_j)(i,j=1,2,\cdots)$,则有

$$X,Y\text{ 独立}\Leftrightarrow p_{ij}=p_{i.}p_{.j}\quad(\text{对一切的 } i,j)$$

步骤 ① 由p_{ij}求出$p_{i.}$,$p_{.j}(i,j=1,2,\cdots)$;

② 对于一切的i,j,验证$p_{ij}=p_{i.}p_{.j}$是否全成立,若是则独立,若有一式不成立,则不独立。

依据2 若已知(X,Y)的联合分布函数为$F(x,y)$,则有

$$X,Y\text{ 独立}\Leftrightarrow F(x,y)=F_X(x)F_Y(y)$$

步骤类同于依据1,由于在离散型二维随机变量中很少有应用背景,在此不再赘述。

【例3.4.39】 在10件产品中有2件一级品、7件二级品和1件次品,从10件产品中无放回地抽取3件,用X表示其中的一级品数,Y表示其中的二级品数,求:

① (X,Y)的联合概率分布;

② X与Y的边际概率分布;

③ X与Y是否相互独立。

此问题对应的是一个三维超几何模型,显然可以非常方便地用概率函数来刻画联合概率分布。但考虑到②③,还是用表格的形式较好,因为这样更便于求边际分布及判断独立性。

解 ① 根据题意,X只能取0,1,2三个值,Y只能取0,1,2,3四个值,且有

$$p_{ij}=P(X=x_i,Y=y_j)=\frac{C_2^iC_7^jC_1^k}{C_{10}^3}$$

$$i+j+k=3\quad(i=0,1,2,j=0,1,2,3,k=0,1)$$

将(i,j)取各值的概率逐个算出,可得到所求的(X,Y)的联合分布列为

X \ Y	0	1	2	3
0	0	0	$\frac{21}{120}$	$\frac{35}{120}$
1	0	$\frac{14}{120}$	$\frac{42}{120}$	0
2	$\frac{1}{120}$	$\frac{7}{120}$	0	0

② 由①分别对行、列求和可得,X,Y的边际概率分布为

X	0	1	2	3
P	$\frac{1}{120}$	$\frac{21}{120}$	$\frac{63}{120}$	$\frac{35}{120}$

X	0	1	2
P	$\frac{56}{120}$	$\frac{56}{120}$	$\frac{8}{120}$

将①②的表合二为一,则得到"全息表"如下:

X \ Y	0	1	2	3	P_i
0	0	0	$\frac{21}{120}$	$\frac{35}{120}$	$\frac{56}{120}$
1	0	$\frac{14}{120}$	$\frac{42}{120}$	0	$\frac{56}{120}$
2	$\frac{1}{120}$	$\frac{7}{120}$	0	0	$\frac{8}{120}$
P_j	$\frac{1}{120}$	$\frac{21}{120}$	$\frac{63}{120}$	$\frac{35}{120}$	1

③ 由上表可以看出：$P(X=0,Y=0)=0$，但 $P(X=0)=\frac{56}{120}$，$P(Y=0)=\frac{1}{120}$。显然 $P(X=0,Y=0)\neq P(X=0)P(Y=0)$，因此，$X$ 与 Y 不相互独立。

由此例可以看出，对于二维离散型随机变量(X,Y)要判断其独立性，必须要对其所有取值(x_i,y_j)一一验证是否满足$p_{ij}=p_{i.}\cdot p_{.j}$，若全满足，则 X 与 Y 独立，否则就不独立。这种操作是很麻烦的。所以对于取值较多的二维随机变量，建议大家先构建“全息表”，由“全息表”看能否找到一组值(x_i,y_j)，使得 $p_{ij}\neq p_{i.}\cdot p_{.j}$，从而否定独立性。这样，就可以最大程度地避免一番辛苦却徒劳无功。

当然，若二维离散型随机变量有明确的背景，在求相关概率时，我们也可以根据经验从“是否相互影响”这个角度对独立与否直接进行判断。

(2) 独立性的应用

1) 定常数

根据联合分布列定常数，因为不论在何种条件下定常数都是归结为解方程或方程组的问题，正是有对一切 i,j，均有 $p_{ij}=p_{i.}\cdot p_{.j}$，为构建所需方程与方程组提供了广阔而又灵活的保证。

【例 3.4.40】 设随机变量(X,Y)的联合分布列为

X \ Y	y_1	y_2
x_1	a	$\frac{1}{9}$
x_2	$\frac{1}{9}$	b
x_3	c	$\frac{1}{3}$

若 X,Y 相互独立，求 a,b,c 的值。

解 由已知与由联合分布列求边际分布列的方法可得如下“全息表”：

X \ Y	y_1	y_2	p_i
x_1	a	$\frac{1}{9}$	$a+\frac{1}{9}$
x_2	$\frac{1}{9}$	b	$\frac{1}{9}+b$
x_3	c	$\frac{1}{3}$	$c+\frac{1}{3}$
p_j	$a+c+\frac{1}{9}$	$b+\frac{4}{9}$	1

根据独立性，由 $p_{22}=\left(b+\frac{1}{9}\right)\left(b+\frac{4}{9}\right)=b$ 解得 $b=\frac{2}{9}$，由 $p_{12}=\left(a+\frac{1}{9}\right)\left(b+\frac{4}{9}\right)=\frac{1}{9}$，解得 $a=\frac{1}{18}$，再由正则性 $\sum_j p_{\cdot j}=a+c+\frac{1}{9}+b+\frac{4}{9}=1$，解得 $c=\frac{1}{6}$。

前面我们提到了“广阔而灵活”，“广阔”是指所可建方程多，“灵活”是指在所建方程中有较强的可选择性。可见，“灵活”是值得注意的，因为恰当选择易解的方程，既能达到目的，投入成本又低，何乐而不为？

【例 3.4.41】 设随机变量(X,Y)的联合分布列为

X \ Y	0	1	2
0	0.06	0.15	α
1	β	0.35	0.21

问：当 α,β 为何值时，X 与 Y 相互独立？

解 由题知，得全息表：

X \ Y	0	1	2	p_i
0	0.06	0.15	α	$0.21+\alpha$
1	β	0.35	0.21	$0.56+\beta$
p_j	$0.06+\beta$	0.50	$0.21+\alpha$	1

若 $p_{ij}=p_{i\cdot}\cdot p_{\cdot j}$，则 X 与 Y 独立。从而，由 $0.15=p_{01}=p_{0\cdot}\cdot p_{\cdot 1}=0.50(0.21+\alpha)$ 解得 $\alpha=0.09$，再由 $0.35=p_{11}=p_{1\cdot}\cdot p_{\cdot 1}=(0.56+\beta)\times 0.50$，解得 $\beta=0.14$。

把 $\alpha=0.09,\beta=0.14$ 代入联合分布列均有 $p_{ij}=p_{i\cdot}\,p_{\cdot j}$，$i=0,1$，$j=0,1,2$，所以当 $\alpha=0.09,\beta=0.14$ 时，X 与 Y 相互独立。

显然，由于选择的巧妙，原本是解方程组的问题，结果演变成解两个一元一次方程，自然方便得多了。当然，求出一个后，一般都会利用 $\sum_i p_{i\cdot}=1$ 或 $\sum_j p_{\cdot j}=1$ 求另一个，此题之所以没这么做，是因为在未知独立但确保要独立之下必须对一切 i,j 都要验证，既然必须，两

者并用岂不更合理！所以在解概率题时，“走一步看一步”固然可以，但“风物长宜放眼量”统筹兼顾更值得提倡。

细究此二例，虽然都是利用独立性定常数，主要结构一样，但前例已明确独立，直接用独立性找等量建方程解方程即可，后例则由于独立性未知，要求常数确定后要确保 X 与 Y 独立，其解题手法略有不同，先利用局部独立定出参数值后，还要确保所有如此，因此必须一一进行验证。

2）由边际分布求联合分布

由例 3.4.36 可以看出，由联合分布可以确定边际分布，但有边际分布却不一定能确定联合分布，因为联合分布不仅囊括了各个个体的信息，而且还包含有由二个个体相结合而产生的新的信息，这是由任何个体所无法体现出来的。像例 3.4.36 中两个边际分布分别为 $X\sim \text{Exp}(\lambda_1)$，$Y\sim \text{Exp}(\lambda_2)$，但均无 λ_{12} 的信息，而联合分布中确有 λ_{12}。若组成二维随机变量的两个变量相互独立，由独立性的充要条件：X，Y 独立 $\Leftrightarrow p_{ij}=p_{i.}\,p_{.j}$，对一切的 i，j，即可由边际分布确定联合分布。

【例 3.4.42】 设 X 与 Y 独立，其概率分布列分别为

X	0	1
P	0.30	0.70

X	0	1	2
P	0.20	0.50	0.30

求：(X,Y) 的联合分布列。

解 由“全息表”的结构

X \ Y	0	1	2	$p_{i.}$
0				0.30
1				0.70
$p_{.j}$	0.20	0.50	0.30	1

及 X，Y 独立 $\Leftrightarrow p_{ij}=p_{i.}\,p_{.j}$，即可依次推得空白处 (X,Y) 的联合分布：

X \ Y	0	1	2	$p_{i.}$
0	0.06	0.15	0.09	0.30
1	0.14	0.35	0.21	0.70
$p_{.j}$	0.20	0.50	0.30	1

即 (X,Y) 的联合分布列为

X \ Y	0	1	2
0	0.06	0.15	0.09
1	0.14	0.35	0.21

自然，若已知边际分布为函数的形式，如边际概率函数、边际分布函数，只要 X 与 Y 独立，就极易由 $p_{ij}=p_{i\cdot}\cdot p_{\cdot j}$ 与 $F(x,y)=F_X(x)F_Y(y)$ 得到其联合概率函数与联合分布函数。因为在离散型二维随机变量中此种情况不常见，在此就不再举例赘述了。

4．二维离散型随机变量函数的分布

与一维离散型随机变量类似，已知一个二维离散型随机变量的联合分布列，求 $Z=g(X,Y)$ 的概率分布，可以采用"倒表法"与"等价事件转化法"，其中前者适用于给出的联合分布是表格的形式，后者适用于所给出的联合分布是函数的形式。

(1) 倒表法

【例 3.4.43】 设二维离散型随机变量(X,Y)的联合分布列为

X \ Y	1	2	3
0	0.05	0.15	0.20
1	0.07	0.11	0.22
2	0.04	0.07	0.09

试分别求 $U=\max\{X,Y\}$，$V=\min\{X,Y\}$ 与 $W=2X+3Y$ 分布列。

解 由题设，得

p_{ij}	0.05	0.15	0.20	0.07	0.11	0.22	0.04	0.07	0.09
(X,Y)	(0,1)	(0,2)	(0,3)	(1,1)	(1,2)	(1,3)	(2,1)	(2,2)	(2,3)
$U=\max\{X,Y\}$	1	2	3	1	2	3	2	2	3
$V=\min\{X,Y\}$	0	0	0	1	1	1	1	2	2
$W=2X+3Y$	3	6	9	5	8	11	7	10	13

把相同值合并对应概率相加后整理得

U	1	2	3
P	0.12	0.37	0.51

V	0	1	2
P	0.40	0.44	0.16

W	3	5	6	7	8	9	10	11	13
P	0.05	0.07	0.15	0.04	0.11	0.20	0.07	0.22	0.09

显然，不管是从理论上还是从实践上都可以看出：二维离散型随机变量的函数是一维随机变量。

(2) 等价事件转化法

【例 3.4.44】 设随机变量 X,Y 独立同分布，在以下情况下求随机变量 $Z=\max\{X,Y\}$的分布列。

① X 服从 $p=0.5$ 的二点分布；

② X 服从几何分布，即 $P(X=k)=(1-p)^{k-1}p(k=1,2,\cdots)$。

解 ① 因为 X 与 Y 的可能取值均为 0 或 1，所以 $Z=\max\{X,Y\}$的可能取值也为 0 或 1，因此

$$P(Z=0)=P(X=0,Y=0)=P(X=0)P(Y=0)=0.5\times 0.5=0.25$$

$$P(Z=1)=1-P(Z=0)=0.75$$

即有

Z	0	1
P	0.25	0.75

② 因为 X 与 Y 独立且同服从几何分布，所以

$$P(X\leqslant i)=\sum_{j=1}^{i}(1-p)^{j-1}p=p\cdot\frac{1-(1-p)^i}{1-(1-p)}=1-(1-p)^i\quad(i=1,2,\cdots)$$

由此，得

$$\begin{aligned}P(Z=i)&=P(Z\leqslant i)-P(Z\leqslant i-1)=P(X\leqslant i,Y\leqslant i)-P(X\leqslant i-1,Y\leqslant i-1)\\&=[1-(1-p)^i]^2-[1-(1-p)^{i-1}]^2\\&=-2(1-p)^i+(1-p)^{2i}+2(1-p)^{i-1}-(1-p)^{2i-2}\\&=(1-p)^{i-1}p[2-(1-p)^{i-1}-(1-p)^i]\quad(i=1,2,\cdots)\end{aligned}$$

5. 数字特征的计算

由于二维随机变量(X,Y)是由两个随机变量 X,Y 构成的总体，所以其数字特征除了有 $E(X)$，$E(Y)$，$\mathrm{Var}(X)$，$\mathrm{Var}(Y)$外，还引进了一个刻画 X 与 Y 线性相关程度的数字特征，记为

$$\mathrm{Corr}(X,Y)=\frac{\mathrm{Cov}(X,Y)}{\sqrt{\mathrm{Var}(X)}\sqrt{\mathrm{Var}(Y)}}$$

其中，$\mathrm{Cov}(X,Y)=E[(X-E(X))(Y-E(Y))]$称为协方差或相关矩。

求 $E(X)$，$E(Y)$可通过两种途径去完成：

(1) 由联合分布列直接求

即由

$$E(X)=\sum_i\sum_j x_iP(X=x_i,Y=y_j)=\sum_i\sum_j x_ip_{ij}$$

$$E(Y)=\sum_i\sum_j y_jP(X=x_i,Y=y_j)=\sum_i\sum_j y_jp_{ij}$$

(2) 通过降维化一维求

即由联合分布求得两个边际分布

$$p_{i.} = \sum_j p_{ij}, p_{.j} = \sum_i p_{ij}$$

然后再按一维随机变量的处理方法求出：

$$E(X) = \sum_i x_i p_{i.},\quad E(Y) = \sum_j y_j p_{.j}$$

其方法依然类似一维，以"整体化 1"及"化一般和为特殊和"为主要手段。

对于二维离散随机变量(X,Y)的函数的数学期望，其思维方法也完全类似于一维，用$E(g(X,Y)) = \sum_i \sum_j g(x_i,y_j)P(X = x_i, Y = y_j)$，或者先求出$g(X,Y)$的概率分布列，再用求一维随机变量的数学期望的方法去求得。

有了上述理论与方法，求其他数字特征一般如下进行：

$$\mathrm{Var}(X) = E(X^2) - (E(X))^2 \quad \text{（正态分布用定义）}$$

$$\mathrm{Cov}(X,Y) = E(XY) - E(X)E(Y)$$

$$\mathrm{Corr}(X,Y) = \frac{\mathrm{Cov}(X,Y)}{\sqrt{\mathrm{Var}(X)}\sqrt{\mathrm{Var}(Y)}}$$

下面仅以求刻画 X 与 Y 线性关系强弱程度的相关系数 $\mathrm{Corr}(X,Y)$为例加以讨论。

【例 3.4.45】 某箱装 100 件产品，其中一、二和三等品分别为 80、10 和 10 件，现从中随机取 1 件，定义 3 个随机变量 X_1, X_2, X_3 如下：

$$X_i = \begin{cases} 1 & \text{（若抽到 } i \text{ 等品，} i = 1,2,3\text{）} \\ 0 & \text{（其他）} \end{cases}$$

试求：随机变量 X_1 和 X_2 的相关系数 $\mathrm{Corr}(X_1,X_2)$。

解 因为 $X_1 \sim b(1,0.8)$，$X_2 \sim b(1,0.1)$，所以有

$$E(X_1) = 0.8, \mathrm{Var}(X_1) = 0.8 \times 0.2 = 0.16$$

$$E(X_2) = 0.1, \mathrm{Var}(X_2) = 0.1 \times 0.9 = 0.09$$

由多项分布可求得(X_1,X_2)的联合分布列如下：

X_1 \ X_2	0	1
0	0.1	0.1
1	0.8	0

由上表极易得到 X_1X_2 的分布列为

X_1X_2	0	1
P	1	0

所以 $E(X_1X_2) = 0$，由此得

$$\mathrm{Cov}(X_1,X_2) = E(X_1X_2) - E(X_1)E(X_2) = 0 - 0.8 \times 0.1 = -0.08$$

$$\mathrm{Corr}(X_1,X_2) = \frac{\mathrm{Cov}(X_1,X_2)}{\sqrt{\mathrm{Var}(X_1)}\sqrt{\mathrm{Var}(X_2)}} = \frac{-0.08}{\sqrt{0.16}\sqrt{0.09}} = -\frac{2}{3}$$

此题中，由于有了 X_1, X_2 分布的信息，根据分布即可定出期望和方差，所以省掉了一些计算程序，得到所要结果显得轻松得多。

同样，对于由两个随机变量函数组成的二维离散型随机变量，一般在已知自变量分布的前提下，应用随机变量数字特征的运算性质即可。

【例 3.4.46】 设随机变量 X 和 Y 独立同服从参数为 λ 的泊松分布，令 $U=2X+Y, V=2X-Y$。求：U 和 V 的相关系数 $\mathrm{Corr}(U,V)$。

解 因为

$$\mathrm{Var}(U)=\mathrm{Var}(2X+Y)=4\mathrm{Var}(X)+\mathrm{Var}(Y)=4\lambda+\lambda=5\lambda$$
$$\mathrm{Var}(V)=\mathrm{Var}(2X-Y)=4\mathrm{Var}(X)+\mathrm{Var}(Y)=4\lambda+\lambda=5\lambda$$
$$\mathrm{Cov}(U,V)=\mathrm{Cov}(2X+Y,2X-Y)=\mathrm{Cov}(2X,2X)+\mathrm{Cov}(Y,2X)$$
$$-\mathrm{Cov}(2X,Y)-\mathrm{Cov}(Y,Y)=4\mathrm{Var}(X)-\mathrm{Var}(Y)=3\lambda$$

由此得

$$\mathrm{Corr}(U,V)=\frac{\mathrm{Cov}(U,V)}{\sqrt{\mathrm{Var}(U)}\sqrt{\mathrm{Var}(V)}}=\frac{3\lambda}{5\lambda}=\frac{3}{5}$$

【例 3.4.47】 设随机变量 $X_1,X_2,\cdots,X_{2n}$ 的数学期望都为 μ，方差都为 $\sigma^2(\sigma^2>0)$，且任意两个变量的相关系数都为 ρ，令 $S_1=X_1+X_2+\cdots+X_n, S_2=X_{n+1}+X_{n+2}+\cdots+X_{2n}$。求证：$S_1,S_2$ 的相关系数为

$$\mathrm{Corr}(S_1,S_2)=\frac{n\rho}{1+(n-1)\rho}$$

证 由数学期望的性质，有

$$E(S_1)=E(X_1+X_2+\cdots+X_n)=E(X_1)+E(X_2)+\cdots+E(X_n)=n\mu$$
$$E(S_2)=E(X_{n+1}+X_{n+2}+\cdots+X_{2n})=E(X_{n+1})+E(X_{n+2})+\cdots+E(X_{2n})=n\mu$$

由方差的定义及性质，有

$$\begin{aligned}\mathrm{Var}(S_1)&=E\left[(X_1+X_2+\cdots+X_n)-E(X_1+X_2+\cdots+X_n)\right]^2\\&=E\left[(X_1-E(X_1))+(X_1-E(X_1))+\cdots+(X_n-E(X_n))\right]^2\\&=\sum_{i=1}^{n}E\left[X_i-E(X_i)\right]^2+\sum_{i\neq j}E\left[(X_i-E(X_i))(X_j-E(X_j))\right]\\&=\sum_{i=1}^{n}\mathrm{Var}(X_i)+\sum_{i\neq j}\mathrm{Cov}(X_i,X_j)\end{aligned}$$

将 $\mathrm{Var}(X_i)=\sigma^2, \mathrm{Cov}(X_i,X_j)=\rho\sqrt{\mathrm{Var}(X_i)\mathrm{Var}(X_j)}=\rho\sigma^2$ 代入上式，得

$$\mathrm{Var}(S_1)=n\sigma^2+(n^2-n)\rho\sigma^2$$

同理可得 $\mathrm{Var}(S_2)=n\sigma^2+(n^2-n)\rho\sigma^2$。又

$$E(S_1S_2)=E\left[\left(\sum_{i=1}^{n}X_i\right)\left(\sum_{j=1}^{n}X_{n+i}\right)\right]=\sum_{i,j=1}^{n}E(X_iX_{n+j})$$

上面最后的求和式是 n^2 项，且每一项有

$$E(X_iX_{n+j})=\mathrm{Cov}(X_i,X_{n+j})+E(X_i)E(X_{n+j})=\rho^2\sigma^2+\mu^2$$

于是即得

$$E(S_1S_2)=n^2(\rho\sigma^2+\mu^2)$$
$$\begin{aligned}\mathrm{Cov}(S_1,S_2)&=E(S_1S_2)-E(S_1)E(S_2)\\&=n^2(\rho\sigma^2+\mu^2)-n^2\mu^2=n^2\rho^2\sigma^2\end{aligned}$$
$$\mathrm{Corr}(S_1,S_2)=\frac{\mathrm{Cov}(S_1,S_2)}{\sqrt{\mathrm{Var}(S_1)}\sqrt{\mathrm{Var}(S_2)}}=\frac{n^2\rho^2\sigma^2}{n\sigma^2+(n^2-n)\rho\sigma^2}$$

$$= \frac{n\rho}{1+(n-1)\rho}$$

“化整为零，聚零为整”是解决复杂概率问题中的常用方法，同样，在计算随机变量的数字特征中也凸显出其优越性。

【例 3.4.48】 在一个有 n 个人参加的晚会上，每个人带了一件礼物，且假定各人带的礼物都不相同，晚会期间各人从放在一起的 n 件礼物中随机抽取一件，试求：抽中自己礼品的人数 X 的均值和方差。

解 记

$$X_i = \begin{cases} 1 & \text{第 } i \text{ 个人恰好取出自己的礼品} \\ 0 & \text{第 } i \text{ 个人取出别人的礼品} \end{cases} \quad (i=1,2,\cdots,n)$$

则 $X_1, X_2, \cdots X_n$ 同分布但不独立，其共同分布为

$$P(X_i=1)=\frac{1}{n},\quad P(X_i=0)=1-\frac{1}{n}\quad (i=1,2,\cdots,n)$$

由此得 $E(X_i)=\frac{1}{n}$，$\mathrm{Var}(X_i)=\frac{1}{n}\left(1-\frac{1}{n}\right)(i=1,2,\cdots,n)$。

又因为 $X=X_1+X_2+\cdots+X_n$，所以

$$E(X)=E(X_1)+E(X_2)+\cdots+E(X_n)=n\cdot\frac{1}{n}=1$$

但因为 X_i 间不独立，所以

$$\mathrm{Var}(X)=\sum_{i=1}^{n}\mathrm{Var}(X_i)+2\sum_{i=1}^{n}\sum_{j=i+1}^{n}\mathrm{Cov}(X_i,X_j)$$

由题知，X_iX_j 的可能取值为 0,1，且

$$P(X_iX_j=1)=P(X_i=1,X_j=1)=\frac{1}{n}\cdot\frac{1}{n-1}$$

所以

$$E(X_iX_j)=0\times P(X_iX_j=0)+1\times P(X_iX_j=1)=\frac{1}{n(n-1)}$$

因此

$$\mathrm{Cov}(X_i,X_j)=E(X_iX_j)-E(X_i)E(X_j)=\frac{1}{n(n-1)}-\left(\frac{1}{n}\right)^2=\frac{1}{n^2(n-1)}$$

由此得

$$\mathrm{Var}(X)=\frac{n-1}{n}+2\mathrm{C}_n^2\frac{1}{n^2(n-1)}=1$$

3.4.3 连续型随机变量相关的解题方法与技巧

3.4.3.1 一维情形

1. 定义与描述方式

(1) 定义

设 X 是随机变量，$F(x)$是其分布函数，如果存在一个非负可积函数 $p(x)$，使得对于任

意实数 x，有 $F(x)=\int_{-\infty}^{x}p(x)\mathrm{d}x$。则称 X 为连续型随机变量，$p(x)$称为 X 的概率密度。

(2) 性质

① 基本性质。

(a) $p(x)\geqslant 0$；(b) $\int_{-\infty}^{+\infty}p(x)\mathrm{d}x=1$。

其中(a)由定义即得，(b)由定义及分布函数的性质 $F(+\infty)=1$ 即得。

② 运算性质。

对于任意实数，$x_1<x_2$，有 $P(x_1<X\leqslant x_2)=\int_{x_1}^{x_2}p(x)\mathrm{d}x$。

事实上，有牛顿-莱布尼茨公式：$P(x_1<X\leqslant x_2)=F(x_2)-F(x_1)=\int_{x_1}^{x_2}p(x)\mathrm{d}x$。

(3) 连续型随机变量的描述方式

① 分布函数 $F(x)$；② 密度函数 $p(x)$。

由分布函数的定义，极易得到二者之间的关系：

$$p(x)\underset{\frac{\mathrm{d}}{\mathrm{d}x}F(x)}{\overset{\int_{-\infty}^{x}p(t)\mathrm{d}t}{\rightleftarrows}}F(x)$$

(4) 几个重要结论

连续随机变量取任一特定值的概率为 0，即对于任一实数 a，均有

$$P(X=a)=F(a)-F(a-0)=F(a)-F(a)=0$$

由此可以推出：

① 概率为 0 的事件未必是不可能事件，概率为 1 的事件也未必是必然事件；

② 对于连续随机变量 X 及任意的常数 $a,b(a<b)$，均有

$$P(a<X\leqslant b)=P(a<X<b)=P(a\leqslant X<b)=P(a\leqslant X\leqslant b)=\int_{a}^{b}p(x)\mathrm{d}x$$

③ 同一连续函数的表达式不唯一。

因为在定义域中除去个别点后不影响其概率，从概率的意义上是相等的。

例如，$p_1(x)=\begin{cases}\dfrac{1}{a} & (0\leqslant x\leqslant a)\\ 0 & (\text{其他})\end{cases}$ 与 $p_2(x)=\begin{cases}\dfrac{1}{a} & (0<x<a)\\ 0 & (\text{其他})\end{cases}$ 都是$(0,a)$上均匀分布的密度函数，显然有

$$P(p_1(x)\neq p_2(x))=P(X=0)+P(X=a)=0$$

2. 已知密度函数求分布函数

因为已知了 X 的函数 $p(x)$，要求其分布函数 $F(x)$，只需依据分布函数的定义 $F(x)=\int_{-\infty}^{x}p(x)\mathrm{d}x$ 即可。

整体思路与方法固然明确，但实施起来有一定难度。因为由密度函数 $p(x)$到分布函数 $F(x)$是通过积分实现的，因此确定被积函数与积分区域无疑是首要解决的关键问题。根据密度函数的分段形式，可按如下路径操作：

① 把密度函数的非零区间端点放在数轴上，从而将整个实数轴划分为若干个互斥区

间。如：

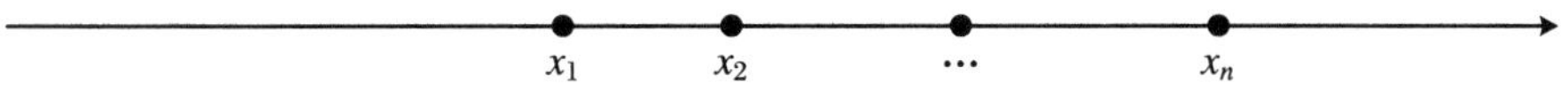

② 从左至右依次在各个区间内选取 x 计算 $F(x)=\int_{-\infty}^{x}p(x)\mathrm{d}x$；

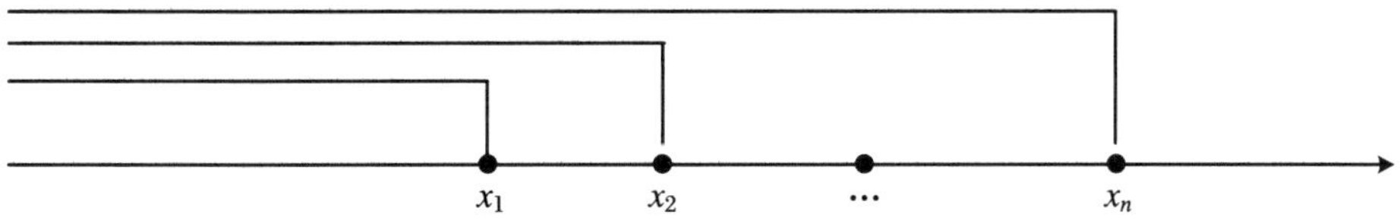

③ 将②中的所得结果用分段函数表出。

为之后表述方便，不妨称此为“三步法”。

【例 3.4.49】 设随机变量 X 的密度函数为

$$p(x)=\begin{cases}1+x & (-1\leqslant x<0)\\ 1-x & (0\leqslant x\leqslant 1)\\ 0 & (\text{其他})\end{cases}$$

试求：X 的分布函数。

解　将 $-1,0,1$ 放在实数轴上，自然将其分为 4 个互斥区间：

$$(-\infty,-1),[-1,0),[0,1],(1,+\infty)$$

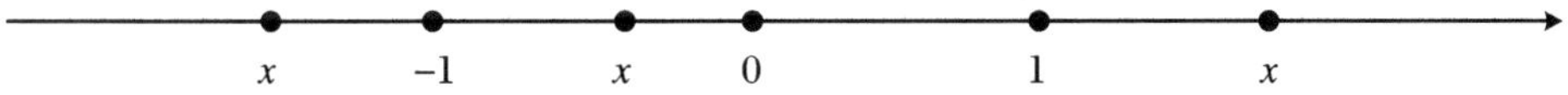

显然，有

当 $x<-1$ 时，$F(x)=\int_{-\infty}^{x}0\mathrm{d}t=0$；

当 $-1\leqslant x<0$ 时，$F(x)=\int_{-\infty}^{-1}0\mathrm{d}t+\int_{-1}^{x}(1+t)\mathrm{d}t=\frac{1}{2}x^2+x+\frac{1}{2}$；

当 $0\leqslant x\leqslant 1$ 时，$F(x)=\int_{-\infty}^{-1}0\mathrm{d}t+\int_{-1}^{0}(1+t)\mathrm{d}t+\int_{0}^{x}(1-t)\mathrm{d}t=-\frac{1}{2}x^2+x+\frac{1}{2}$；

当 $x>1$ 时，$F(x)=\int_{-\infty}^{-1}0\mathrm{d}t+\int_{-1}^{0}(1+t)\mathrm{d}t+\int_{0}^{1}(1-t)\mathrm{d}t+\int_{1}^{x}0\mathrm{d}t=1$。

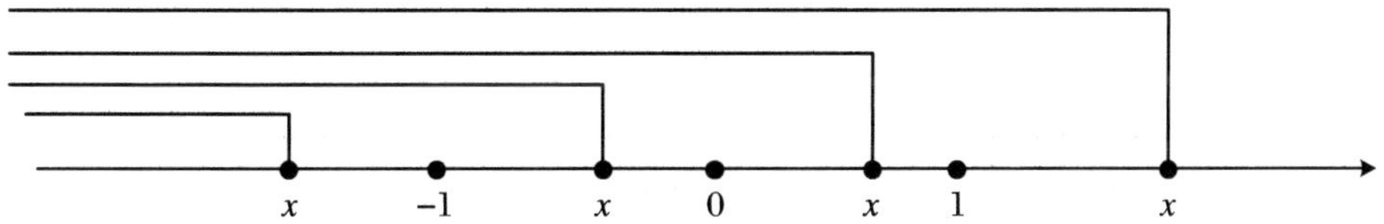

所以，X 的分布函数为

$$F(x)=\begin{cases}0 & (x<-1)\\ \frac{1}{2}x^2+x+\frac{1}{2} & (-1\leqslant x<0)\\ -\frac{1}{2}x^2+x+\frac{1}{2} & (0\leqslant x\leqslant 1)\\ 1 & (x>1)\end{cases}$$

前面多次讲到学科之间的相互融通可使得问题的解决事半功倍，此处若能抓住学科联姻的“可乘之机”，同样可缩短到达结果的路径。

事实上，随机变量 X 的密度函数可等价变形为

$$p(x)=\begin{cases}1-|x| & (-1\leqslant x\leqslant 1)\\ 0 & (\text{其他})\end{cases}$$

显然，它是[-1,1]区间上的偶函数，由此知

$$\int_{-1}^{0}p(x)\mathrm{d}x=\int_{-1}^{0}(1+x)\mathrm{d}x=\int_{0}^{1}(1-x)\mathrm{d}x=\int_{0}^{1}p(x)\mathrm{d}x=\frac{1}{2}$$

把此结果带入到上述解题的过程中解题的难度就降低了，且大大提升了可靠性。

在涉及连续型随机变量诸多问题时，一般已知所给与结果待求常常均是密度函数，但有些时候虽然没有直接给出随机变量密度函数的形式，但根据背景或图形可用数学的方法先求出密度函数，然后再按上述步骤即可求得分布函数 $F(x)$。

【例 3.4.50】 设随机变量 X 的密度函数的图形如图 3.16 所示，其中 $a>0$。

① 写出 X 密度函数的表达式；

② 求出 X 的分布函数 $F(x)$。

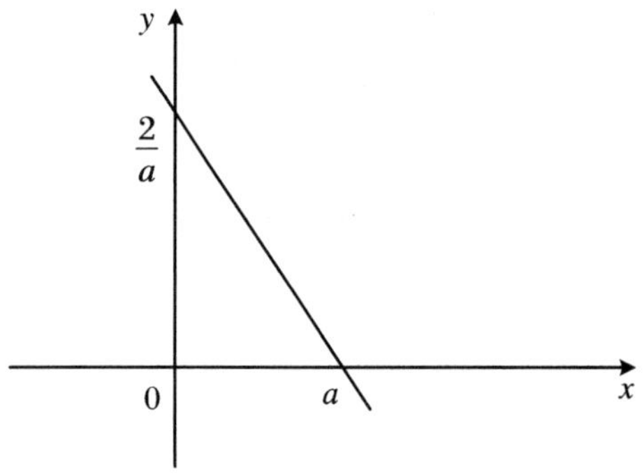

图 3.16 例 3.4.50 示意图

解 ① 由密度函数的图形与直线的斜截式方程可得出 X 的密度函数为

$$p(x)=\begin{cases}\dfrac{2}{a}-\dfrac{\frac{2}{a}}{a}x & (0<x<a)\\ 0 & (\text{其他})\end{cases}=\begin{cases}\dfrac{2}{a}-\dfrac{2x}{a^2} & (0<x<a)\\ 0 & (\text{其他})\end{cases}$$

② 利用前面介绍的“三步法”，得

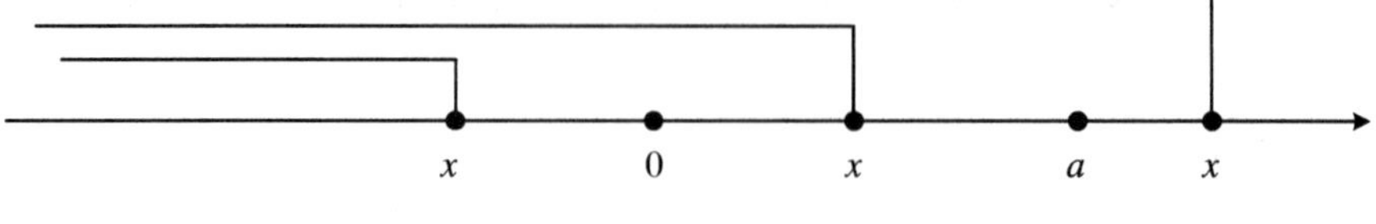

当 $x<0$ 时，$F(x)=\int_{-\infty}^{x}0\mathrm{d}t=0$；

当 $0\leqslant x<a$ 时，$F(x)=\int_{-\infty}^{0}0\mathrm{d}t+\int_{0}^{x}\left(\frac{2}{a}-\frac{2t}{a^2}\right)\mathrm{d}t=\frac{2x}{a}-\frac{x^2}{a^2}$；

当 $x\geqslant a$ 时，$F(x)=1$。

所以，X 的分布函数为

$$F(x)=\begin{cases}0 & (x<0)\\ \dfrac{2x}{a}-\dfrac{x^2}{a^2} & (0\leqslant x<a)\\ 1 & (x\geqslant a)\end{cases}$$

由上述例可以看出，如此设计程序(三步法)，由密度求分布函数时，把 x 由动态依次稳定于静态，这样实际上就相当于把不定积分变成了定积分，由于对应于各个区间密度函数的表达式已知，相应的被积函数也心知肚明，如此而为之，积分的关键全解决了。这样，不但操作方便，而且不容易出错。

3. 已知分布函数求密度函数

若 X 的分布函数 $F(x)$ 已知，X 的取值区间与其对应的分布函数明确，只需直接求导即可，即 $p(x)=\dfrac{\mathrm{d}}{\mathrm{d}x}F(x)$。

【例 3.4.51】 已知连续随机变量 X 的分布函数为

$$F(x)=A+B\arctan x\quad(-\infty<x<+\infty)$$

试确定常数 A 与 B，并求出 X 的概率密度函数 $p(x)$。

解 由分布函数的性质，有

$$\begin{cases}F(-\infty)=\lim\limits_{x\to-\infty}F(x)=A-\dfrac{\pi}{2}B=0\\ F(+\infty)=\lim\limits_{x\to+\infty}F(x)=A+\dfrac{\pi}{2}B=1\end{cases}$$

解得 $\begin{cases}A=\dfrac{1}{2}\\ B=\dfrac{1}{\pi}\end{cases}$，因此有

$$F(x)=\frac{1}{2}+\frac{1}{\pi}\arctan x\quad(-\infty<x<+\infty)$$

从而有

$$p(x)=F'(x)=\frac{1}{\pi(1+x^2)}\quad(-\infty<x<+\infty)$$

有时分布函数并未告知，但一定或明或暗地会展示出一个背景，此时你可根据所给信息求出 X 的分布函数，然后再求密度函数。由于分布函数与密度函数的依赖性，求其分布函数时要格外小心，否则一旦出错，后面一切皆错。

【例 3.4.52】 向半径为 R 的圆形靶射击，假定不会发生脱靶现象，弹着点落在以靶心为中心，$r(r\leqslant R)$为半径的圆形区域内的概率与该区域的面积成正比。设 X 为弹着点与靶心的距离，试求 X 的密度函数。

解 由题意，有 $0\leqslant X\leqslant R$。

当 $x<0$ 时，$F(x)=P(X\leqslant x)=0$；当 $x\geqslant R$ 时，$F(x)=P(X\leqslant x)=1$。

当 $0\leqslant x<R$ 时，$F(x)=P(X\leqslant x)=k\pi x^2$，且有 $P(X\leqslant R)=k\pi R^2=1$，因此 $k=\dfrac{1}{\pi R^2}$，$F(x)=\left(\dfrac{x}{R}\right)^2$。因此

$$F(x)=\begin{cases}0 & (x<0)\\ \dfrac{x^2}{R^2} & (0\leqslant x<R)\\ 1 & (x\geqslant R)\end{cases}$$

4. 计算概率

由于连续随机变量的表达形式要么是密度函数，要么是分布函数，要求概率，若给出的区间是明确的，只要依据下式即可，即

$$P(a<X\leqslant b)=P(a<X<b)=P(a\leqslant X<b)=P(a\leqslant X\leqslant b)=\int_a^b p(x)\mathrm{d}x$$

若区间的内涵已定，具体的 a,b 待定，那就必须根据内涵定出 a,b，然后利用上式即得。

【例 3.4.53】 设随机变量 X 服从 $(0,5)$ 上的均匀分布，求方程 $4t^2+4Xt+X+2=0$ 有实根的概率。

解 显然，当且仅当 $\Delta=(4X)^2-16(X+2)\geqslant 0$ 成立时，方程 $4t^2+4Xt+X+2=0$ 有实根，上述不等式的解为 $X\geqslant 2$ 或 $X\leqslant -1$。

因此，该方程有实根的概率为

$$p=P(X\geqslant 2)+P(X\leqslant -1)=P(X\geqslant 2)=P(2\leqslant X\leqslant 5)=\int_2^5\frac{1}{5}\mathrm{d}x=\frac{3}{5}$$

一般，积分区间是待求概率的区间与密度函数非零区间的交集。

【例 3.4.54】 设连续随机变量 X 的分布函数为

$$F(x)=\begin{cases}0 & (x<0)\\ Ax^2 & (0\leqslant x<1)\\ 1 & (x\geqslant 1)\end{cases}$$

试求：① 系数 A；

② X 的密度函数；

③ X 落在区间 $(0.3,0.7)$ 内的概率。

解 ① 由 $F(x)$ 的连续性，有 $1=F(1)=\lim\limits_{x\to 1-0}F(x)=\lim\limits_{x\to 1-0}Ax^2=A$，由此得 $A=1$；

② X 的密度函数为 $p(x)=F'(x)=\begin{cases}2x & (0<x<1)\\ 0 & (\text{其他})\end{cases}$；

③ 既已知分布函数，又已知密度函数，利用二者均可求得 $P(0.3<X<0.7)$，即

$$P(0.3<X<0.7)=\int_{0.3}^{0.7}2x\mathrm{d}x=x^2\Big|_{0.3}^{0.7}=0.49-0.09=0.40$$

或

$$P(0.3<X<0.7)=F(0.7)-F(0.3)=0.7^2-0.3^2=0.49-0.09=0.40$$

显然，后者较简便。

一般来说，在同时已知密度函数和分布函数求区间概率时，显然用分布函数求简便。因为它只是进行了函数的基本运算。从运算的基本过程来看，利用密度函数要计算定积分，即要按照牛顿—莱布尼茨公式先求出一个原函数，再将积分上、下限代入求差值。而用分布函数求相当于“倚天抽宝剑，把汝裁为两截”，略去了前段求原函数的运算只进行了后段运算而已。

值得一提的是，针对连续型随机变量求概率时主要注意以下几点：

1）利用分布函数求

利用分布函数求区间概率时，就要计算分布函数在此区间上的增量，由于分布函数一般是分段函数，所以应用时一定要找准其区间端点所对应的区间，对应函数值的针对性才能保证所得结果的正确性。

【例 3.4.55】 学生完成一道作业的时间 X 是一个随机变量，单位为小时，它的密度函数为

$$p(x)=\begin{cases}21x^2+x & (0\leqslant x\leqslant 0.5)\\ 0 & (\text{其他})\end{cases}$$

① 写出 X 的分布函数；

② 试求在 20 分钟内完成一道作业的概率；

③ 试求在 10 分钟内完成一道作业的概率；

④ 试求在 10～20 分钟完成一道作业的概率。

解 ① 由于密度函数的非零区间端点为 0，0.5，所以可讨论如下：

当 $x<0$ 时，$F(x)=\int_{-\infty}^{x}0\mathrm{d}t=0$；

当 $0\leqslant x<0.5$ 时，$F(x)=\int_{-\infty}^{0}0\mathrm{d}t+\int_{0}^{x}(21t^2+t)\mathrm{d}t=7x^3+\frac{1}{2}x^2$；

当 $x>0.5$ 时，$F(x)=\int_{-\infty}^{0}0\mathrm{d}t+\int_{0}^{0.5}(21t^2+t)\mathrm{d}t+\int_{0.5}^{x}0\mathrm{d}t=1$。

综上所述，X 的分布函数为

$$F(x)=\begin{cases}0 & (x<0)\\ 7x^3+\frac{1}{2}x^2 & (0\leqslant x<0.5)\\ 1 & (x\geqslant 0.5)\end{cases}$$

② 所求概率为 $P\left(X\leqslant\frac{1}{3}\right)=F\left(\frac{1}{3}\right)=\frac{7}{27}+\frac{1}{18}=\frac{17}{54}$。

③ 所求概率为 $P\left(X>\frac{1}{6}\right)=1-P\left(X\leqslant\frac{1}{6}\right)=1-F\left(\frac{1}{6}\right)=1-\left(\frac{7}{216}+\frac{1}{72}\right)=\frac{103}{108}$。

④ 所求概率为 $P\left(\frac{1}{6}\leqslant X\leqslant\frac{1}{3}\right)=F\left(\frac{1}{3}\right)-F\left(\frac{1}{6}\right)=\frac{17}{54}-\frac{5}{108}=\frac{29}{108}$。

2）利用密度函数求

连续随机变量的概率规律多用分布密度表示，因此，求连续型随机变量的相关概率时常常要通过求定积分来完成。众所周知，一个定积分结论的获得，就要确保被积函数的针对性与积分区间的正确性，因此，找准积分区间与对应密度函数的具体形式是正确解题的关键，尤其积分区间的选择是重中之重。

【例 3.4.56】 设 X 的密度函数为

$$p(x)=\begin{cases}x & (0\leqslant x<1)\\ 2-x & (1\leqslant x<2)\\ 0 & (\text{其他})\end{cases}$$

试求 $P(X\leqslant 1.5)$。

解 由所给密度函数知所求概率为

$$P(X \leqslant 1.5) = \int_0^1 x\mathrm{d}x + \int_1^{1.5}(2-x)\mathrm{d}x = 0.875$$

3）多种分布融合求概率

在求连续随机变量的概率时，常常会遇到多种分布的融合题，其中大多数涉及连续分布与二项分布的融合，其框架基本上是最后的结果是求与二项分布相关的概率，但 p 未知，这时可利用连续型随机变量求概率的途径获得。

【例 3.4.57】 设随机变量 X 的密度函数为

$$p(x) = \begin{cases} 3x^2 & (0 < x < 1) \\ 0 & (\text{其他}) \end{cases}$$

用 Y 表示对 X 的 3 次独立重复观察中事件 $\left\{X \leqslant \frac{1}{2}\right\}$ 出现的次数，求：

① $\left\{X \leqslant \frac{1}{2}\right\}$ 至少出现 1 次的概率；

② $\left\{X \leqslant \frac{1}{2}\right\}$ 恰好出现 2 次的概率。

解 由题知，$Y \sim b(3,p)$，而 $p = P\left(X \leqslant \frac{1}{2}\right) = \int_0^{\frac{1}{2}} 3x^2\mathrm{d}x = \frac{1}{8}$，则

① 事件 $\left\{X \leqslant \frac{1}{2}\right\}$ 至少出现 1 次的概率为

$$P(Y \geqslant 1) = 1 - P(Y = 0) = 1 - \left(1 - \frac{1}{8}\right)^3 = \frac{169}{512}$$

② 事件 $\left\{X \leqslant \frac{1}{2}\right\}$ 恰好出现 2 次的概率为

$$P(Y = 2) = \mathrm{C}_3^2\left(\frac{1}{8}\right)^2\left(1 - \frac{1}{8}\right) = \frac{21}{512}$$

【例 3.4.58】 假设测量的随机误差 $X \sim N(0,10^2)$，试求在 100 次独立重复测量中，至少有 3 次测量误差的绝对值大于 19.6 的概率 α。并利用泊松分布求出 α 的近似值。

解 每次测量误差的绝对值大于 19.6 的概率为

$$p = P\{|X| > 19.6\} = P\left\{\frac{|X|}{10} > 1.96\right\} = 0.05$$

设 Y 表示 100 次独立重复试验中事件 $\{|X| > 19.6\}$ 出现的次数，则 $Y \sim b(100,0.05)$。所求概率为

$$\begin{aligned}\alpha &= P(Y \geqslant 3) = 1 - P(Y < 3) = 1 - P(Y = 0) - P(Y = 1) - P(Y = 2) \\ &= 1 - 0.95^{100} - \mathrm{C}_{10}^1 \times 0.95^{99} \times 0.05 - \mathrm{C}_{10}^2 \times 0.95^{98} \times 0.05^2\end{aligned}$$

由泊松定理，Y 近似服从参数为 $\lambda = np = 100 \times 0.05 = 5$ 的泊松分布，即

$$P(Y = k) = \mathrm{C}_{100}^k\,(0.95)^k\,(0.05)^{100-k} \approx \frac{5^k}{k!}\mathrm{e}^{-5}$$

于是

$$\alpha \approx 1 - \mathrm{e}^{-5} - 5\mathrm{e}^{-5} - \frac{25}{2}\mathrm{e}^{-5} = 1 - 0.007(1 + 5 + 12.5) = 0.87$$

值得注意的是，在不少场合下涉及概率的比较问题，在此环境下只能算，不要看，若凭直觉猜测，常常会出现错误。

【例 3.4.59】 设随机变量 X 与 Y 均服从正态分布，$X \sim N(\mu,4^2)$，$Y \sim N(\mu,5^2)$，记

$p_1=P(X\leqslant\mu-4)$，$p_2=P(Y\geqslant\mu+5)$，下列选项哪个正确？

A. 对任何实数 μ，都有 $p_1=p_2$

B. 对任何实数 μ，都有 $p_1<p_2$

C. 对任何实数 μ，都有 $p_1>p_2$

D. 只有对 μ 的个别值，才有 $p_1=p_2$

解 选A。因为

$$p_1=P(X\leqslant\mu-4)=P\left(\frac{X-\mu}{4}\leqslant\frac{\mu-4-\mu}{4}\right)=P\left(\frac{X-\mu}{4}\leqslant-1\right)$$
$$=\Phi(-1)=1-\Phi(1)$$
$$p_2=P(Y\geqslant\mu+5)=P\left(\frac{Y-\mu}{5}\geqslant\frac{\mu+5-\mu}{5}\right)=P\left(\frac{Y-5}{5}\geqslant1\right)$$
$$=1-\Phi(1)$$

所以，对任何实数 μ，都有 $p_1=p_2$。

【例 3.4.60】 设随机变量 X 服从正态分布 $N(\mu,\sigma^2)$，则随着 σ 的增大，概率 $P(|X-\mu|<\sigma)$。下列哪个选项正确？

A. 单调增大　B. 单调减小　C. 保持不变　D. 增减不定

解 选C。因为

$$P(|x-\mu|<\sigma)=P\left(\frac{|X-\mu|}{\sigma}<\frac{\sigma}{\sigma}\right)=P\left(\frac{|X-\mu|}{\sigma}<1\right)=2\Phi(1)-1$$

所以，P 不因 σ 的改变而改变。

5. 定常数

与离散型随机变量一样，定常数都是通过解方程实现的，其间要么利用性质找等量，要么利用已知得等量。由于连续型随机变量的概率规律要么用密度函数表示，要么用分布函数刻画，无论给出哪种形式，只要其中含有未知参数，且题中没给出可用条件，就必须用性质建立等量关系形成方程，通过解方程定出参数。

(1) 利用性质定常数

连续型随机变量中常用来定常数的性质有：

$$\int_{-\infty}^{+\infty}p(x)\mathrm{d}x=1;\quad F(-\infty)=0,F(+\infty)=1,F(a-0)=F(a+0)=F(a)$$

【例 3.4.61】 设随机变量的概率密度函数为 $p(x)=\dfrac{A}{\mathrm{e}^{-x}+\mathrm{e}^{x}}$，求 A。

解 由

$$1=\int_{-\infty}^{+\infty}p(x)\mathrm{d}x=\int_{-\infty}^{+\infty}\frac{A}{\mathrm{e}^{-x}+\mathrm{e}^{x}}\mathrm{d}x$$
$$=A\int_{-\infty}^{+\infty}\frac{\mathrm{e}^{x}}{1+\mathrm{e}^{2x}}\mathrm{d}x$$
$$=A\arctan\mathrm{e}^{x}\Big|_{-\infty}^{+\infty}=\frac{\pi}{2}A$$
$$A=\frac{2}{\pi}$$

所用性质 $\int_{-\infty}^{+\infty}p(x)\mathrm{d}x=1$ 中的积分区间 $(-\infty,+\infty)$ 应该理解为对于 X 的一切取值

组成的区间，到底应是无限区间还是有限区间，应视密度函数的具体表达式而定。

【例 3.4.62】 设随机变量 X 的密度函数为

$$p(x)=\begin{cases}A\cos x & \left(|x|\leqslant\frac{\pi}{2}\right)\\ 0 & \left(|x|>\frac{\pi}{2}\right)\end{cases}$$

求 A。

解 因为 $1=\int_{-\infty}^{+\infty}p(x)\mathrm{d}x=A\int_{-\frac{\pi}{2}}^{\frac{\pi}{2}}\cos x\mathrm{d}x=A\sin x\big|_{-\frac{\pi}{2}}^{\frac{\pi}{2}}=2A$，所以 $A=\frac{1}{2}$。

对于已知 X 的分布函数 $F(x)$ 的情形下，如例 3.4.51：已知连续随机变量 X 的分布函数为 $F(x)=A+B\arctan x(-\infty<x<+\infty)$，试确定常数 A 与 B。由分布函数的性质，有

$$\begin{cases}F(-\infty)=\lim\limits_{x\to-\infty}F(x)=A-\frac{\pi}{2}B=0\\ F(+\infty)=\lim\limits_{x\to+\infty}F(x)=A+\frac{\pi}{2}B=1\end{cases}$$

就可解得 $\begin{cases}A=\frac{1}{2}\\ B=\frac{1}{\pi}\end{cases}$。

【例 3.4.63】 设 $F_1(x)$ 与 $F_2(x)$ 分别为随机变量 X_1 与 X_2 的分布函数，为使 $F(x)=aF_1(x)-bF_2(x)$ 为某一随机变量的分布函数，在下列给定的各组数值中应取哪项？

A. $a=\frac{3}{5},b=-\frac{2}{5}$　　B. $a=\frac{2}{3},b=\frac{2}{3}$

C. $a=-\frac{1}{2},b=\frac{3}{2}$　　D. $a=\frac{1}{2},b=-\frac{3}{2}$

解 因为

$$F_1(+\infty)=\lim_{x\to+\infty}F_1(x)=1,\quad F_2(+\infty)=\lim_{x\to+\infty}F_2(x)=1$$

所以

$$F(+\infty)=a\lim_{x\to+\infty}F_1(x)-b\lim_{x\to+\infty}F_2(x)=a-b=1$$

显然 A 满足此要求，应选 A。

但由于 $F(x)$ 一般为分段函数，在定常数时要视常数所在的位置采用相应的方法。

【例 3.4.64】 设连续随机变量 X 的分布函数为

$$F(x)=\begin{cases}0 & (x\leqslant-a)\\ A+B\arcsin\frac{x}{a} & (-a<x\leqslant a)\\ 1 & (x>a)\end{cases}$$

其中 $a>0$，试求 A,B。

解 因为 $F(x)$ 在 $(-\infty,+\infty)$ 上连续，有 $F(-a+0)=F(-a)$，$F(a+0)=F(a)$，得

$$\begin{cases}A-\frac{\pi}{2}B=0\\ A+\frac{\pi}{2}B=1\end{cases}\quad 解得\begin{cases}A=\frac{1}{2}\\ B=\frac{1}{\pi}\end{cases}$$

可见，对于分布函数而言，若常数在其两端，用 $F(-\infty)=0$，$F(+\infty)=1$ 定，若常数在

其中间，用右连续定。

值得注意的是，学科之间的融合可以助推概率问题的解决，甚至是“无它不行”。

【例 3.4.65】 设连续随机变量 X 的分布函数为

$$F(x)=\begin{cases}0 & (x<0)\\ Ax^2 & (0\leqslant x<1)\\ 1 & (x\geqslant 1)\end{cases}$$

试求 A。

这里，虽然常数 A 在中间，但直接利用“右连续性”定常数不行，但考虑到 $F(x)$ 是连续函数，由微积分的知识问题就迎刃而解了。

解 由 $F(x)$ 的连续性，有 $1=F(1)=\lim\limits_{x\to 1+0}F(x)=\lim\limits_{x\to 1-0}F(x)=\lim\limits_{x\to 1-0}Ax^2=A$，即 $A=1$。

(2) 用模式定

“是这样”，这是人们常挂在嘴边的一句判断语。事实上，用“样”即模式在对总体与局部进行判断的方法在各学科中屡见不鲜。像在数学中把一个二次函数进行整理成为$\frac{x^2}{a^2}+\frac{y^2}{b^2}=1$，就可知道它对应的图形就是长轴为 $2a$，短轴为 $2b$，焦点在 x 轴且焦距为 $2c$($c=\sqrt{a^2-b^2}$)的椭圆，而成为$(x-a)^2+(y-b)^2=r^2$，就可以知道它对应的图形是以(a,b)为圆心，以 r 为半径的圆，等等。在概率论中，此法依然可用。因为在连续型随机变量中，由于对应各个分布的密度函数都有规范化的模式，那么我们就可以判断分布，同时根据特定结构确定常数。

【例 3.4.66】 写出以下正态分布的期望与标准差：

① $p_1(x)=\frac{1}{\sqrt{\pi}}\mathrm{e}^{-(x^2+4x+4)}$；② $p_2(x)=\sqrt{\frac{2}{\pi}}\mathrm{e}^{-2x^2}$；③ $p_3(x)=\frac{1}{\sqrt{\pi}}\mathrm{e}^{-x^2}$。

因为，当 $X\sim N(\mu,\sigma^2)$，$p(x)=\frac{1}{\sqrt{2\pi}}\mathrm{e}^{-\frac{(x-\mu)^2}{2\sigma^2}}$ $(-\infty<x<+\infty)$。且有 $E(X)=\mu$，Var$(X)=\sigma^2$。

由上述模式，只要把其一般式化为标准式，其结果自然而得。

解 ①

$$p_1(x)=\frac{1}{\sqrt{\pi}}\mathrm{e}^{-(x^2+4x+4)}=\frac{1}{\sqrt{2\pi}\left(\frac{1}{\sqrt{2}}\right)}\exp\left\{-\frac{(x+2)^2}{2\left(\frac{1}{\sqrt{2}}\right)^2}\right\}$$

所以，此时期望 $\mu_1=-2$，标准差 $\sigma_1=\frac{1}{\sqrt{2}}$。

②

$$p_2(x)=\sqrt{\frac{2}{\pi}}\mathrm{e}^{-2x^2}=\frac{1}{\sqrt{2\pi}\left(\frac{1}{2}\right)}\exp\left\{-\frac{(x-0)^2}{2\left(\frac{1}{2}\right)^2}\right\}$$

所以，此时期望 $\mu_2=0$，标准差 $\sigma_2=\frac{1}{2}$。

③

$$p_3(x)=\frac{1}{\sqrt{\pi}}\mathrm{e}^{-x^2}=\frac{1}{\sqrt{2\pi}\left(\frac{1}{\sqrt{2}}\right)}\exp\left\{-\frac{(x-0)^2}{2\left(\frac{1}{\sqrt{2}}\right)^2}\right\}$$

所以,此时期望 $\mu_3=0$,标准差 $\sigma_3=\dfrac{1}{\sqrt{2}}$。

【例 3.4.67】 设随机变量 X 的密度函数为

$$p(x)=\begin{cases}k\mathrm{e}^{-2x} & (x>0)\\ 0 & (\text{其他})\end{cases}$$

求 k。

解 由于参数为 λ 的指数分布的密度函数为

$$p(x)=\begin{cases}\lambda\mathrm{e}^{-\lambda x} & (x>0)\\ 0 & (\text{其他})\end{cases}$$

将两个密度函数对比即知 $k=2$。

【例 3.4.68】 设 X_1,X_2,X_3,X_4 是独立同分布的随机变量,且它们都服从 $N(0,4)$。

① 若 $Y=a(X_1-2X_2)^2+b(3X_3-4X_4)^2\sim\chi^2(2)$,求常数 a 和 b;

② 求 $E(Y)$和 $\mathrm{Var}(Y)$。

解 ① 因为 $X_i\sim N(0,4)$且相互独立

所以

$$X_1-2X_2\sim N(0,20),\quad 3X_3-4X_4\sim N(0,100)$$

即

$$\frac{X_1-2X_2}{\sqrt{20}}\sim N(0,1),\quad \frac{3X_3-4X_4}{10}\sim N(0,1)$$

且相互独立,所以

$$\chi^2=\left(\frac{X_1-2X_2}{\sqrt{20}}\right)^2+\left(\frac{3X_3-4X_4}{10}\right)^2\sim\chi^2(2)$$

与 Y 相比,则 $a=\dfrac{1}{20}$,$b=\dfrac{1}{100}$。

② 由 χ^2 分布的性质可知:

$$E(\chi^2)=n,\mathrm{Var}(\chi^2)=2n(n\text{ 为自由度})$$

则 $E(Y)=2$,$\mathrm{Var}(Y)=4$。

(3) 依据已知条件定

概率问题有各种各样的背景,各种背景下自然会提供出相对应的各种各样的信息,只要其中有关于未知常数的等量关系,就可以利用其来定未知常数。所以说,在此类问题中求常数,只要条件已给定,就咬定条件不放松。

【例 3.4.69】 设随机变量 X 的密度函数为

$$p(x)=\begin{cases}\dfrac{1}{3} & (0\leqslant x\leqslant 1)\\[2mm] \dfrac{2}{9} & (3\leqslant x\leqslant 6)\\[2mm] 0 & (\text{其他})\end{cases}$$

若 $P(X\geqslant k)=\dfrac{2}{3}$,试求 k 的取值范围。

此题是概率已定,反过来求自变量 x 的对应取值区间。所以我们可以先求出 X 的分布函数,与已知对比,便可确定出所求区间。

解 由于分布函数 $F(x)=P(X\leqslant x)$，且由题知 $P(X\geqslant k)=\dfrac{2}{3}=1-P(X<k)$，得：$F(k)=\dfrac{1}{3}$。依据 $p(x)$，可求得对应的分布函数如下：

$$F(x)=\begin{cases}0 & (x<0)\\ \dfrac{x}{3} & (0\leqslant x<1)\\ \dfrac{1}{3} & (1\leqslant x<3)\\ \dfrac{2}{9}x-\dfrac{1}{3} & (3\leqslant x<6)\\ 1 & (x\geqslant 6)\end{cases}$$

由此，得 $1\leqslant k\leqslant 3$。

此题也可以通过对密度函数的积分去求概率，从而求得 k，如例3.4.70。

【例3.4.70】 设随机变量 X 的密度函数为

$$p(x)=\begin{cases}\lambda e^{-\lambda x} & (x>0,\lambda>0)\\ 0 & (x\leqslant 0)\end{cases}$$

试求 k，使得 $P(X>k)=0.5$。

解 因为 $0.5=P(X>k)=\int_k^{+\infty}\lambda e^{-\lambda x}dx=e^{-\lambda k}$，由此解得 $k=\dfrac{\ln 2}{\lambda}$。

由于正态分布在概率论中的重要位置及在求概率方面的便利性，加之在各个领域中的广泛应用，所以在它的背景下定常数问题表现得更加多面。

【例3.4.71】 某地区成年男子的体重 X(kg)服从正态分布 $N(\mu,\sigma^2)$，若已知 $P(X\leqslant 70)=0.5$，$P(X\leqslant 60)=0.25$，求 μ 与 σ 各为多少?

显然题中通过概率给出了两个等量关系，由此建立方程即可求出 μ 与 σ。

解 由题知

$$\begin{cases}0.5=P(X\leqslant 70)=\Phi\left(\dfrac{70-\mu}{\sigma}\right) & (1)\\ 0.25=P(X\leqslant 60)=\Phi\left(\dfrac{60-\mu}{\sigma}\right) & (2)\end{cases}$$

由(1)，得

$$\frac{70-\mu}{\sigma}=0\quad 故有\quad \mu=70 \tag{3}$$

将(3)代入(2)得

$$\Phi\left(\frac{60-70}{\sigma}\right)=\Phi\left(\frac{-10}{\sigma}\right)=1-\Phi\left(\frac{10}{\sigma}\right)=0.25$$

即 $\Phi\left(\dfrac{10}{\sigma}\right)=0.75$。查标准正态分布函数表，得$\dfrac{10}{\sigma}=0.675$，从而 $\sigma=14.81$。

【例3.4.72】 设随机变量 X 服从正态分布 $N(60,3^2)$，试求实数 a,b,c,d 使得 X 落在如下五个区间中的概率之比为 7∶24∶38∶24∶7。

$$(-\infty,a],(a,b],(b,c],(c,d],(d,+\infty)$$

解 由题设条件知

$$P(X\leqslant a)=0.07;\quad P(X\leqslant b)=0.31;\quad P(X\leqslant c)=0.69;\quad P(X\leqslant d)=0.93$$

所以

① 由于 $P(X\leqslant a)=\Phi\left(\frac{a-60}{3}\right)=0.07$,即 $\Phi\left(\frac{60-b}{3}\right)=0.69$,查表,得$\frac{60-a}{3}=1.48$,由此,得 $a=55.56$。

② 由于 $P(X\leqslant b)=\Phi\left(\frac{b-60}{3}\right)=0.31$,即 $\Phi\left(\frac{60-b}{3}\right)=0.69$,查表,得$\frac{60-b}{3}=0.495$,由此,得 $b=58.5$。

③ 由于 $P(X\leqslant c)=\Phi\left(\frac{c-60}{3}\right)=0.69$,查表,得$\frac{c-60}{3}=0.495$,由此,得 $c=61.5$。

④ 由于 $P(X\leqslant d)=\Phi\left(\frac{d-60}{3}\right)=0.93$,查表,得$\frac{d-60}{3}=1.48$,由此,得 $d=64.44$。

显然,由给定概率定常数问题较多,这就让我们更能理解连续随机变量是依赖于区间的,不同的区间概率不等。正是这种难以割舍的联系,才为我们定常数提供了广阔的背景。有些问题表面上并不像上述问题联系得那么直接,但实际上还是与概率有关。

【例 3.4.73】 设某种商品每周的需求量 X 服从区间(10,30)上均匀分布,而商店进货数为区间(10,30)中的某一整数,商店每销售 1 单位商品可获利 500 元;若供大于求则削价处理,每处理 1 单位商品亏损 100 元;若供不应求,则可从外部调剂供应,此时每一单位商品仅获利 300 元。为使商店所获利润期望值不少于 9280 元,试确定最少进货量。

解 设进货量为 a,则利润为

$$g(x)=\begin{cases}500X-100(a-X) & (10\leqslant X\leqslant a)\\ 500a+300(X-a) & (a<X\leqslant 30)\end{cases}$$
$$=\begin{cases}600X-100a & (10\leqslant X\leqslant a)\\ 300X+200a & (a<X\leqslant 30)\end{cases}$$

所以平均利润为

$$E(g(X))=\int_{10}^{30}g(x)\frac{1}{20}\mathrm{d}x=\frac{1}{20}\left[\int_{10}^{a}(600x-100a)\mathrm{d}x+\int_{a}^{30}(300x-200a)\mathrm{d}x\right]$$
$$=-7.5a^2+350a+5250$$

由题意,得

$$-7.5a^2+350a+5250\geqslant 9280$$

即

$$-7.5a^2+350a-4030\geqslant 0$$

解得 $20\frac{2}{3}\leqslant a\leqslant 26$。

因此,要使商店所获利润期望值不少于 9280 元,最少进货 21 单位。

当然,对于有些问题,有时单靠给定条件或单靠性质都不能足以解决问题,那就要综合考虑通过进一步地掘有机组合二者的信息构成方程组来完成。

【例 3.4.74】 设随机变量 X 的密度函数为

$$p(x)=\begin{cases}ax+b & (0\leqslant x\leqslant 1)\\ 0 & (\text{其他})\end{cases}$$

且 $E(X)=\frac{7}{12}$,求 a 与 b 的值。

解 由密度函数的性质和已知条件,得

$$\begin{cases}\int_{-\infty}^{+\infty} p(x)\mathrm{d}x = \int_0^1 (ax+b)\mathrm{d}x = \dfrac{a}{2} + b = 1\\ E(X) = \int_{-\infty}^{+\infty} xp(x)\mathrm{d}x = \int_0^1 x(ax+b)\mathrm{d}x = \dfrac{a}{3} + \dfrac{b}{2} = \dfrac{7}{12}\end{cases}$$

由此，解得 $\begin{cases}a=1\\ b=0.5\end{cases}$

【例 3.4.75】 若连续随机变量 X 的密度函数为

$$p(x) = \begin{cases}ax^2 + bx + c & (0 \leqslant x \leqslant 1)\\ 0 & (\text{其他})\end{cases}$$

已知 $E(X)=0.5$，$\mathrm{Var}(X)=0.5$，求系数 a,b,c。

解 由密度函数的性质和已知条件，得

$$\int_{-\infty}^{+\infty} p(x)\mathrm{d}x = \int_0^1 (ax^2 + bx + c)\mathrm{d}x = \frac{a}{3} + \frac{b}{2} + c = 1$$

$$\int_{-\infty}^{+\infty} xp(x)\mathrm{d}x = \int_0^1 x(ax^2 + bx + c)\mathrm{d}x = \frac{a}{4} + \frac{b}{3} + \frac{c}{2} = 0.5$$

$$\int_{-\infty}^{+\infty} x^2 p(x)\mathrm{d}x = \int_0^1 x^2(ax^2 + bx + c)\mathrm{d}x = \frac{a}{5} + \frac{b}{4} + \frac{c}{3} = 0.15 + (0.5)^2 = 0.75$$

即有

$$\begin{cases}\dfrac{a}{3} + \dfrac{b}{2} + c = 1\\ \dfrac{a}{4} + \dfrac{b}{3} + \dfrac{c}{2} = 0.5\\ \dfrac{a}{5} + \dfrac{b}{4} + \dfrac{c}{3} = 0.75\end{cases}$$

解得

$$\begin{cases}a = 12\\ b = -12\\ c = 3\end{cases}$$

如此等等，虽题目所给条件千变万化，但解题思路千篇一律。那就是：依据条件找等量，条件不足性质补，求解方程得参数。

6. 连续随机变量函数的分布

已知 X 为连续随机变量，其函数一般也是连续型随机变量，既然是一般，也有例外。全面来看，连续随机变量的函数既可能是连续型变量，有可能是离散型变量。

(1) 连续型随机变量的函数为离散型随机变量时的分布

之所以连续型随机变量 X 的函数是离散型随机变量，实际上就是对 X 的取值实施了离散化，从数学上讲就是构建了多对一的模式，这样就达到了无穷多个 X 的取值对应了 $Y=g(X)$ 的有限个取值，从而就把 $Y=g(X)$ 转化为了离散型随机变量，而且是一维离散型随机变量。基于此，只要根据 X 的取值找出 $Y=g(X)$ 的取值，然后利用等价事件转化法求出各相应的概率即可。

【例 3.4.76】 已知随机变量 X 的密度函数为

$$p(x) = \frac{2}{\pi(\mathrm{e}^x + \mathrm{e}^{-x})} \quad (-\infty < x < +\infty)$$

试求：随机变量 $Y=g(X)=\begin{cases}-1 & X<0\\ 1 & X\geqslant 0\end{cases}$ 的分布。

解 由题知，Y 的取值只有 $-1,1$，由于 $p(x)$ 为偶函数，所以有

$$P(Y=-1)=P(X<0)=P(X\geqslant 0)=P(Y=1)=0.5$$

由此得，$Y=g(X)$ 的分布列为

Y	-1	1
P	0.5	0.5

从此例可以看出，在概率论解题中注意相关函数的形态、特性，就会给正确解题带来方便。所以，在概率论解题的过程中，题中的信息十分重要，进一步挖掘可用信息更重要。

【例 3.4.77】 设随机变量 X 服从 $(-1,2)$ 上的均匀分布，记

$$Y=g(X)=\begin{cases}-1 & X<0\\ 1 & X\geqslant 0\end{cases}$$

试求：$Y=g(X)$ 的概率分布。

解 由题知，Y 的取值只有 $-1,1$，且

$$P(Y=-1)=P(X<0)=\int_{-1}^{0}\frac{1}{3}\mathrm{d}x=\frac{1}{3}x\,\Big|_{-1}^{0}=\frac{1}{3}$$

$$P(Y=1)=P(X\geqslant 0)=\int_{0}^{2}\frac{1}{3}\mathrm{d}x=\frac{1}{3}x\,\Big|_{0}^{2}=\frac{2}{3}$$

由此得，$Y=g(X)$ 的分布列为

Y	-1	1
P	$\frac{1}{3}$	$\frac{2}{3}$

这种场合容易识记，只要认真审题按部就班运算一般就不会出错。

(2) 连续型随机变量的函数为连续型随机变量时的分布

对于连续型随机变量的函数为连续型随机变量的场合常见，在这种场合下，只要采用“分布函数法”即可达目的。

所谓“分布函数法”，简单地说，就是通过求分布函数来求密度函数的方法。其步骤为：

① 由分布函数定义出发，利用等价事件转换由 X 的分布函数求出 $Y=g(X)$ 的分布函数；

② 依据 $p(y)=F'(y)$ 求得 $p(y)$。

这种方法是求连续型随机变量函数分布的通用方法，其原始构想非常科学、合理。连续型随机变量大都是用密度函数来刻画的，直接求密度函数十分困难，因为它毕竟是局部的性质。数学上处理问题的一般思路是：范围大，看不清，化整为零是途径；范围小，看不见，扩充邻域求极限。基于此，为求密度函数，可在函数定义域内的任一点的邻域里考察，但考虑到最终要回归到密度函数上去，这样自然而然先求分布函数再求密度函数无疑是最优选择了。这种思路不仅为求连续随机变量的函数分布带来方便，而且也在以后诸多连续随机变量相关问题的解决中发挥着重要作用。

分布函数法的直接应用价值很高，既可以在已知 X 的密度函数时应用，也可以在已知

X 的分布函数时应用。

1）直接求

【例 3.4.78】 设随机变量 X 服从 $\left(-\frac{\pi}{2},\frac{\pi}{2}\right)$ 上的均匀分布，求随机变量 $Y=\cos X$ 的密度函数。

解 由题知 X 的密度函数为 $p(x)=\begin{cases}\frac{1}{\pi} & -\frac{\pi}{2}<x<\frac{\pi}{2}\\ 0 & 其他\end{cases}$。由于 X 在 $\left(-\frac{\pi}{2},\frac{\pi}{2}\right)$ 内取值，所以 $Y=\cos X$ 的可能取值区间为 $(0,1)$。在 Y 的可能取值外 $p_Y(y)=0$。

当 $0<y<1$ 时，

$$F_Y(y)=P(Y\leqslant y)=P\left(X\in\left(-\frac{\pi}{2},-\arccos y\right)\right)+P\left(X\in\left(\arccos y,\frac{\pi}{2}\right)\right)$$
$$=\int_{-\frac{\pi}{2}}^{-\arccos y}\frac{1}{\pi}\mathrm{d}x+\int_{\arccos y}^{\frac{\pi}{2}}\frac{1}{\pi}\mathrm{d}x$$

对上式两端关于 y 求导，得

$$p_Y(y)=\frac{1}{\pi\sqrt{1-y^2}}+\frac{1}{\pi\sqrt{1-y^2}}=\frac{2}{\pi\sqrt{1-y^2}}\quad(0<y<1)$$

即 $p_Y(y)=\begin{cases}\frac{2}{\pi\sqrt{1-y^2}} & (0<y<1)\\ 0 & (其他)\end{cases}$。

【例 3.4.79】 设随机变量 X 服从 $(-1,1)$ 上的均匀分布，求 $Y=|X|$ 的密度函数。

解 由于 $-1<x<1$，所以 $0<y=|x|<1$。

当 $y<0$ 时，$F_Y(y)=P(|X|<y)=0$

当 $y\geqslant1$ 时，$F_Y(y)=P(|X|\leqslant y)=1$

当 $0<y<1$ 时，$F_Y(y)=P(|X|\leqslant y)=P(-y\leqslant X\leqslant y)=\int_{-y}^{y}\frac{1}{2}\mathrm{d}x=y$

即

$$F_Y(y)=\begin{cases}0 & (y<0)\\ y & (0\leqslant y<1)\\ 1 & (y\geqslant1)\end{cases}$$

于是，有 $p_Y(y)=F_Y{}'(y)=\begin{cases}1 & (0<y<1)\\ 0 & (其他)\end{cases}$。

上两例都是在已知 X 的密度函数的前提下求 X 的函数的分布问题，从其解题过程可以看出，操作起来是非常方便的。有时候用分布函数直接拉关系，求密度函数就更方便了，因为它不需要再写出作为函数的随机变量的分布函数即可求得密度函数。

【例 3.4.80】 已知 $X\sim N(\mu,\sigma^2)$，求 $Y=\frac{X-\mu}{\sigma}$ 的密度函数。

解 因为 $-\infty<X<+\infty$，所以 $-\infty<Y<+\infty$。对任意的实数 y，有

$$F_Y(y)=P(Y\leqslant y)=P\left(\frac{X-\mu}{\sigma}\leqslant y\right)=P(X\leqslant\sigma y+\mu)=F_X(\sigma y+\mu)$$

于是

$$p_Y(y)=\frac{\mathrm{d}}{\mathrm{d}y}F_Y(y)=\frac{\mathrm{d}}{\mathrm{d}y}F_X(\sigma y+\mu)=f_X(\sigma y+\mu)\cdot\sigma$$
$$=\frac{1}{\sqrt{2\pi}\sigma}\mathrm{e}^{-\frac{(\sigma y+\mu-\mu)^2}{2\sigma^2}}\cdot\sigma=\frac{1}{\sqrt{2\pi}}\mathrm{e}^{-\frac{y^2}{2}}\quad(-\infty<y<+\infty)$$

即 $Y=\dfrac{X-\mu}{\sigma}\sim N(0,1)$。

总之,利用“分布函数法”,在连续随机变量 X 的分布密度、分布函数已知或可求的情况下均可求出它的各种函数的分布密度,这可以称为此法的“内部有效性”;又一方面,由于连续随机变量 X 的函数的多样性,我们可以把它分类,譬如:线性函数和非线性函数,严格单调和逐段严格单调等,利用“分布函数法”逐类求出其密度函数的通式,然后在遇到具体问题时对号入座,这种“外部的有效性”就提供了求连续性随机变量函数的间接法。

2) 间接法

定理 3.4.1 设 X 为连续随机变量,其密度函数为 $p_X(x)$。$Y=g(X)$是另一个连续随机变量。若 $y=g(x)$严格单调,其反函数 $h(y)$有连续导函数,则 $Y=g(X)$的密度函数为

$$p_Y(y)=\begin{cases}p_X[h(y)]|h'(y)| & (a<y<b)\\ 0 & (\text{其他})\end{cases}$$

其中,$a=\min\{g(-\infty),g(+\infty)\}$,$b=\max\{g(-\infty),g(+\infty)\}$。

证明 设 $y=g(x)$是严格增函数,这时它的反函数 $h(y)$也是严格单调增函数,且 $h'(y)>0$。记 $a=g(-\infty)$,$b=g(+\infty)$。则

当 $y<a$ 时,$F_Y(y)=P(Y\leqslant y)=0$;

当 $y>b$ 时,$F_Y(y)=P(Y\leqslant y)=1$;

当 $a<y<b$ 时,$F_Y(y)=P(Y\leqslant y)=P(g(X)\leqslant y)=P(X\leqslant h(y))=\int_{-\infty}^{h(y)}p_X(x)\mathrm{d}x$。

由此得 Y 的密度函数为

$$p_Y(y)=F'_Y(y)=\begin{cases}p_X[h(y)]h'(y) & (a<y<b)\\ 0 & (\text{其他})\end{cases}\tag{1}$$

设 $y=g(x)$是严格减函数,这时它的反函数 $h(y)$也是严格单调减函数,且 $h'(y)<0$。记 $b=g(-\infty)$,$a=g(+\infty)$。则

当 $y<a$ 时,$F_Y(y)=P(Y\leqslant y)=0$;

当 $y>b$ 时,$F_Y(y)=P(Y\leqslant y)=1$;

当 $a<y<b$ 时,$F_Y(y)=P(Y\leqslant y)=P(g(X)\geqslant y)=P(X\geqslant h(y))=\int_{h(y)}^{+\infty}p_X(x)\mathrm{d}x$。

由此得 Y 的密度函数为

$$p_Y(y)=F'_Y(y)=\begin{cases}-p_X[h(y)]h'(y) & (a<y<b)\\ 0 & (\text{其他})\end{cases}\tag{2}$$

在(1)中,$h'(y)>0$,在(2)中,$h'(y)<0$,统一可写成

$$p_Y(y)=\begin{cases}p_X[h(y)]|h'(y)| & (a<y<b)\\ 0 & (\text{其他})\end{cases}$$

其中,$a=\min\{g(-\infty),g(+\infty)\}$,$b=\max\{g(-\infty),g(+\infty)\}$。

此定理是应用“分布函数法”证明的,从证明的过程可以看出,此定理适合且只适合于求随机变量 X 的严格单调函数的概率密度。

推论 设 X 为连续随机变量,其密度函数为 $p_X(x)$。$Y=ax+b(a\neq 0)$,则 $Y=g(X)$ 的密度函数为

$$p_Y(y)=\begin{cases} p_X\left(\dfrac{y-b}{a}\right)\dfrac{1}{|a|} & (c<y<d) \\ 0 & (\text{其他}) \end{cases}$$

其中,$c=\min\{g(-\infty),g(+\infty)\}$,$d=\max\{g(-\infty),g(+\infty)\}$。

【例 3.4.81】 已知 $X\sim N(\mu,\sigma^2)$,则 $a\neq 0$ 时,$Y=aX+b\sim N(a\mu+b,a^2\sigma^2)$。

证明 当 $a>0$ 时,$Y=aX+b$ 是严格增函数,仍在$(-\infty,+\infty)$上取值,其反函数 $X=\dfrac{Y-b}{a}$,由前定理得

$$p_Y(y)=p_X\left(\frac{y-b}{a}\right)\cdot\frac{1}{a}=\frac{1}{\sqrt{2\pi}\sigma}\exp\left\{-\frac{1}{2\sigma^2}\left(\frac{y-b}{a}-\mu\right)^2\right\}\cdot\frac{1}{a}$$

$$=\frac{1}{\sqrt{2\pi}(a\sigma)}\exp\left\{-\frac{(y-a\mu-b)^2}{2a^2\sigma^2}\right\}$$

这就是正态分布 $N(a\mu+b,a^2\sigma^2)$的密度函数。

当 $a<0$ 时,$Y=aX+b$ 是严格减函数,仍在$(-\infty,+\infty)$上取值,其反函数 $X=\dfrac{Y-b}{a}$,由前定理得

$$p_Y(y)=p_X\left(\frac{y-b}{a}\right)\cdot\frac{1}{|a|}=\frac{1}{\sqrt{2\pi}|a|\sigma}\exp\left\{-\frac{(y-a\mu-b)^2}{2a^2\sigma^2}\right\}$$

这就是正态分布 $N(a\mu+b,a^2\sigma^2)$的密度函数。

【例 3.4.82】 设随机变量 $X\sim N(\mu,\sigma^2)$,求 $Y=e^X$ 的概率密度。

解 因为 $y=e^x$ 是严格增函数,它仅在$(0,+\infty)$上取值,其反函数 $x=\ln y$,所以由定理 3.4.1 可得

当 $y\leqslant 0$ 时,$F_Y(y)=0$,从而 $p_Y(y)=0$;

当 $y>0$ 时,Y 的密度函数为

$$p_Y(y)=\frac{1}{\sqrt{2\pi}\sigma}\exp\left\{-\frac{(\ln y-\mu)^2}{2\sigma^2}\right\}\cdot\frac{1}{y}=\frac{1}{\sqrt{2\pi}y\sigma}\exp\left\{-\frac{(\ln y-\mu)^2}{2\sigma^2}\right\}$$

定理 3.4.2 (逐段严格单调)设 X 为连续随机变量,其密度函数为 $p_X(x)$,若 $y=g(x)$在不相重叠的区间 $I_1,I_2,\cdots$上逐段严格单调,其反函数分别为 $h_1(y),h_2(y),\cdots$,而且 $h'_1(y),h'_2(y),\cdots$,均为连续函数,那么 $Y=g(X)$也是连续随机变量,其密度函数为

$$p_Y(y)=p_X[h_1(y)]|[h_1'(y)]|+p_X[h_2(y)]|[h_2'(y)]|+\cdots$$

$$=\sum_i p_X[h_i(y)]|[h_i'(y)]|$$

证明 对于任意给定的实数 y,以 $E_i(y)$记 I_i 中使 $g(x)\leqslant y$ 成立的 x 的集合,显然诸 $E_i(y)$不相交,且

$$F_Y(y)=P(Y\leqslant y)=P(g(x)\leqslant y)=P\left(X\in\sum_i E_i(y)\right)$$

$$=\sum_i\int_{E_i(y)}p_X(x)\mathrm{d}x$$

$$=\sum_i\int_{-\infty}^{y}p_X[h_i(y)]|h'_i(y)|\mathrm{d}y$$

$$= \int_{-\infty}^{y} \sum_i p_X[h_i(y)] | h'_i(y) | \mathrm{d}y$$

由分布函数的定义知 $p_Y(y) = \sum_i p_X[h_i(y)] | [h_i'(y)] |$ 。

【例 3.4.83】 设 $X \sim N(0,1)$,试求 $Y = X^2$ 的密度函数。

解 $y = g(x) = x^2$ 分段单调。在 $(-\infty, 0)$ 中反函数 $x = h_1(y) = -\sqrt{y}$,而在 $[0, +\infty)$ 中反函数 $x = h_2(y) = \sqrt{y}$,因此 Y 的密度函数为

$$p_Y(y) = p_X(-\sqrt{y}) \left| -\frac{1}{2\sqrt{y}} \right| + p_X(\sqrt{y}) \left| \frac{1}{2\sqrt{y}} \right|$$

$$= \frac{1}{\sqrt{2\pi}} y^{-\frac{1}{2}} \mathrm{e}^{-\frac{y}{2}} \quad (y > 0)$$

虽然利用上述定理 3.4.2 可以解决连续型随机变量函数的分布问题,但是一般很少用,因为 $y = g(x)$ 一般不太复杂,直接由 Y 的分布函数 $F_Y(y) = P(g(X) \leqslant y)$ 出发求起来也很方便。

比如,对于例 3.4.72,我们可以如下解题:

解

$$F_Y(y) = P(Y \leqslant y) = P(X^2 \leqslant y) = P(-\sqrt{y} \leqslant X \leqslant \sqrt{y}) = \Phi(\sqrt{y}) - \Phi(-\sqrt{y})$$

$$= 2\Phi(\sqrt{y}) - 1$$

于是

$$p_Y(y) = 2\varphi(\sqrt{y}) \frac{1}{2\sqrt{y}} = \varphi(\sqrt{y}) \frac{1}{\sqrt{y}} = \frac{1}{\sqrt{2\pi}} y^{-\frac{1}{2}} \mathrm{e}^{-\frac{y}{2}} \quad (y > 0)$$

所以,我们在概率论解题中,既要掌握一般场合下的处理模式,又要注意具体环境下的技巧性的应用。高斯说:“去寻求一种最美和最简洁的证明,乃是吸引我去研究数学的主要动力。”树立这种理念,养成持续的习惯,才会不断提高能力,有所创新。

定理 3.4.3 若随机变量 X 的分布函数 $F_X(x)$ 为严格单调增的连续函数,其反函数 $F_X^{-1}(y)$ 存在,则 $Y = F_X(X)$ 服从 $(0,1)$ 上的均匀分布 $U(0,1)$。

证明 由于分布函数 $F_X(x)$ 在 $[0,1]$ 区间上取值,故 $y < 0$ 时,因为 $\{F_X(X) \leqslant y\}$ 是不可能事件,所以

$$F_Y(y) = P(Y \leqslant y) = P(F_X(X) \leqslant y) = 0$$

当 $0 \leqslant y < 1$ 时,有

$$F_Y(y) = P(Y \leqslant y) = P(F_X(X) \leqslant y) = P(X \leqslant F_X^{-1}(y)) = F_X(F_X^{-1}(y)) = y$$

当 $y \geqslant 1$ 时,因为 $\{F_X(X)\}$ 是必然事件,所以

$$F_Y(y) = P(Y \leqslant y) = P(F_X(X) \leqslant y) = 1$$

综上得

$$F_Y(y) = \begin{cases} 0 & (y < 0) \\ y & (0 \leqslant y < 1) \\ 1 & (y \geqslant 1) \end{cases}$$

即 $Y \sim U(0,1)$。

此定理给出了特定背景下求随机变量函数的另一条通道,若待求的连续随机变量的函数是某一随机变量的分布函数,且满足严格单调增、连续,其反函数 $F_X^{-1}(y)$ 存在,那么就可以直接得到其服从 $U(0,1)$。如随机变量 X 服从参数为 2 的指数分布,则由定理 3.4.3 知,

$Y=1-e^{-2X}\sim U(0,1)$。

总之,“分布函数法”是求连续随机变量函数分布的通用方法,不管是直接法,还是间接法,其都源于“分布函数法”。所以,只要掌握了“分布函数法”,求连续随机变量函数分布的问题就迎刃而解了。

7. 数字特征的计算

对一维连续随机变量而言,其数字特征主要是反映其分布集中位置的数学期望和刻画离散程度的方差,除此之外,还有反映分布形态的偏度、峰度等,由于这些均为代入公式计算,基本无技巧性,所以本节仅对连续随机变量的数学期望与方差进行阐述。

定义 设连续随机变量 X 的密度函数为 $p(x)$,如果 $\int_{-\infty}^{+\infty}|x|p(x)\mathrm{d}x<\infty$,则称 $E(X)=\int_{-\infty}^{+\infty}p(x)\mathrm{d}x$ 为 X 的数学期望。

若连续随机变量 X^2 的数学期望 $E(X^2)$ 存在,则称偏差平方 $(X-E(X))^2$ 的数学期望 $E(X-E(X))^2$ 为随机变量 X(或相应分布)的方差,记为

$$\mathrm{Var}(X)=E(X-E(X))^2=\int_{-\infty}^{+\infty}(x-E(X))^2p(x)\mathrm{d}x$$

类同于离散型随机变量,连续型随机变量的数学期望与方差也可能不存在。著名的柯西分布就是一例。

由于柯西分布的密度函数为

$$p(x)=\frac{1}{\pi(1+x^2)}\quad(-\infty<x<+\infty)$$

且

$$\int_{-\infty}^{+\infty}|x|\cdot\frac{1}{\pi(1+x^2)}\mathrm{d}x=\infty$$

所以 $E(X)$ 不存在。

对于连续型随机变量数学期望和方差的计算,从整体上来看,不外乎有直接求和间接求。

(1) 直接求

所谓直接求,就是利用定义直接求。对于连续随机变量,一般均是用分布密度来刻画的,所以此法有广泛的应用空间。

【例 3.4.84】 设 $X\sim N(\mu,\sigma^2)$,求 $E(X)$ 与 $\mathrm{Var}(X)$。

解

$$\begin{aligned}E(X)&=\int_{-\infty}^{+\infty}x\cdot\frac{1}{\sqrt{2\pi}\sigma}e^{-\frac{(x-\mu)^2}{2\sigma^2}}\mathrm{d}x\\&=\int_{-\infty}^{+\infty}(x-\mu)\cdot\frac{1}{\sqrt{2\pi}\sigma}e^{-\frac{(x-\mu)^2}{2\sigma^2}}\mathrm{d}x+\mu\int_{-\infty}^{+\infty}\frac{1}{\sqrt{2\pi}\sigma}e^{-\frac{(x-\mu)^2}{2\sigma^2}}\mathrm{d}x\\&=0+\mu\times1\\&=\mu\end{aligned}$$

$$\begin{aligned}\mathrm{Var}(X)&=E(X-E(X))^2=E(X-\mu)^2\\&=\int_{-\infty}^{+\infty}(x-\mu)^2\cdot\frac{1}{\sqrt{2\pi}\sigma}e^{-\frac{(x-\mu)^2}{2\sigma^2}}\mathrm{d}x\end{aligned}$$

$$\xlongequal{\frac{x-\mu}{\sigma}=t}\int_{-\infty}^{+\infty}\sigma^2 t^2\cdot\frac{1}{\sqrt{2\pi}\sigma}e^{-\frac{t^2}{2}}\sigma dt$$

$$=\frac{\sigma^2}{\sqrt{2\pi}}\int_{-\infty}^{+\infty}t^2e^{-\frac{t^2}{2}}dt$$

$$=\frac{\sigma^2}{\sqrt{2\pi}}\int_{-\infty}^{+\infty}-t\,de^{-\frac{t^2}{2}}$$

$$=\frac{\sigma^2}{\sqrt{2\pi}}\left[-te^{-\frac{t^2}{2}}\Big|_{-\infty}^{+\infty}+\int_{-\infty}^{+\infty}e^{-\frac{t^2}{2}}dt\right]$$

$$=\frac{\sigma^2}{\sqrt{2\pi}}\left(\int_{-\infty}^{+\infty}e^{-\frac{t^2}{2}}dt\right)$$

$$=\sigma^2\left(\int_{-\infty}^{+\infty}\frac{1}{\sqrt{2\pi}}e^{-\frac{t^2}{2}}dt\right)$$

$$=\sigma^2\times 1$$

$$=\sigma^2$$

直接求连续随机变量的数学期望与方差似乎很单纯，由定义出发切入很简单，说得通俗一些，就是代入定义计算一个积分。但由于分布密度函数的多样性，其计算的过程还是值得研究的。如例 3.4.84 的计算过程中，我们可以看出，适当的施加数学变换，就能大大缩短获得结果的路径。在求 $E(X)$时，利用密度函数是偶函数，我们通过加减 μ 把一个积分转化为两个积分，其中第一个积分是奇函数在对称区间上的积分其值为 0，第二个积分是密度函数在$(-\infty,+\infty)$上的积分可"整体化 1"，从而轻而易举求得了 $E(X)$。求 $\mathrm{Var}(X)$时同样在利用了积分中的换元法、分部积分法外，同样也利用了概率论中的"整体化 1"。

题目中类似于上述背景的有很多，需注意充分利用和挖掘。

【例 3.4.85】 设 $X\sim p(x)=\begin{cases}\frac{1}{\sigma^2}xe^{-\frac{x^2}{2\sigma^2}} & (x>0)\\ 0 & (\text{其他})\end{cases}$， 求 $E(X)$。

解

$$E(X)=\int_0^{+\infty}x\,\frac{1}{\sigma^2}xe^{-\frac{x^2}{2\sigma^2}}dx=-\int_0^{+\infty}x\,d(e^{-\frac{x^2}{2\sigma^2}})$$

$$=-xe^{-\frac{x^2}{2\sigma^2}}\Big|_0^{+\infty}+\int_0^{+\infty}e^{-\frac{x^2}{2\sigma^2}}dx$$

$$=\frac{1}{2}\int_{-\infty}^{+\infty}e^{-\frac{x^2}{2\sigma^2}}dx$$

$$=\frac{\sqrt{2\pi}\sigma}{2}\int_{-\infty}^{+\infty}\frac{1}{\sqrt{2\pi}\sigma}e^{-\frac{x^2}{2\sigma^2}}dx$$

$$=\frac{\sqrt{2\pi}\sigma}{2}\times 1$$

$$=\frac{\sqrt{2\pi}\sigma}{2}$$

这里，通过分部积分后，就把被积函数化为了 $N(0,\sigma^2)$的密度函数，又一次"整体化 1"，用"一看"就达到了"牛-莱"公式的效果。同时省去了中间的一些环节，也减少了犯错误的风险。远不止如此，事实上，通过上述实践，我们可以发现：只要被积函数里含有 e 的二次指数，最终都可以“整体化1”，这不能不说是一个十分有价值的启迪。

Γ-函数与β-函数都是由积分定义的特殊函数，在计算连续随机变量的数学期望时，若能设法将关于积分变成Γ-函数与β-函数的形式，那么问题就迎刃而解了。

【例3.4.86】 设 $X \sim p(x)=\begin{cases}\dfrac{4x^2}{a^3\sqrt{\pi}}e^{-\frac{x^2}{a^2}} & (x>0,a>0)\\ 0 & (x\leqslant 0)\end{cases}$，求 $E(X)$。

解

$$\begin{aligned}E(X)&=\frac{1}{a^3\sqrt{\pi}}\int_0^{+\infty}x^3 c^{-\frac{x^2}{a^2}}\mathrm{d}x\\ &\xlongequal{令\frac{x^2}{a^2}=y}\frac{4}{a^3\sqrt{\pi}}\int_0^{+\infty}a^3y^{\frac{3}{2}}e^{-y}\frac{a}{2}y^{-\frac{1}{2}}\mathrm{d}y\\ &=\frac{2a}{\sqrt{\pi}}\int_0^{+\infty}ye^{-y}\mathrm{d}y=\frac{2a}{\sqrt{\pi}}\Gamma(2)=\frac{2a}{\sqrt{\pi}}\end{aligned}$$

此处利用了 $\Gamma(\alpha)=\int_0^{+\infty}x^{\alpha-1}e^{-x}\mathrm{d}x$。

值得说明的是，对于求随机变量的函数的数字特征一般都由公式间接求，如 $Y=g(X)$，则由 $E(X)=\int_{-\infty}^{+\infty}g(x)p_X(x)\mathrm{d}x$ 求得等，但若随机变量函数的分布若可知或可求，也可以直接求。

【例3.4.87】 设 $F(x)$ 为随机变量 X 的分布函数且严格单调增、连续，其反函数 $F_X^{-1}(y)$ 存在，求 $E(F_X(X))$。

解 由前面定理3.4.3知，$F_X(X)\sim U(0,1)$，所以

$$E(F_X(X))=\int_0^1 y\mathrm{d}y=\frac{1}{2}y^2\Big|_0^1=\frac{1}{2}$$

$$\begin{aligned}\mathrm{Var}(F_X(X))&=\int_0^1\left(y-\frac{1}{2}\right)^2\mathrm{d}y=\int_0^1\left(y^2-y+\frac{1}{4}\right)\mathrm{d}y\\ &=\frac{1}{3}y^3\Big|_0^1-\frac{1}{2}y^2\Big|_0^1+\frac{1}{4}y\Big|_0^1=\frac{1}{3}-\frac{1}{2}+\frac{1}{4}=\frac{1}{12}\end{aligned}$$

(2) 间接求

1) 公式法

$$\begin{aligned}\mathrm{Var}(x)&=E(X-E(X))^2=E(X^2-2X\cdot E(X)+(E(X))^2)\\ &=E(X^2)-2(E(X))\cdot E(X)+(E(X))^2=E(X^2)-(E(X))^2\end{aligned}$$

所以几乎对所有分布(正态分布除外)都用 $\mathrm{Var}(x)=E(X^2)-(E(X))^2$ 求方差，相对于用方差的定义求方便多了。因为“一分为二，各个击破，再合二为一，求得结果”是一个应用普遍的化繁为简的解题优化策略。

【例3.4.88】 设随机变量 $p(x)=\begin{cases}\dfrac{1}{2}e^x & (x<0)\\ 0 & (0<x<1)\\ \dfrac{1}{4}e^{-\frac{1}{2}(x+1)} & (x\geqslant 1)\end{cases}$，试求 $E(X)$ 与 $\mathrm{Var}(X)$。

解

$$E(X)=\int_{-\infty}^{0}\frac{1}{2}xe^{x}dx+\int_{1}^{+\infty}\frac{1}{4}xe^{-\frac{1}{2}(x-1)}dx=-\frac{1}{2}+\frac{3}{2}=1$$

$$E(X^2)=\int_{-\infty}^{0}x^2\frac{1}{2}e^{x}dx+\int_{1}^{+\infty}x^2(1-x)dx=1+6.5=7.5$$

由此得

$$\mathrm{Var}(X)=E(X^2)-(E(X))^2=7.5-1=6.5$$

2）用性质

对于求连续随机变量函数的数字特征，运用数字特征的运算性质更为方便。

【例 3.4.89】 设随机变量 X 的密度函数为

$$p(x)=\begin{cases}1+x & (-1<x\leqslant 0)\\ 1-x & (0<x\leqslant 1)\\ 0 & (\text{其他})\end{cases}$$

试求 $\mathrm{Var}(3X+2)$。

解 因为

$$E(X)=\int_{-1}^{0}x(1+x)dx+\int_{0}^{1}x(1-x)dx=-\frac{1}{6}+\frac{1}{6}=0$$

$$E(X^2)=\int_{-1}^{0}x^2(1+x)dx+\int_{0}^{1}x^2(1-x)dx=\frac{1}{12}+\frac{1}{12}=\frac{1}{6}$$

所以

$$\mathrm{Var}(X)=E(X^2)-(E(X))^2=\frac{1}{6}-0^2=\frac{1}{6}$$

由此得

$$\mathrm{Var}(3X+2)=9\mathrm{Var}(X)=9\times\frac{1}{6}=\frac{3}{2}$$

3）分布函数直求法

对于连续随机变量而言，人们一般常用密度函数来区分，所以一般计算都常常是在已知密度函数的前提下进行的。对于已知分布函数，人们常常出于习惯，通过对分布函数求导得到密度函数，然后进一步得到所要的东西，对于连续随机变量数字特征的求解也不例外。

【例 3.4.90】 设随机变量 X 的分布函数为 $F(x)=1-e^{-x^2}(x>0)$。试求 $E(X)$ 和 $\mathrm{Var}(X)$。

解 由已知我们可以得到

$$p(x)=\begin{cases}2xe^{-x^2} & (x>0)\\ 0 & (\text{其他})\end{cases}$$

所以

$$E(X)=\int_{0}^{+\infty}x2xe^{-x^2}dx=\int_{0}^{+\infty}-xd(e^{-x^2})=-xe^{-x^2}\Big|_0^{+\infty}+\int_{0}^{+\infty}e^{-x^2}dx$$

$$=\int_{0}^{+\infty}e^{-x^2}dx\xlongequal{\text{令}x=t/\sqrt{2}}\int_{0}^{+\infty}e^{-x^2}\frac{1}{\sqrt{2}}dt=\sqrt{\pi}\int_{0}^{+\infty}\frac{1}{\sqrt{2\pi}}e^{-\frac{t^2}{2}}dt=\sqrt{\pi}\cdot\frac{1}{2}=\frac{\sqrt{\pi}}{2}$$

$$E(X^2)=\int_{0}^{+\infty}x^22xe^{-x^2}dx=\int_{0}^{+\infty}-x^2d(e^{-x^2})=-xe^{-x^2}\Big|_0^{+\infty}+\int_{0}^{+\infty}2xe^{-x^2}dx$$

$$=\int_{0}^{+\infty}2xe^{-x^2}dx=1$$

从而得

$$\mathrm{Var}(X)=E(X^2)-(E(X))^2=1-\frac{\pi}{4}$$

上述证明过程中用到了$\int_{-\infty}^{+\infty}p(x)\mathrm{d}x=1$，从而简化了积分计算。

实际上，我们也可以直接利用分布函数来计算，因此也称为“分布函数法”。

定理 3.4.4 设连续随机变量 X 的分布函数为$F(x)$，且数学期望存在，则

$$E(X)=\int_0^{+\infty}[1-F(x)]\mathrm{d}x-\int_{-\infty}^{0}F(x)\mathrm{d}x$$

证明

$$E(X)=\int_{-\infty}^{+\infty}xp(x)\mathrm{d}x=\int_{-\infty}^{0}xp(x)\mathrm{d}x+\int_0^{+\infty}xp(x)\mathrm{d}x$$

其中

$$\int_{-\infty}^{0}xp(x)\mathrm{d}x=-\int_{-\infty}^{0}\left(\int_x^0\mathrm{d}y\right)p(x)\mathrm{d}x=-\int_{-\infty}^{0}\int_{-\infty}^{y}p(x)\mathrm{d}x\mathrm{d}y=-\int_{-\infty}^{0}F(y)\mathrm{d}y$$

$$\int_0^{+\infty}xp(x)\mathrm{d}x=\int_0^{+\infty}\left(\int_0^x\mathrm{d}y\right)p(x)\mathrm{d}x=\int_0^{+\infty}\left(\int_y^{+\infty}p(x)\mathrm{d}x\right)\mathrm{d}y=\int_0^{+\infty}[1-F(y)]\mathrm{d}y$$

即有

$$E(X)=\int_0^{+\infty}[1-F(x)]\mathrm{d}x-\int_{-\infty}^{0}F(x)\mathrm{d}x$$

推论 若 X 为非负连续随机变量，且数学期望存在，则

$$E(X)=\int_0^{+\infty}P(X>x)\mathrm{d}x$$

证明 因为 X 为非负连续随机变量，所以，当 $x<0$ 时，有 $F(x)=0$。由定理 3.4.4 得

$$E(X)=\int_0^{+\infty}[1-F(x)]\mathrm{d}x=\int_0^{+\infty}P(X>x)\mathrm{d}x$$

定理 3.4.5 设 X 为非负连续随机变量，且 $E(X^n)$存在，则

$$E(X^n)=\int_0^{+\infty}nx^{n-1}P(X>x)\mathrm{d}x$$

证明 因为 X 为非负连续随机变量，所以 X^n 也是非负连续随机变量。

利用推论得

$$E(X^n)=\int_0^{+\infty}P(X^n>y)\mathrm{d}y$$

令 $y=x^n$，则

$$E(X^n)=\int_0^{+\infty}P(X^n>x^n)nx^{n-1}\mathrm{d}x$$

$$=\int_0^{+\infty}nx^{n-1}P(X>x)\mathrm{d}x$$

【例 3.4.91】 题同于例 3.4.90。

解 因为 X 为非负连续随机变量，所以由上述定理 3.4.4，有

$$E(X)=\int_0^{+\infty}(1-F(x))\mathrm{d}x==\int_0^{+\infty}\mathrm{e}^{-x^2}\mathrm{d}x\xlongequal{令x=t/\sqrt{2}}\int_0^{+\infty}\mathrm{e}^{-x^2}\frac{1}{\sqrt{2}}\mathrm{d}t$$

$$=\sqrt{\pi}\int_0^{+\infty}\frac{1}{\sqrt{2\pi}}\mathrm{e}^{-\frac{t^2}{2}}\mathrm{d}t=\sqrt{\pi}\cdot\frac{1}{2}=\frac{\sqrt{\pi}}{2}$$

再由定理3.4.5,得

$$E(X^2)=\int_0^{+\infty}x^2 2xe^{-x^2}dx=\int_0^{+\infty}-x^2d(e^{-x^2})=-xe^{-x^2}\Big|_0^{+\infty}+\int_0^{+\infty}2xe^{-x^2}dx$$
$$=\int_0^{+\infty}2xe^{-x^2}dx=1$$

由此得 $\mathrm{Var}(X)=E(X^2)-(E(X))^2=1-\frac{\pi}{4}$。

4) 特征函数法

定义设 X 是一随机变量,称 $\varphi(t)=E(e^{itX})(-\infty<t<+\infty)$为 X 的特征函数。

因为$|e^{itX}|=1$,所以 $E(e^{itX})$总是存在的,即任一随机变量的特征函数总是存在。

依照特征函数与随机变量函数的数学期望的定义,若已知离散型随机变量 X 的密度函数为$p(x)$,则 X 的特征函数为

$$\varphi(t)=\int_{-\infty}^{+\infty}e^{itx}p(x)dx\quad(-\infty<t<+\infty)$$

可以证明:若 $E(X^l)$存在,则 X 的特征函数$\varphi(t)$可 l 次求导,且对 $1\leqslant k\leqslant l$,有

$$\varphi^{(k)}(0)=i^kE(X^k)$$

此式提供了一条求随机变量各阶矩的途径,即有

$$E(X)=\frac{\varphi'(0)}{i},\quad \mathrm{Var}(X)=-\varphi''(0)+(\varphi'(0))^2$$

再根据原点矩和中心矩之间的关系,可以求出相应的各阶中心矩。比如求数学期望与方差:

$$E(X)=\frac{\varphi'(0)}{i},\quad \mathrm{Var}(X)=-\varphi''(0)+(\varphi'(0))^2$$

【例3.4.92】 设随机变量 $X\sim N(\mu,\sigma^2)$,用特征函数法求 $E(X)$,$\mathrm{Var}(X)$。

解 当 $X\sim N(\mu,\sigma^2)$时,$\varphi(t)=e^{i\mu t-\frac{1}{2}\sigma^2t^2}$,从而

$$\varphi'(t)=(i\mu-\sigma^2t)e^{i\mu t-\frac{1}{2}\sigma^2t^2},\quad \varphi'(0)=i\mu$$
$$E(X)=\frac{\varphi'(0)}{i}=\frac{i\mu}{i}=\mu$$
$$\varphi''(t)=[\varphi'(t)]'=[(i\mu-\sigma^2t)e^{i\mu t-\frac{1}{2}\sigma^2t^2}]'$$
$$=-\sigma^2e^{i\mu t-\frac{1}{2}\sigma^2t^2}+(i\mu-\sigma^2t)(i\mu-\sigma^2t)e^{i\mu t-\frac{1}{2}\sigma^2t^2}$$
$$\varphi''(0)=-\sigma^2-\mu^2,\quad E(X^2)=\frac{1}{i^2}(-\sigma^2-\mu^2)=\sigma^2+\mu^2$$
$$\mathrm{Var}(X)=E(X^2)-(E(X))^2=\sigma^2+\mu^2-\mu^2=\sigma^2$$

5) 模式定

由于连续型随机变量的分布密度都有固定的模式,且其数字特征要么是其中的参数,要么是其中参数的函数,因此,我们可以利用其分布密度的标准模式来定出要求的数字特征。其做法在定常数中已涉及。

6) 依据已知条件定

对于连续随机变量而言,不管是已知分布函数,还是已知密度函数,但只要其中含有未知参数,就要首先定出未知参数,然后才能按照前面所介绍的方法进一步求得所要的数字特征。

【例 3.4.93】 设连续随机变量 X 的密度函数为

$$p(x)=\begin{cases}ax+bx^2 & (0<x<1)\\ 0 & (其他)\end{cases}$$

如果已知 $E(X)=0.5$,试计算 $\mathrm{Var}(X)$。

解 因为

$$1=\int_{-\infty}^{+\infty}p(x)\mathrm{d}x=\int_0^1(ax+bx^2)\mathrm{d}x=\frac{a}{2}+\frac{b}{3} \tag{1}$$

$$0.5=E(X)=\int_0^1 x(ax+bx^2)\mathrm{d}x=\frac{a}{3}+\frac{b}{4} \tag{2}$$

联立(1)(2)解得 $a=6,b=-6$。从而有

$$E(X^2)=\int_0^1 x^2(6x-6x^2)\mathrm{d}x=\frac{6}{4}-\frac{6}{5}=\frac{3}{10}$$

所以

$$\mathrm{Var}(X)=E(X^2)-[E(X)]^2=\frac{3}{10}-\frac{1}{4}=0.05$$

3.4.3.2 多维的情形

对于多维连续型随机变量,它的分布规律可通过联合分布函数、联合密度函数来描述,为方便起见,我们以二维连续型随机变量为例进行讨论,三维及其以上完全可以类似推广。

定义① 如果存在二元函数 $p(x,y)$,使得二维随机变量(X,Y)的分布函数 $F(x,y)$可表示为

$$F(x,y)=\int_{-\infty}^{x}\int_{-\infty}^{y}p(u,v)\mathrm{d}v\mathrm{d}u$$

则称(X,Y)为二维连续随机变量,称 $p(u,v)$为(X,Y)的联合密度函数。

性质 (1) 非负性:$p(x,y)\geqslant 0$。

(2) 正则性:$\int_{-\infty}^{+\infty}\int_{-\infty}^{+\infty}p(x,y)\mathrm{d}x\mathrm{d}y=1$。

(3) $P((X,Y)\in G)=\int_{-\infty}^{+\infty}\int_{-\infty}^{+\infty}p(x,y)\mathrm{d}x\mathrm{d}y$。

在(3)的具体使用时,积分范围是 $p(x,y)$的非零区域与 G 的交集。在二维连续随机变量的相关问题中,主要常见的有下列问题:① 定常数;② 由联合密度函数求联合分布函数;③ 由联合分布函数求联合密度函数;④ 求概率;⑤ 判断独立性;⑥ 求随机变量函数的分布;⑦ 求数字特征。

1. 定常数

(1) 无附加条件

即利用有关性质求。主要依据为

$$\int_{-\infty}^{+\infty}\int_{-\infty}^{+\infty}p(x,y)\mathrm{d}x\mathrm{d}y=1;F(-\infty,y)=F(x,-\infty)=F(-\infty,-\infty)=0$$

$$F(+\infty,+\infty)=1$$

① 茆诗松,程依明,濮晓龙.概率论与数理统计教程[M].北京:高等教育出版社,2019:128-129.

1) X 与 Y 的取值无关

【例 3.4.94】 设随机变量(X,Y)的联合密度函数为

$$p(x,y)=\begin{cases}k(6-x-y) & (0<x<2,2<y<4)\\ 0 & (\text{其他})\end{cases}$$

试求常数 k。

解 由 $1=\int_{-\infty}^{+\infty}\int_{-\infty}^{+\infty}p(x,y)\mathrm{d}x\mathrm{d}y=\int_0^2\int_2^4 k(6-x-y)\mathrm{d}x\mathrm{d}y=k\int_0^2(6-2x)\mathrm{d}x=8k$，得 $k=\frac{1}{8}$。

2) X 与 Y 的取值相互制约

【例 3.4.95】 设二维随机变量(X,Y)的联合密度函数为

$$p(x,y)=\begin{cases}k & (0<x^2<y<x<1)\\ 0 & (\text{其他})\end{cases}$$

试求常数 k。

解 由 $1=\int_{-\infty}^{+\infty}\int_{-\infty}^{+\infty}p(x,y)\mathrm{d}x\mathrm{d}y=k\int_0^1\int_{x^2}^{x}\mathrm{d}y\mathrm{d}x=k\int_0^1(x-x^2)\mathrm{d}x=\frac{k}{6}$，得 $k=6$。

因为在利用性质定常数时，都是要将重积分设法化成累次积分，最后计算出结果。在上述背景下其积分区域完全由 $p(x,y)$的定义域确定，所以若定义域中 X 与 Y 的取值无关，化累次积分和计算就简单得多，若定义域中 X 与 Y 的取值相互制约，可以像数学分析中计算积分那样，通过画图定积分区域从而把重积分转化为累次积分，其实在概率论中大可不必，因为尽管由于 x,y 的相互制约区间难以分离，但明确的制约关系可以确定出积分区域，从而依然可以化重积分为累次积分。

【例 3.4.96】 设二维随机变量(X,Y)的分布函数为

$$F(x,y)=A\left(B+\arctan\frac{x}{2}\right)\left(C+\arctan\frac{y}{3}\right)\quad(-\infty<x<+\infty,-\infty<y<+\infty)$$

试求：A,B,C 的值。

解 由题及分布函数的基本性质，得

$$\begin{cases}F(-\infty,y)=A\left(B-\frac{\pi}{2}\right)\left(C+\arctan\frac{y}{3}\right)=0\\ F(x,-\infty)=A\left(B+\arctan\frac{x}{2}\right)\left(C-\frac{\pi}{2}\right)=0\\ F(+\infty,+\infty)=A\left(B+\frac{\pi}{2}\right)\left(C+\frac{\pi}{2}\right)=1\end{cases}$$

解得

$$\begin{cases}A=\frac{1}{\pi^2}\\ B=\frac{\pi}{2}\\ C=\frac{\pi}{2}\end{cases}$$

(2) 利用标准模式定

和一维随机变量类似，若已知二维连续随机变量服从某一具体分布，且给出了其联合密

度函数的一般形式，就可以将其化为标准型，通过对比得到所求常数。

【例 3.4.97】 设二维随机变量$(X,Y)\sim N(\mu_1,\mu_2,\sigma_1^2,\sigma_2^2,\rho)$，其联合概率密度为

$$p(x,y)=\frac{1}{2\pi\sqrt{3}}e^{-[4x^2+2xy+y^2-8x-2y+4]/6}\quad(-\infty<x,y<+\infty)$$

试求：参数$\mu_1,\mu_2,\sigma_1^2,\sigma_2^2,\rho$的值。

解 由

$$\frac{(4x^2+2xy+y^2-8x-2y+4)}{6}=\frac{[4(x-1)^2+2(x-1)y+y^2]}{[2(\sqrt{3})^2]}$$

知

$$p(x,y)=\frac{1}{2\pi\sqrt{3}}\exp\left\{\frac{[4(x-1)^2+2(x-1)y+y^2]}{[2(\sqrt{3})^2]}\right\}$$

而$(X,Y)\sim N(\mu_1,\mu_2,\sigma_1^2,\sigma_2^2,\rho)$，其密度函数为

$$p(x,y)=\frac{1}{2\pi\sigma_1\sigma_2\sqrt{1-\rho^2}}\exp\left\{-\frac{1}{2(1-\rho^2)}\left[\frac{(x-\mu_1)^2}{\sigma_1^2}-2\rho\frac{(x-\mu_1)(y-\mu_2)}{\sigma_1\sigma_2}+\frac{(y-\mu_2)^2}{\sigma_2^2}\right]\right\}\quad(-\infty<x,y<+\infty)$$

将以上两式比较即得

$$\mu_1=1,\quad\mu_2=0,\quad\sigma_1^2=1,\quad\sigma_2^2=4,\quad\rho=-\frac{1}{2}$$

2. 已知联合密度函数求联合分布函数

在讨论一维连续随机变量相应问题中，我曾经介绍了一个直观易行的方法，就是将随机变量的非零区间端点放在数轴上，从而从左至右在形成的区间中讨论$F(x)$，最后综合用分段函数写出。但由于二维连续随机变量的取值对应坐标平面内的一个点，因而对它的讨论就必须在全平面进行。

【例 3.4.98】 设二维随机变量(X,Y)的联合密度函数为

$$p(x,y)=\begin{cases}4xy & (0<x<1,0<y<1)\\0 & (\text{其他})\end{cases}$$

试求(X,Y)的联合分布函数$F(x,y)$。

解 由于$0<x<1,0<y<1$，它把全平面分成5个互不相交的区域，因此，(X,Y)的联合分布函数$F(x,y)$要分如下5个区域来表示：

当$x<0$或$y<0$时，$F(x,y)=\int_{-\infty}^{x}\int_{-\infty}^{y}0\mathrm{d}x\mathrm{d}y=0$；

当$0\leqslant x<1,0\leqslant y<1$时，$F(x,y)=4\int_{-\infty}^{x}\int_{-\infty}^{y}t_1t_2\mathrm{d}t_2\mathrm{d}t_1=x^2y^2$；

当$0\leqslant x<1,y\geqslant1$时，$F(x,y)=4\int_{0}^{x}\int_{0}^{1}t_1t_2\mathrm{d}t_2\mathrm{d}t_1=x^2$；

当$x\geqslant1,0\leqslant y<1$时，$F(x,y)=4\int_{0}^{1}\int_{0}^{y}t_1t_2\mathrm{d}t_2\mathrm{d}t_1=y^2$；

当$x\geqslant1,y\geqslant1$时，$F(x,y)=4\int_{0}^{1}\int_{0}^{1}t_1t_2\mathrm{d}t_2\mathrm{d}t_1=1$。

综上得

$$F(x,y)=\begin{cases}0 & (x<0\text{ 或 }y<0)\\ x^2y^2 & (0\leqslant x<1,0\leqslant y<1)\\ x^2 & (0\leqslant x<1,y\geqslant 1)\\ y^2 & (x\geqslant 1,0\leqslant y<1)\\ 1 & (x\geqslant 1,y\geqslant 1)\end{cases}$$

从理论与上述解题过程都可以看出,由联合密度求联合分布函数的依据是 $F(x,y)=\int_{-\infty}^{x}\int_{-\infty}^{y}p(x,y)\mathrm{d}y\mathrm{d}x$,而保证目标达到的关键是着眼于全平面,根据联合密度的定义域把其分为若干个互不相交的区域不重不漏地进行讨论。

3. 已知联合分布函数求联合密度

由联合密度函数的定义我们显然可以得到如下关系式:

$$p(x,y)\underset{\frac{\partial^2}{\partial x\partial y}F(x,y)}{\overset{\int_{-\infty}^{x}\int_{-\infty}^{y}f(x,y)\mathrm{d}y\mathrm{d}x}{\rightleftharpoons}}F(x,y)$$

由上述关系式,利用高等数学的理论与方法,由联合分布函数极易得到联合密度函数。

【例 3.4.99】 (例 3.4.96 续)已知(X,Y)的联合分布函数为

$$F(x,y)=\frac{1}{\pi^2}\left(\frac{\pi}{2}+\arctan\frac{x}{2}\right)\left(\frac{\pi}{2}+\arctan\frac{y}{3}\right)\quad(-\infty<x<+\infty,-\infty<y<+\infty)$$

试求:$p(x,y)$。

解

$$p(x,y)=\frac{\partial^2}{\partial x\partial y}F(x,y)=\frac{6}{\pi^2(4+x^2)(9+y^2)}\quad(-\infty<x<+\infty,-\infty<y<+\infty)$$

4. 由联合密度函数求概率

类似于一维连续型随机变量,对于二维连续型随机变量求概率,其依据就是

$$P((X,Y)\in G)=\iint\limits_{G}p(x,y)\mathrm{d}x\mathrm{d}y$$

从此种意义上,求概率的思路很简单,方法就是求一个重积分,解决问题的关键就是把一个重积分转化为累次积分。我们面临的问题不外乎两类:

(1) 联合密度函数可分离变量

所谓可分离变量,就是指 X,Y 的取值不相互制约且$p(x,y)=h(x)g(y)$的情形,对于这类情形求概率相当容易,因为将重积分转化为累次积分非常容易。

1) 待求概率对应区域为显区域

【例 3.4.100】 (例 3.4.98 续)设随机变量的联合密度函数为

$$p(x,y)=\begin{cases}4xy & (0<x<1,0<y<1)\\ 0 & (\text{其他})\end{cases}$$

试求:$P(0<X<0.5,0.25<Y<1)$。

解

$$\begin{aligned}P(0<X<0.5,0.25<Y<1)&=4\int_{0}^{0.5}\int_{0.25}^{1}xy\mathrm{d}y\mathrm{d}x\\&=4\int_{0}^{0.5}x\mathrm{d}x\int_{0.25}^{1}y\mathrm{d}y\end{aligned}$$

$$= 4 \times \frac{1}{8} \times \frac{15}{32}$$

$$= \frac{15}{64}$$

此种情形下化累次积分较方便，不需要像高等数学那样通过画图再找出积分区域，然后化重积分为累次积分，因为 X 与 Y 的取值无制约关系，所以直接取所求概率对应的区域与联合密度函数的非零区域的交集即可。

2）待求概率对应区域为隐区域

【例 3.4.101】 （例 3.4.94 续）设随机变量的联合密度函数为

$$p(x,y) = \begin{cases} 6(6-x-y) & (0<x<2, 2<y<4) \\ 0 & (\text{其他}) \end{cases}$$

求：$P(X+Y\leqslant 4)$。

解

$$P(X+Y\leqslant 4) = \frac{1}{8}\int_0^2\int_2^{4-x}(6-x-y)\mathrm{d}y\mathrm{d}x$$

$$= \frac{1}{8}\int_0^2(0.5x^2-4x+6)\mathrm{d}x = \frac{2}{3}$$

由于 X 与 Y 的取值无制约关系，那么要求(X,Y)在一个隐区域内的概率，就可以像解不定方程那样让 X 或 Y 在自己的允许区间内取值，由此可以通过解不等式确定出另一变量的取值范围。这样，就可以把重积分转变成累次积分了。

（2）联合密度函数不可分离

1）待求概率对应区域为显区域

【例 3.4.102】 设二维随机变量(X,Y)的联合密度函数为

$$p(x,y) = \begin{cases} 6(1-y) & (0<x<y<1) \\ 0 & (\text{其他}) \end{cases}$$

求：$P(X>0.5, Y>0.5)$。

解 由题知

$$P(X>0.5, Y>0.5) = 6\int_{0.5}^1\int_{0.5}^y(1-y)\mathrm{d}x\mathrm{d}y$$

$$= 6\int_{0.5}^1(-y^2+1.5y-0.5)\mathrm{d}y = \frac{1}{8}$$

由于求概率所对应的区域和 X,Y 的取值区域只有一个是隐区域，所以只要把二者之间的关系结合起来考虑，不用画图也可以定出累次积分的积分上下限。如果把上述关系用图 3.17 表示出来，积分上下限的选取就更明了了。

2）待求概率对应区域为隐区域

【例 3.4.103】 设随机变量(X,Y)的联合密度函数为

$$p(x,y) = \begin{cases} x^2 + \dfrac{xy}{3} & (0\leqslant x\leqslant 1, 0\leqslant y\leqslant 2) \\ 0 & (\text{其他}) \end{cases}$$

解 由于 $p(x,y)$仅在矩形区域 $0\leqslant x\leqslant 1, 0\leqslant y\leqslant 2$ 内非零，因而所求概率实际上就是(X,Y)落入图 3.18 中阴影部分 G 的概率。于是有

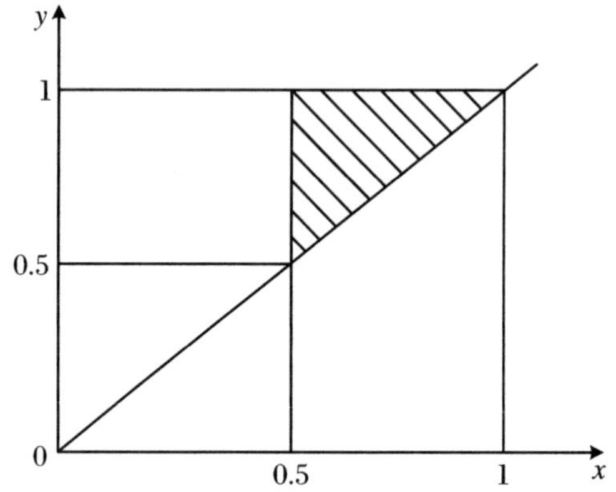

图 3.17 例 3.4.102 示意图

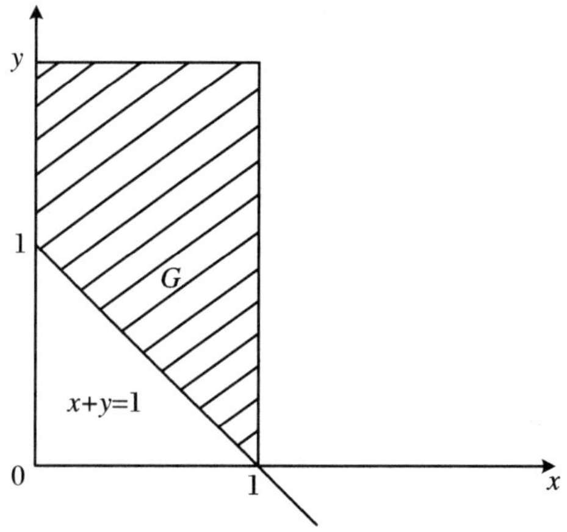

图 3.18 例 3.4.103 示意图

$$P\{X+Y\geqslant 1\}=\iint\limits_{G}p(x,y)\mathrm{d}x\mathrm{d}y=\int_0^1\mathrm{d}x\int_{1-x}^{2}\left(x^2+\frac{xy}{3}\right)\mathrm{d}y$$

$$=\int_0^1\left(\frac{x}{2}+\frac{4}{3}x^2+\frac{5}{6}x^3\right)\mathrm{d}x=\frac{65}{72}$$

此处虽然联合密度函数不可分离，但完全可按上述处理方法处理。当然也可借助于图来定积分区域更直观。

(3) X,Y 的取值区间与待求概率对应的区间均为隐区间

【例 3.4.104】 (题同例 3.4.102)求 $P(X+Y<1)$。

解 $p(x,y)$的非零区域与$\{x+y<1\}$的交集为图 3.19 中阴影部分，所以

$$P(X+Y<1)=6\int_0^{0.5}\int_x^{1-x}(1-y)\mathrm{d}y\mathrm{d}x=6\int_0^{0.5}\left(\frac{1}{2}-x\right)\mathrm{d}x=\frac{3}{4}$$

由于此例展示的关系比较繁杂，定积分区域时靠观察容易出错，因此，建议通过作图再利用“穿针法”把重积分转化为累次积分较为可靠。

总之，利用联合密度函数求概率的关键就是把重积分转化为累次积分，在这一转化过程中解决问题的重中之重就是积分区域的确定。一言以蔽之，不管联合密度函数的定义域以何种形式出现，也不管其所求概率所对应的区域是显区域还是隐区域，积分区域就是联合密

度函数的非零区域与待求概率的对应区域的交集。

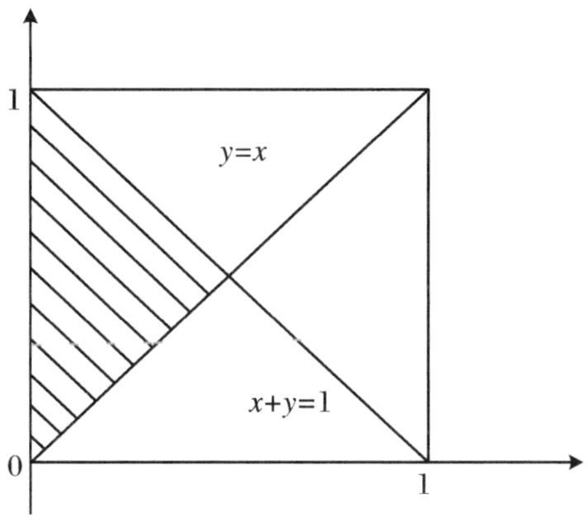

图 3.19 例 3.4.104 示意图

5. 利用联合分布函数求概率

(1) 利用联合分布函数的“非负性”求

对于所求概率的区域是矩形区域,若已知联合分布函数,可以直接利用“非负性”求。其依据为

$$P(a < X \leqslant b, c < Y \leqslant d) = F(b,d) - F(a,d) - F(b,c) + F(a,c)$$

一旦遇到求矩形区域的概率且联合分布函数已知或可求,就可以直接代入上式计算即得。

(2) 利用联合分布函数的“意义”求

【例 3.4.105】 一个电子设备含有两个主要元件,分别以 X 和 Y 表示这两个主要元件的寿命(单位:h)。若设其联合分布函数为

$$F(x,y) = \begin{cases} 1 - e^{-0.01x} - e^{-0.01y} + e^{-0.01(x+y)} & (x \geqslant 0, y \geqslant 0) \\ 0 & (\text{其他}) \end{cases}$$

试求:这两个元件的寿命都超过 120 h 的概率。

解 由题意,所求的概率为

$$\begin{aligned} P(X > 120, Y > 120) &= 1 - P\{(X \leqslant 120) \cup (Y \leqslant 120)\} \\ &= 1 - P(X \leqslant 120) - P(Y \leqslant 120) + P(X \leqslant 120, Y \leqslant 120) \\ &= 1 - F(120, +\infty) - F(+\infty, 120) + F(120,120) \\ &= 1 - (1 - e^{-1.2}) - (1 - e^{-1.2}) + (1 - 2e^{-1.2} + e^{-2.4}) \\ &= e^{-2.4} = 0.0907 \end{aligned}$$

即两个主要元件的寿命都超过 120 h 的概率为 0.0907。

利用联合分布函数求概率是函数运算,利用联合密度函数求概率是积分运算,从运算的角度似乎后者易行,但对于连续随机变量人们多习惯于用密度函数表示,所以还是前者求概率的方法常用。

6. 判断独立性

把多个随机变量结合成一个整体来研究,不仅可以考察和研究每一个分量与结合成整体的多维随机变量性质与规律,而且还可以进一步研究组成总体的各个分量之间的关系。

即关于独立性的判断问题。

(1) 边际(边缘)分布

讲到独立性,就自然而然会涉及边际分布的问题,相对于多维随机变量,组成其总体的每一个分量的分布就称之为边际(边缘)分布。对于二维连续型随机变量,相对于联合分布函数、联合分布密度函数自然有边际(边缘)分布函数和边际(边缘)密度函数。

1) 边际(边缘)分布函数

定义 设二维连续随机变量(X,Y)的联合分布函数为$F(x,y)$,则

$$F_X(x)=\lim_{y\to+\infty}F(x,y)=F(x,+\infty)$$

称为X的边际(边缘)分布;

$$F_Y(y)=\lim_{x\to+\infty}F(x,y)=F(+\infty,y)$$

称为Y的边际(边缘)分布。

例如

$$F(x,y)=\begin{cases}1-e^{-x}-e^{-y}+e^{-x-y-\lambda xy} & (x>0,y>0)\\ 0 & (\text{其他})\end{cases}$$

则

$$F_X(x)=F(x,+\infty)=\begin{cases}1-e^{-x} & (x>0)\\ 0 & (x\leqslant 0)\end{cases}$$

$$F_Y(y)=F(+\infty,y)=\begin{cases}1-e^{-y} & (y>0)\\ 0 & (y\leqslant 0)\end{cases}$$

推广:对于n维连续随机变量来说,低于n维的任何维分布都称为此n维随机变量的边际(边缘)分布。这意味着对于维数越高的随机变量,有更多的边际(边缘)分布函数。

例如:对于三维随机变量(X,Y,Z),若其联合分布函数为$F(x,y,z)$,则有

$$F_X(x)=F(x,+\infty,+\infty)$$

$$F_Y(y)=F(+\infty,y,+\infty)$$

$$F_Z(z)=F(+\infty,+\infty,z)$$

$$F_{X,y}(x,y)=F(x,y,+\infty)$$

$$F_{X,Z}(x,z)=F(x,+\infty,z)$$

$$F_{Y,Z}(y,z)=F(+\infty,y,z)$$

2) 边际(边缘)密度函数

定义 设二维连续随机变量(X,Y)的联合密度函数为$p(x,y)$,则

$$p_X(x)=\int_{-\infty}^{+\infty}p(x,y)\mathrm{d}y$$

$$p_Y(y)=\int_{-\infty}^{+\infty}p(x,y)\mathrm{d}x$$

分别为X和Y的边际密度函数。

由边际(边缘)分布函数及连续随机变量密度函数的定义极易得到下述两式:

$$\int_{-\infty}^{x}p_X(x)\mathrm{d}x=F_X(x)=F(x,+\infty)=\int_{-\infty}^{x}\left(\int_{-\infty}^{+\infty}p(x,y)\mathrm{d}y\right)\mathrm{d}x$$

$$\int_{-\infty}^{y}p_Y(y)\mathrm{d}y=F_Y(y)=F(+\infty,y)=\int_{-\infty}^{y}\left(\int_{-\infty}^{+\infty}p(x,y)\mathrm{d}x\right)\mathrm{d}y$$

再由积分相等的充要条件将上式两端对比即得结论。

（2）独立性的判断

独立性的判断是以下列定义为依据的：

定义　设 n 维随机变量$(X_1,X_2,\cdots,X_n)$为连续随机变量，其联合分布函数和联合密度函数分别为 $F(x_1,x_2,\cdots,x_n)$与$p(x_1,x_2,\cdots,x_n)$，X_i 的分布函数和密度函数分别为$F_i(x_i)$与 $p_i(x_i)(i=1,2,\cdots,n)$。若对任意 n 个实数$x_1,x_2,\cdots,x_n$，有

$$F(x_1,x_2,\cdots,x_n)=\prod_{i=1}^{n}F_i(x_i)\quad \text{或}\quad p(x_1,x_2,\cdots,x_n)=\prod_{i=1}^{n}p_i(x_i)$$

则称 $X_1,X_2,\cdots,X_n$ 相互独立。

按照此定义，对二维连续随机变量而言，只要能准确求出 $F_X(x)$，$F_Y(y)$或 $p_X(x)$，$p_Y(y)$，然后比较一下是否有

$$F_X(x)F_Y(y)=F(x,y)\quad \text{或}\quad p_X(x)p_Y(y)=p(x,y)$$

即可。

【例 3.4.106】　设二维随机变量(X,Y)的联合分布函数为

$$F(x,y)=\begin{cases}1-e^{-\lambda_1 x}-e^{-\lambda_2 y}+e^{-\lambda_1 x-\lambda_2 y-\lambda_{12}\max\{x,y\}} & (x>0,y>0)\\ 0 & (\text{其他})\end{cases}$$

试判断 X 与 Y 的独立性。

解　因为

$$\lim_{y\to+\infty}F(x,y)=\lim_{y\to+\infty}\{1-e^{-\lambda_1 x}-e^{-\lambda_2 y}+e^{-\lambda_1 x-\lambda_2 y-\lambda_{12}\max\{x,y\}}\}=1-e^{-\lambda_1 x}$$

$$\lim_{x\to+\infty}F(x,y)=\lim_{x\to+\infty}\{1-e^{-\lambda_1 x}-e^{-\lambda_2 y}+e^{-\lambda_1 x-\lambda_2 y-\lambda_{12}\max\{x,y\}}\}=1-e^{-\lambda_2 y}$$

从而有

$$F_X(x)=\lim_{y\to+\infty}F(x,y)=\begin{cases}1-e^{-\lambda_1 x} & (x>0)\\ 0 & (\text{其他})\end{cases}$$

$$F_Y(y)=\lim_{x\to+\infty}F(x,y)=\begin{cases}1-e^{-\lambda_2 y} & (y>0)\\ 0 & (\text{其他})\end{cases}$$

显然 $F_X(x)F_Y(y)\neq F(x,y)$，所以 X 与 Y 不独立。

观察以上各结果，我们可以发现，联合分布函数中 $F(x,y)$含有参数 λ_{12}，而两个边际分布函数中均不含 λ_{12}，所以自然导致 $F_X(x)F_Y(y)\neq F(x,y)$。

此例也展示了这样一个结论：联合分布函数可唯一确定边际分布函数，反之，边际分布函数却未必能确定联合分布函数。

【例 3.4.107】　设(X,Y)的联合密度函数为

$$p(x,y)=\frac{1}{\pi^2(1+x^2)(1+y^2)}\quad(-\infty<x<+\infty)$$

试问 X 与 Y 是否独立？

解　因为

$$p_X(x)=\int_{-\infty}^{+\infty}\frac{1}{\pi^2(1+x^2)(1+y^2)}dy=\frac{1}{\pi(1+x^2)}\quad(-\infty<x<+\infty)$$

$$p_Y(y)=\int_{-\infty}^{+\infty}\frac{1}{\pi^2(1+x^2)(1+y^2)}dx=\frac{1}{\pi(1+y^2)}\quad(-\infty<x<+\infty)$$

所以由 $p(x,y)=p_X(x)\cdot p_Y(y)$，知 X 与 Y 相互独立。

【例 3.4.108】 设(X,Y)的联合密度函数为

$$p(x,y)=\begin{cases}xe^{-(x+y)} & (x>0,y>0)\\ 0 & (\text{其他})\end{cases}$$

试判断 X 与 Y 的独立性。

解 当 $x>0$ 时，$p_X(x)=\int_0^{+\infty}xe^{-(x+y)}dy=xe^{-x}\int_0^{+\infty}e^{-y}dy=xe^{-x}$；

当 $y>0$ 时，$p_Y(y)=\int_0^{+\infty}xe^{-(x+y)}dx=e^{-y}\int_0^{+\infty}xe^{-x}dx=e^{-y}$。

所以，由 $p(x,y)=p_X(x)\cdot p_Y(y)$，知 X 与 Y 相互独立。

【例 3.4.109】 设二维随机变量(X,Y)的联合密度函数为

$$p(x,y)=\begin{cases}\dfrac{21}{4}x^2y & (x^2<y<1)\\ 0 & (\text{其他})\end{cases}$$

试问 X 与 Y 是否独立?

解 当 $-1<x<1$ 时，$p_X(x)=\int_{x^2}^{1}\frac{21}{4}x^2ydy=\frac{21}{8}x^2(1-x^4)$；

当 $0<y<1$ 时，$p_Y(y)=\int_{-\sqrt{y}}^{\sqrt{y}}\frac{21}{4}x^2ydx=\frac{7}{2}y^{\frac{5}{2}}$。

所以，由 $p(x,y)\neq p_X(x)\cdot p_Y(y)$，知 X 与 Y 不相互独立。

比较上两例可以看出，例 3.4.108 中的联合密度函数可分离变量，X 与 Y 相互独立，例 3.4.109 中的联合密度函数不能分离变量，X 与 Y 不相互独立。这个结果不难理解，既然 $p(x,y)$可分离变量，就意味着 X 与 Y 没有任何关系；反之，就有关系，不管有什么关系，只要有关系就不独立。经验是理论的基础，理论是经验的抽象与升华，一般而论，有下述定理：

定理 3.4.6 设二维随机变量(X,Y)的联合密度函数为 $p(x,y)$，则 X 与 Y 相互独立的充要条件是$p(x,y)$可分离变量，即有 $p(x,y)=h(x)g(y)$，且 $h(x)$与 $p_X(x)$，$g(y)$与 $p_Y(y)$分别相差一个常数因子 k_1,k_2，并满足 $k_1\cdot k_2=1$。

证明 设(X,Y)的两个边际密度分别为 $p_X(x)$，$p_Y(y)$。必要性是显然的：因为 X 与 Y 独立，则有 $p(x,y)=p_X(x)p_Y(y)$。即 $p(x,y)$可分离变量，其中 $h(x)=p_X(x)$，$g(y)=p_Y(y)$。

再证充分性：因为 $p(x,y)=h(x)g(y)$，记 $k_1=\int_{-\infty}^{+\infty}h(x)dx$，$k_2=\int_{-\infty}^{+\infty}g(y)dy$。则由联合密度的正则性，得

$$\begin{aligned}\int_{-\infty}^{+\infty}\int_{-\infty}^{+\infty}p(x,y)dxdy&=\int_{-\infty}^{+\infty}\int_{-\infty}^{+\infty}h(x)g(y)dxdy\\&=\int_{-\infty}^{+\infty}h(x)dx\int_{-\infty}^{+\infty}g(y)dy=k_1k_2=1\end{aligned}$$

又因为

$$p_X(x)=\int_{-\infty}^{+\infty}p(x,y)dy=h(x)\int_{-\infty}^{+\infty}g(y)dy=k_2h(x)$$

$$p_Y(y)=\int_{-\infty}^{+\infty}p(x,y)dx=g(y)\int_{-\infty}^{+\infty}h(x)dx=k_1g(y)$$

所以

$$\begin{aligned}p(x,y)&=h(x)g(y)=k_1k_2h(x)g(y)\\&=[k_1h(x)][k_2g(y)]=p_X(x)p_Y(y)\end{aligned}$$

即 X 与 Y 相互独立。且从以上证明过程可知，$h(x)$与 $p_X(x)$相差一个常数因子 k_2，$g(y)$与 $p_Y(y)$相差一个常数因子 k_1，这两个常数因子的乘积为 1。

利用上述定理判断两个随机变量的独立性较为方便，但使用时要注意“可分离”的含义，不仅要求联合密度函数的结构可分离成 $h(x)g(y)$，而且还要求 X,Y 的取值无制约关系。

【例 3.4.110】 设(X,Y)的联合密度函数为

$$p(x,y)=\begin{cases} cxy^2 & (0<x<1,0<y<1) \\ 0 & (\text{其他}) \end{cases}$$

求常数 c，并证明 X 与 Y 相互独立。

解 因为 $1=\int_0^1\int_0^1 cxy^2\mathrm{d}x\mathrm{d}y=\dfrac{c}{6}$，所以 $c=6$。即

$$p(x,y)=\begin{cases} 6xy^2 & (0<x<1,0<y<1) \\ 0 & (\text{其他}) \end{cases}$$

取 $h(x)=6x(0<x<1)$，$g(y)=y^2(0<y<1)$。则有 $p(x,y)=h(x)g(y)$，即 $p(x,y)$可分离变量，所以，X 与 Y 独立。

同时，也可进一步求出 $p_X(x)$，$p_Y(y)$。

事实上，$\int_0^1 p_X(x)\mathrm{d}x=\int_0^1 k_2 6x\mathrm{d}x=k_2\cdot 3x^2\big|_0^1=3k_2=1$，从而 $k_2=\dfrac{1}{3}$。即

$$p_X(x)=\begin{cases} 2x & (0<x<1) \\ 0 & (\text{其他}) \end{cases}$$

由于 $k_1\cdot k_2=1$，易得

$$p_Y(y)=\begin{cases} 3y^2 & (0<y<1) \\ 0 & (\text{其他}) \end{cases}$$

下面介绍一个有价值的典型题目，之所以说它有价值，一方面是因为它处理问题的方法有一些特色技巧，另一方面是因为它的做法及结果可以在更大的范围内得到推广。

【例 3.4.111】 设二维随机变量(X,Y)的联合密度函数为

$$p(x,y)=\begin{cases} k\mathrm{e}^{-(3x+4y)} & (x>0,y>0) \\ 0 & (\text{其他}) \end{cases}$$

试求：① 常数 k；② $F(x,y)$；③ $P(0<X\leqslant 1,0<Y\leqslant 2)$；④ 判断 X 与 Y 是否相互独立。

解 ① 由 $k\int_0^{+\infty}\int_0^{+\infty}\mathrm{e}^{-(3x+4y)}\mathrm{d}x\mathrm{d}y=k\times\dfrac{1}{3}\times\dfrac{1}{4}\int_0^{+\infty}3\mathrm{e}^{-3x}\mathrm{d}x\int_0^{+\infty}4\mathrm{e}^{-4y}\mathrm{d}y=\dfrac{k}{12}=1$，解得 $k=12$。

② 当 $x\leqslant 0$ 或 $y\leqslant 0$ 时，$F(x,y)=0$

当 $x>0,y>0$ 时，
$$\begin{aligned} F(x,y)&=12\int_0^x\int_0^y \mathrm{e}^{-(3t_1+4t_2)}\mathrm{d}t_2\mathrm{d}t_1 \\ &=\int_0^x 3\mathrm{e}^{-3t_1}\mathrm{d}t_1\int_0^y 4\mathrm{e}^{-4t_2}\mathrm{d}t_2 \\ &=(1-\mathrm{e}^{-3x})(1-\mathrm{e}^{-3y})\text{。} \end{aligned}$$

所以，有

$$F(x,y)=\begin{cases} (1-\mathrm{e}^{-3x})(1-\mathrm{e}^{-4y}) & (x>0,y>0) \\ 0 & (\text{其他}) \end{cases}$$

③ $P(0<X\leqslant 1,0<Y\leqslant 2)=P(X\leqslant 1,Y\leqslant 2)=F(1,2)$

$$= (1-e^{-3})(1-e^{-8}) = 1 - e^{-3} - e^{-8} + e^{-11}$$
$$= 0.9499$$

④ 当 $x > 0$ 时，$p_X(x) = \int_0^{+\infty} 12e^{-(3x+4y)} dy = 3e^{-3x} \int_0^{+\infty} 4e^{-4y} dy = 3e^{-3x}$

当 $x \leqslant 0$ 时，$p_X(x) = 0$。

所以

$$p_X(x) = \begin{cases} 3e^{-3x} & (x > 0) \\ 0 & (x \leqslant 0) \end{cases}$$

当 $y > 0$ 时，$p_Y(y) = \int_0^{+\infty} 12e^{-(3x+4y)} dx = 4e^{-4y} \int_0^{+\infty} 3e^{-3x} dx = 4e^{-4y}$

当 $y \leqslant 0$ 时，$p_Y(y) = 0$。

所以

$$p_Y(y) = \begin{cases} 4e^{-4y} & (y > 0) \\ 0 & (\text{其他}) \end{cases}$$

由于对于一切的(x,y)，均有 $p(x,y) = p_X(x)p_Y(y)$，所以，X 与 Y 独立。

在此解题的过程中，我们多次运用了"整体化 1"，即指数分布的密度函数在整个取值区间的积分为 1，化解了二重积分及累次积分，同时还利用指数分布函数的内涵顺利求积分，这种概率论的理论与方法在积分中的应用让人不禁感觉到方法带来的轻松，同时也提升了结果的可靠性，效益产生联想，理念强化追求，源源不断地成功与享受必然形成能力与动力。从另一种意义上，如此而为较易揭示所研究问题的规律，更有利于向更广阔的场合推广：如在①②③中，我们可以发现，对于任意的 k_1, k_2，有

$$p(x,y) = \begin{cases} Ae^{-(cx+dy)} & (x > 0, y > 0) \\ 0 & (\text{其他}) \end{cases}$$

则必有：$A = c \times d$；

$$F(x,y) = \begin{cases} (1 - e^{-cx})(1 - e^{-dy}) & (x > 0, y > 0) \\ 0 & (\text{其他}) \end{cases}$$

$$P(0 < X \leqslant k_1, 0 < Y \leqslant k_2) = (1 - e^{-ck_1})(1 - e^{-dk_2})$$

④ 更进一步验证了定理 3.4.6，具体清晰地展示了 $p(x,y)$的可分离性与 X, Y 独立的关系。

7. 随机变量函数的分布

类同于对多维离散型随机变量函数的研究，对于多维连续随机变量的研究，我们仍以二维为例，对于多维的情况，完全可类似推广。

从思维的核心来说，仍然是数学中常用的"等价事件转化法"。事实很简单，要求 $Z = G(X,Y)$的分布，已知的是(X,Y) 的分布，要求出 Z 的分布，必须通过已知(X,Y)求得未知 Z，事件的转化来实现。对于概率论而论，一个事件向另一个事件转化，必须保证"等概"，"等概"就保证了"等价"。从方法上说，常用的基本上有三种：分布函数法；变量变换法；增补变量法。

(1) 分布函数法

与一维连续随机变量一样，为求 $Z = G(X,Y)$的密度函数，先求其分布函数 $F_Z(z)$，然后再根据分布函数与密度函数之间的关系求出密度函数。

【例 3.4.112】 (独立和的分布)设 X 与 Y 是两个相互独立的连续随机变量,其密度函数分别为 $p_X(x)$ 与 $p_Y(y)$,则其和 $Z=X+Y$ 的密度函数为

$$p_Z(z)=\int_{-\infty}^{+\infty}p_X(z-y)p_Y(y)\mathrm{d}y \quad 或 \quad p_Z(z)=\int_{-\infty}^{+\infty}p_X(x)p_Y(z-x)\mathrm{d}x$$

证明

$$\begin{aligned}F_Z(z)=P(X+Y\leqslant z)&=\iint_{x+y\leqslant z}p_X(x)p_Y(y)\mathrm{d}x\mathrm{d}y\\&=\int_{-\infty}^{+\infty}\left[\int_{-\infty}^{z-y}p_X(x)\mathrm{d}x\right]p_Y(y)\mathrm{d}y\\&=\int_{-\infty}^{z-y}\left[\int_{-\infty}^{+\infty}p_X(x)p_Y(y)\mathrm{d}y\right]\mathrm{d}x\end{aligned}$$

对上式两边求导,可得到 Z 的密度函数为

$$p_Z(z)=\int_{-\infty}^{+\infty}p_X(z-y)p_Y(y)\mathrm{d}y$$

此称连续场合下的卷积公式。

由于 X 与 Y 的对称性,类似可得到 $p_Z(z)=\int_{-\infty}^{+\infty}p_X(x)p_Y(z-x)\mathrm{d}x$ 。

显然,求二维连续随机变量之和的分布密度就是要计算一个二重积分,根据积分理论,被积函数已确定,关键就要确定好积分区域,由于卷积公式有两种等价形式,在实际应用时,注意选择变换后的被积函数较为简单便于积分的那种形式。

【例 3.4.113】 设随机变量 X 与 Y 独立,$X\sim N(\mu,\sigma^2)$,Y 服从$[-b,b](b>0)$上的均匀分布,求随机变量 $Z=X+Y$ 的分布密度。

解 由卷积公式,得

$$\begin{aligned}p_Z(z)&=\int_{-\infty}^{+\infty}p_X(z-y)p_Y(y)\mathrm{d}y\\&=\int_{-b}^{b}\frac{1}{\sqrt{2\pi}\sigma}\exp\left\{-\frac{(z-y-\mu)^2}{2\sigma^2}\right\}\cdot\frac{1}{2b}\mathrm{d}y\end{aligned}$$

令$\frac{z-y-\mu}{\sigma}=-t$,$\mathrm{d}y=\sigma\mathrm{d}t$,得

$$\begin{aligned}p_Z(z)&=\int_{\frac{\mu-b-z}{\sigma}}^{\frac{\mu+b-z}{\sigma}}\frac{1}{\sqrt{2\pi}}\mathrm{e}^{-\frac{t^2}{2}}\cdot\frac{1}{2b}\mathrm{d}t\\&=\frac{1}{2b}\left[\Phi\left(\frac{\mu+b-z}{\sigma}\right)-\Phi\left(\frac{\mu-b-z}{\sigma}\right)\right]\end{aligned}$$

【例 3.4.114】 设 X 服从参数为$\frac{1}{2}$的指数分布,Y 服从参数为$\frac{1}{3}$的指数分布,且 X 与 Y 独立,求 $Z=X+Y$ 的密度函数。

解 由题知,X 与 Y 的密度函数分别为

$$p_X(x)=\begin{cases}\frac{1}{2}\mathrm{e}^{-\frac{1}{2}x} & (x>0)\\0 & (x\leqslant 0)\end{cases},\quad p_Y(y)=\begin{cases}\frac{1}{3}\mathrm{e}^{-\frac{1}{3}y} & (y>0)\\0 & (y\leqslant 0)\end{cases}$$

再由卷积公式,得

$$p_Z(z)=\int_{-\infty}^{+\infty}p_X(x)p_Y(z-x)\mathrm{d}x$$

由于 $p_X(x)$仅在 $x>0$ 时有非零值，$p_Y(z-x)$仅当$z-x>0$，即 $z>x$ 时有非零值，所以当 $z<0$ 时，由于 $x<z<0$，$p_X(x)=0$，因此 $p_Z(z)=0$。

当 $z>0$ 时，$x>0$ 与 $x<z$ 的交集为 $0<x<z$，所以

$$p_Z(z)=\int_0^z \frac{1}{2}e^{-\frac{1}{2}x}\cdot\frac{1}{3}e^{-\frac{z-x}{3}}dx$$
$$=e^{-\frac{1}{3}z}\int_0^z \frac{1}{6}e^{-\frac{1}{6}x}dx = e^{-\frac{1}{3}z}(1-e^{-\frac{1}{6}z})$$

这里最后一步的积分利用了指数分布的分布函数的结果，简化了积分运算。所以

$$p_Z(z)=\begin{cases} e^{-\frac{1}{3}z}(1-e^{-\frac{1}{6}z}) & (z>0) \\ 0 & (z\leqslant 0) \end{cases}$$

值得一提的是，考虑到 $Z=X+Y$ 这样的关系式，为了便于确定积分区域，在画图找区域时可以用 *XOY* 平面，但有时用 *ZOX* 平面与*ZOY* 更方便，解题时要灵活把握。

【例 3.4.115】 设随机变量 X 与 Y 相互独立，试在以下情况下求 $Z=X+Y$ 的密度函数：① $X\sim U(0,1)$，$Y\sim U(0,1)$；② $X\sim U(0,1)$，$Y\sim \text{Exp}(1)$。

解 ① 因为 $X\sim U(0,1)$，$Y\sim U(0,1)$，所以 $Z=X+Y$ 可在区间(0,2)上取值。由卷积公式 $p_Z(z)=\int_{-\infty}^{+\infty}p_X(x)p_Y(z-x)dx$ 知，使被积函数大于 0 的区域必须是$\{0\leqslant x\leqslant 1\}$与$\{0\leqslant z-x\leqslant 1\}$的交集，即图 3.20 中的阴影部分。

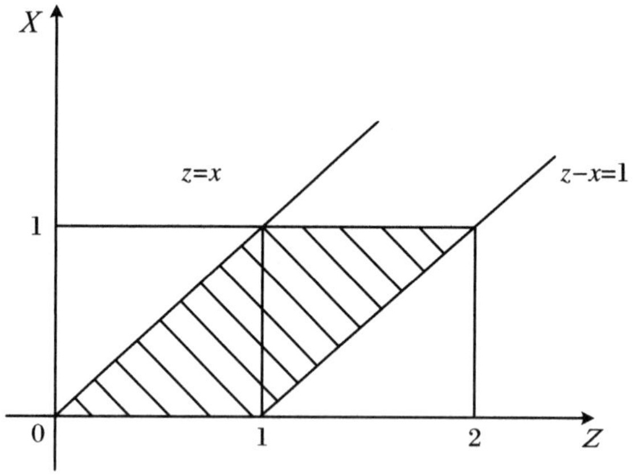

图 3.20 例 3.4.115 示意图

从图 3.20 中可以看出：

当 $0\leqslant z\leqslant 1$ 时，有 $p_Z(z)=\int_0^z dx=z$；

当 $1\leqslant z\leqslant 2$ 时，有 $p_Z(z)=\int_{z-1}^1 dx=2-z$。

所以 Z 的密度函数如下：

$$p_Z(z)=\begin{cases} z & (0\leqslant z<1) \\ 2-z & (1\leqslant z<2) \\ 0 & (\text{其他}) \end{cases}$$

② 因为 $X\sim U(0,1)$，$Y\sim \text{Exp}(1)$，所以，$Z=X+Y$ 可在$(0,+\infty)$上取值，且要使卷积公式中的被积函数大于 0 的区域必须是$\{0\leqslant x\leqslant 1\}$与$\{z-x\geqslant 0\}$的交集，即图 3.20 的阴影部分。

从图3.20中可以看出：

当$0\leqslant z\leqslant 1$时，有 $p_Z(z)=\int_0^z e^{-(z-x)}dx=1-e^{-z}$；

当$z\geqslant 1$时，有 $p_Z(z)=\int_0^1 e^{-(z-x)}dx=e^{-z}(e-1)$。

所以Z的密度函数为

$$p_Z(z)=\begin{cases}1-e^{-z} & (0<z<1)\\ e^{-z}(e-1) & (z>1)\\ 0 & (\text{其他})\end{cases}$$

若X与Y不独立，和的密度函数可由下式获得

$$p_Z(z)=\int_{-\infty}^{+\infty}p(z-y,y)dy,\quad p_Z(z)=\int_{-\infty}^{+\infty}p(x,z-x)dx$$

对于二维连续型随机变量的函数的密度函数都可以用上述方法求得，所以可以这样说，“分布函数法”是求一切二维连续随机变量分布的通用方法，比如差、商、积等。但下面将有更好的求解方法，在此就不一一赘述了。

(2) 变量变换法

变量变换法适用于求两个甚至更多个连续随机变量的函数的联合密度及判断独立性。以两个二维连续随机变量的函数为例，其方法如下：

设(X,Y)的联合密度函数为$p(x,y)$，如果函数

$$\begin{cases}u=g_1(x,y)\\ v=g_2(x,y)\end{cases}$$

有连续偏导数，且存在唯一的反函数

$$\begin{cases}x=x(u,v)\\ y=y(u,v)\end{cases}$$

其变换的雅可比行列式为

$$J=\frac{\partial(x,y)}{\partial(u,v)}=\begin{vmatrix}\dfrac{\partial x}{\partial u} & \dfrac{\partial x}{\partial v}\\ \dfrac{\partial y}{\partial u} & \dfrac{\partial y}{\partial v}\end{vmatrix}=\left(\frac{\partial(u,v)}{\partial(x,y)}\right)^{-1}=\begin{vmatrix}\dfrac{\partial u}{\partial x} & \dfrac{\partial u}{\partial y}\\ \dfrac{\partial v}{\partial x} & \dfrac{\partial v}{\partial y}\end{vmatrix}\neq 0$$

若

$$\begin{cases}U=g_1(X,Y)\\ V=g_2(X,Y)\end{cases}$$

则(u,v)的联合密度函数为

$$p(u,v)=p(x(u,v),y(u,v))|J|$$

这个方法实际上就是二重积分的变量变换法，其证明可参阅数学分析。

【例3.4.116】 设随机变量X与Y独立同分布，其密度函数为

$$p(x)=\begin{cases}e^{-x} & (x>0)\\ 0 & (x\leqslant 0)\end{cases}$$

① 求$U=X+Y$与$V=X/(X+Y)$的联合密度函数$p_{U,V}(u,v)$；

② 判断U与V的独立性。

解 ① 因为$\begin{cases}u=x+y\\ v=x/(x+y)\end{cases}$的反函数为$\begin{cases}x=uv\\ y=u(1-u)\end{cases}$，变换的雅可比行列式为

$$J=\begin{vmatrix}\frac{\partial x}{\partial u} & \frac{\partial x}{\partial v}\\ \frac{\partial y}{\partial u} & \frac{\partial y}{\partial v}\end{vmatrix}=\begin{vmatrix}v & u\\ 1-v & -u\end{vmatrix}=-uv-u(1-v)=-u$$

所以在(U,V)的可能取值范围$\{u>0,0<v<1\}$内,有

$$p_{U,V}(u,v)=p_X(uv)p_Y(u(1-v))\left|-u\right|=\mathrm{e}^{-uv}\mathrm{e}^{-u(1-v)}=u\mathrm{e}^{-u}$$

② 因为 U 与 V 各自的边际密度函数分别为

$$p_U(u)=\int_{-\infty}^{+\infty}p_{U,V}(u,v)\mathrm{d}v=\int_0^1 u\mathrm{e}^{-u}\mathrm{d}v=u\mathrm{e}^{-u}\quad(u>0);$$

$$p_V(v)=\int_{-\infty}^{+\infty}p_{U,V}(u,v)du=\int_0^{+\infty}u\mathrm{e}^{-u}\mathrm{d}v=1\quad(0<v<1)$$

所以,由 $p_{U,V}(u,v)=p_U(u)p_V(v)$知$U$ 与V 相互独立。事实上,由于 $p_{U,V}(u,v)$可分离变量,显然 U 与 V 相互独立。

利用变量变换法的原理与方法,我们可以很方便地求出一个连续随机变量函数的分布,这就是“增补变量法”。

(3) 增补变量法

增补变量法实质上是变量变换法的一种应用:为了求出二维连续随机变量(X,Y)的函数的密度函数,增补一个新的随机变量,考虑到运算方便,一般令 $V=X$ 或 $V=Y$。先用变量变换法求出(U,V)的联合密度函数$p_{U,V}(u,v)$,再对 $p_{U,V}(u,v)$关于 v 积分,从而得出关于 U 的边际密度函数。[①]

【例 3.4.117】 (积的公式)设随机变量 X 与 Y 独立,其密度函数分别为 $p_X(x)$和 $p_Y(y)$,则 $U=XY$ 的密度函数为

$$p_U(u)=\int_{-\infty}^{+\infty}p_X\left(\frac{u}{v}\right)p_Y(v)\frac{1}{|v|}\mathrm{d}v$$

证明　令 $V=Y$,则$\begin{cases}u=xy\\ v=y\end{cases}$的反函数为$\begin{cases}x=\frac{u}{v}\\ y=u\end{cases}$,雅可比行列式为

$$J=\begin{vmatrix}\frac{1}{v} & -\frac{u}{v^2}\\ 0 & 1\end{vmatrix}=\frac{1}{v}$$

所以(U,V)的联合密度函数为

$$p_{U,V}(u,v)=p_X\left(\frac{u}{v}\right)\cdot p_Y(v)\left|J\right|=p_X\left(\frac{u}{v}\right)\cdot p_Y(v)\frac{1}{|v|}$$

从而,$p_U(u)=\int_{-\infty}^{+\infty}p_X\left(\frac{u}{v}\right)p_Y(v)\frac{1}{|v|}\mathrm{d}v$ 。

用上述完全相同的方法可得到商的公式 $U=X/Y$ 的密度函数为

$$p_U(u)=\int_{-\infty}^{+\infty}p_X(uv)p_Y(v)\left|v\right|\mathrm{d}v$$

推广到多维,完全可如上而为,仅以三维为例做一示范:

---

① 茆诗松,程依明,濮晓龙。概率论与数理统计教程[M].北京:高等教育出版社,2019:153。

【例 3.4.118】 设随机变量(X,Y,Z)的密度函数为

$$p_{X,Y,Z}(x,y,z)=\begin{cases}e^{-(x+y+z)} & (x>0,y>0,z>0)\\ 0 & (其他)\end{cases}$$

求 $V=\dfrac{(X+Y+Z)}{3}$的密度函数。

解 令 $V=Y,W=Z$,则

$$\begin{cases}u=\dfrac{(x+y+z)}{3}\\ v=y\\ w=z\end{cases} 的反函数为\begin{cases}x=3u-v-w\\ y=v\\ z=w\end{cases}$$

其雅可比行列式 $J=\dfrac{\partial(x,y,z)}{\partial(u,v,w)}=3$,所以,$(U,V,W)$的概率密度为

$$p_{U,V,W}(u,v,w)=\begin{cases}3e^{-3u} & (3u-v-w>0,v>0,w>0)\\ 0 & (其他)\end{cases}$$

由 $w>0,3u-v-w>0$,知 $0<w<3u-v$,所以

$$p_{U,V}(u,v)=\begin{cases}\displaystyle\int_0^{3u-v}3e^{-3u}dw & (3u-v>0,v>0,w>0)\\ 0 & (其他)\end{cases}$$

$$p_U(u)=\begin{cases}\displaystyle\int_0^{3u}dv\int_0^{3u-v}3e^{-3u}dw=\frac{27}{2}u^2e^{-3u} & (u>0)\\ 0 & (其他)\end{cases}$$

8. 求数字特征

与离散型随机变量一样,对于多维连续型随机变量,它的数字特征有数学期望、方差、协方差与相关系数。以下仍以二维连续型随机变量为主进行介绍。

(1) 个体数字特征

所谓个体数字特征,泛指组成总体的各个分量的数字特征。

1) 数学期望

设$(X_1,X_2,\cdots,X_n)$是 n 维连续随机变量,其密度函数为 $p(x_1,x_2,\cdots,x_n)$,则有

$$E(X_i)=\int_{-\infty}^{+\infty}\cdots\int_{-\infty}^{+\infty}p(x_1,x_2,\cdots,x_n)dx_1\cdots dx_{i-1}dx_{i+1}\cdots dx_n dx_i \quad (i=1,2,\cdots,n)$$

对于二维连续随机变量,若已知其密度函数,则有

$$E(X)=\int_{-\infty}^{+\infty}\int_{-\infty}^{+\infty}xp(x,y)dydx,\quad E(Y)=\int_{-\infty}^{+\infty}\int_{-\infty}^{+\infty}yp(x,y)dxdy$$

由联合分布密度与边际密度之间的关系,这显然和一维连续随机变量求数学期望的方法是一致的,因此,也可通过联合密度函数先求出边际密度

$$p_X(x)=\int_{-\infty}^{+\infty}p(x,y)dy \quad 和 \quad p_Y(y)=\int_{-\infty}^{+\infty}p(x,y)dx$$

再利用

$$E(X)=\int_{-\infty}^{+\infty}xp_X(x)dx \quad 和 \quad E(Y)=\int_{-\infty}^{+\infty}yp_Y(y)dy$$

注意:记 n 维随机向量 $X=(X_1,X_2,\cdots,X_n)'$,若其每个分量的数学期望都存在,则称 $E(X)=(E(X_1),E(X_2),\cdots,E(X_n))'$为 n 维随机向量 X 的数学期望 。

显然，由于它由组成总体的每个分量的数学期望来确定，所以求得了每个 $E(X_i)$ $(i=1,2,\cdots,n)$ 自然就得到了 $E(X)$。

2) *方差*

$$\mathrm{Var}(X)=E(X^2)-(E(X))^2,\quad \mathrm{Var}(Y)=E(Y^2)-(E(Y))^2$$

其中

$$E(X^2)=\int_{-\infty}^{+\infty}\int_{-\infty}^{+\infty}x^2p(x,y)\mathrm{d}x\mathrm{d}y,\quad E(Y^2)=\int_{-\infty}^{+\infty}\int_{-\infty}^{+\infty}y^2p(x,y)\mathrm{d}x\mathrm{d}y$$

当然，也可以用定义

$$\mathrm{Var}(X)=E(X-E(X))^2=\int_{-\infty}^{+\infty}\int_{-\infty}^{+\infty}(x-E(X))^2p(x,y)\mathrm{d}x\mathrm{d}y$$

$$\mathrm{Var}(Y)=E(y-E(Y))^2=\int_{-\infty}^{+\infty}\int_{-\infty}^{+\infty}(y-E(Y))^2p(x,y)\mathrm{d}x\mathrm{d}y$$

相对来说，这种途径应用较少。因为计算过程一般会繁杂一些。

上述的计算方法与技巧在前面一些相关章节都有体现，在此不再赘述。

(2) *群体数字特征*

所谓群体数字特征，泛指刻画总体或组成总体分量之间关系的数字特征。这是多维随机变量所独有的数字特征。

1) *协方差(相关矩)*

其计算途径一般有二：

① 直接计算：即由定义直接求。

$$\begin{aligned}\mathrm{Cov}(X,Y)&=E[(X-E(X))(Y-E(Y))]\\&=\int_{-\infty}^{+\infty}\int_{-\infty}^{+\infty}(x-E(X))(y-E(Y))p(x,y)\mathrm{d}x\mathrm{d}y\end{aligned}$$

② 间接计算：即通过性质求。

$$\mathrm{Cov}(X,Y)=E(XY)-E(X)E(Y)$$

由于直接计算是一步到位，所以在计算过程中运算量大且容易出错，故一般在计算协方差时用间接计算。用间接计算从宏观上分两个步骤：即先计算 $E(X),E(Y),E(XY)$，再计算 $E(XY)-E(X)E(Y)=\mathrm{Cov}(X,Y)$。但在具体计算中还是有技巧的。如已知联合密度直接求 $E(X),E(Y)$，就不如分别先求出其边际分布密度 $p_X(x),p_Y(y)$ 从二维降为一维方便，尤其是联合密度函数较为复杂时更是这样。

【例 3.4.119】 设随机变量 (X,Y) 的联合密度为

$$p(x,y)=\begin{cases}1 & (|y|\leqslant x,0\leqslant x\leqslant 1)\\0 & (\text{其他})\end{cases}$$

求 $\mathrm{Cov}(X,Y)$。

解 当 $0\leqslant x\leqslant 1$ 时，有

$$p_X(x)=\int_{-x}^{x}1\mathrm{d}y=2x$$

所以

$$p_X(x)=\begin{cases}2x & (0\leqslant x\leqslant 1)\\0 & (\text{其他})\end{cases}$$

当 $0<y<1$ 时，有

$$p_Y(y) = \int_y^1 1\mathrm{d}x = 1 - y$$

当 $-1<y<0$ 时,有

$$p_Y(y) = \int_{-y}^1 1\mathrm{d}x = 1 + y$$

$$p_Y(y) = \begin{cases} 1-|y| & (-1\leqslant y\leqslant 1) \\ 0 & (\text{其他}) \end{cases}$$

从而

$$E(X) = \int_0^1 x\cdot 2x\mathrm{d}x = \frac{2}{3},\quad E(Y) = \int_{-1}^1 y(1-|y|)\mathrm{d}y = 0$$

$$E(XY) = \int_0^1 \mathrm{d}x\int_{-x}^x xy\mathrm{d}y = 0$$

其中,后两个积分都用到了奇函数在对称区间上的积分等于0,从而使得定积分计算简化。

所以

$$\mathrm{Cov}(X,Y) = E(XY) - E(X)E(Y) = 0 - \frac{2}{3}\times 0 = 0$$

2) 协方差阵

对于多维随机向量 $X=(X_1,X_2,\cdots,X_n)'$,若其每个分量的数学期望都存在,则称

$$E[(X-E(X))(X-E(X))'] = \begin{pmatrix} \mathrm{Var}(X_1) & \mathrm{Cov}(X_1,X_2) & \cdots & \mathrm{Cov}(X_1,X_n) \\ \mathrm{Cov}(X_2,X_1) & \mathrm{Var}(X_2) & \cdots & \mathrm{Cov}(X_2,X_n) \\ \vdots & \vdots & \vdots & \vdots \\ \mathrm{Cov}(X_n,X_1) & \mathrm{Cov}(X_n,X_2) & \cdots & \mathrm{Var}(X_n) \end{pmatrix}$$

为该随机向量的协方差阵,记为 $\mathrm{Cov}(X)$。

显然,它是一个对称的非负定阵。特别,对于二维随机变量 (X,Y),则协方差阵为 $\begin{pmatrix} \mathrm{Var}(X) & \mathrm{Cov}(X,Y) \\ \mathrm{Cov}(X,Y) & \mathrm{Var}(Y) \end{pmatrix}$。

例如,设 $(X,Y)\sim N(\mu_1,\mu_2,\sigma_1^2,\sigma_2^2,\rho)$,由于 $\mathrm{Var}(X)=\sigma_1^2$,$\mathrm{Var}(Y)=\sigma_2^2$,$\mathrm{Cov}(X,Y)=\rho\sigma_1\sigma_2$,所以其数学期望向量与协方差阵分别为

$$\begin{pmatrix} \mu_1 \\ \mu_2 \end{pmatrix},\quad \begin{pmatrix} \sigma_1^2 & \sigma_1\sigma_2\rho \\ \sigma_1\sigma_2\rho & \sigma_2^2 \end{pmatrix}$$

3) 相关系数

协方差虽能从一定程度上能刻画随机变量之间的关系,但它难以摆脱受平均水平的影响,并且带有量纲,这样也会大大降低不同类数据的可比性。基于此,有必要对它进行进一步的改进,从而产生了刻画随机变量关系的另一个数字特征:相关系数。

定义 设 (X,Y) 是一个二维随机变量,且 $\mathrm{Var}(X)=\sigma_X^2>0$,$\mathrm{Var}(Y)=\sigma_Y^2>0$,则称

$$\mathrm{Corr}(X,Y) = \frac{\mathrm{Cov}(X,Y)}{\sqrt{\mathrm{Var}(X)}\sqrt{\mathrm{Var}(Y)}} = \frac{\mathrm{Cov}(X,Y)}{\sigma_X\sigma_Y}$$

为 X 与 Y 的相关系数。

相关系数 $\mathrm{Corr}(X,Y)$ 刻画了 X 与 Y 之间的线性关系强弱。可以证明:$\mathrm{Corr}(X,Y)=\pm 1$ 的充要条件是 X 与 Y 间几乎处处有线性关系,即存在 $a\ (a\neq 0)$ 与 b,使得

$P(Y=aX+b)=1$。

受协方差 Cov(X,Y)的计算启发，很容易得到相关系数 Corr(X,Y)的计算方法。

【例 3.4.120】 已知二维随机变量(X,Y)的联合密度为

$$p(x,y)=\begin{cases}\dfrac{8}{3} & (0<x-y<0.5,0<x,y<1)\\ 0 & (\text{其他})\end{cases}$$

求：X,Y 的相关系数 Corr(X,Y)。

解 由题知，$p(x,y)$的非零区域如图 3.21 阴影部分所示

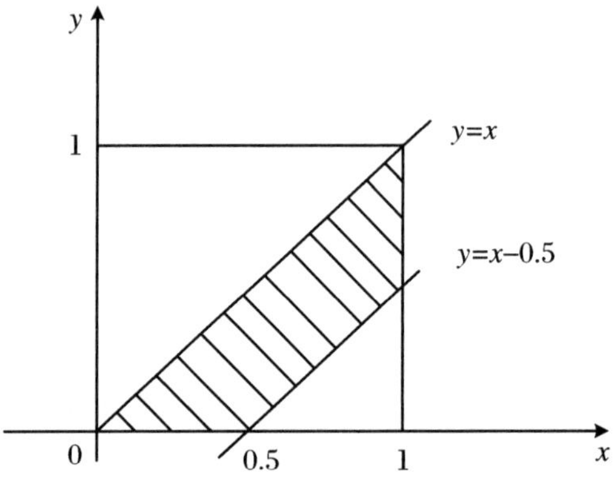

图 3.21 例 3.4.120 示意图

当 $0<x<0.5$ 时，$p_X(x)=\int_{-\infty}^{+\infty}p(x,y)\mathrm{d}y=\int_0^x\frac{8}{3}\mathrm{d}y=\frac{8}{3}x$；

当 $0.5<x<1$ 时，$p_X(x)=\int_{-\infty}^{+\infty}p(x,y)\mathrm{d}y=\int_{x-0.5}^x\frac{8}{3}\mathrm{d}y=\frac{4}{3}$；

所以有

$$p_X(x)=\begin{cases}\dfrac{8}{3}x & (0<x<0.5)\\ \dfrac{4}{3} & (0.5<x<1)\\ 0 & (\text{其他})\end{cases}$$

当 $0<y<0.5$ 时，$p_Y(y)=\int_{-\infty}^{+\infty}p(x,y)\mathrm{d}x=\int_y^{y+0.5}\frac{8}{3}\mathrm{d}x=\frac{4}{3}$；

当 $0.5<y<1$ 时，$p_Y(y)=\int_{-\infty}^{+\infty}p(x,y)\mathrm{d}x=\int_y^1\frac{8}{3}\mathrm{d}x=\frac{8}{3}(1-y)$；

所以有

$$p_Y(y)=\begin{cases}\dfrac{4}{3} & (0<y<0.5)\\ \dfrac{8}{3}(1-y) & (0.5<y<1)\\ 0 & (\text{其他})\end{cases}$$

从而

$$E(X)=\int_0^{0.5}\frac{8}{3}x^2\mathrm{d}x+\int_{0.5}^1\frac{4}{3}x\mathrm{d}x=\frac{11}{18}$$

$$E(Y)=\int_0^{0.5}\frac{4}{3}y\mathrm{d}y+\int_{0.5}^{1}\frac{8}{3}y(1-y)\mathrm{d}y=\frac{7}{18}$$

$$E(X^2)=\int_0^{0.5}\frac{8}{3}x^3\mathrm{d}x+\int_{0.5}^{1}\frac{4}{3}x^2\mathrm{d}x=\frac{31}{72}$$

$$E(Y^2)=\int_0^{0.5}\frac{4}{3}y^2\mathrm{d}y+\int_{0.5}^{1}\frac{8}{3}y^2(1-y)\mathrm{d}y=\frac{5}{24}$$

$$\mathrm{Var}(X)=\frac{31}{72}-\left(\frac{11}{18}\right)^2=\frac{37}{648}$$

$$\mathrm{Var}(Y)=\frac{5}{24}-\left(\frac{7}{18}\right)^2=\frac{37}{648}$$

$$\begin{aligned}E(XY)&=\int_0^{0.5}\int_0^{x}\frac{8}{3}xy\mathrm{d}y\mathrm{d}x+\int_{0.5}^{1}\int_{x-0.5}^{x}\frac{8}{3}xy\mathrm{d}y\mathrm{d}x\\&=\int_0^{0.5}\frac{4}{3}x^3\mathrm{d}x+\int_{0.5}^{1}\frac{4}{3}x\left(x-\frac{1}{4}\right)\mathrm{d}x\\&=\frac{1}{48}+\frac{7}{18}-\frac{1}{8}=\frac{41}{144}\end{aligned}$$

$$\mathrm{Cov}(X,Y)=E(XY)-E(X)E(Y)=\frac{41}{144}-\frac{11}{18}\times\frac{7}{18}=\frac{61}{1296}=0.0471$$

$$\mathrm{Corr}(X,Y)=\frac{\mathrm{Cov}(X,Y)}{\sqrt{\mathrm{Var}(X)}\sqrt{\mathrm{Var}(Y)}}=\frac{61}{1296}\times\frac{648}{37}=\frac{61}{74}=0.8243$$

(3) 多维随机变量函数的数字特征

众多的有关随机变量的运算性质为求多维随机变量函数的数字特征铺平了道路，就像高等数学中求极限一样，有了基本极限与极限运算法则，就可以很方便地求出一切复杂的函数的极限。对于多维随机变量函数的数字特征的计算，若计算和的数学期望，就可以利用和的期望等于期望的和，常数可以提到期望符号外就可以了；若计算独立的积的数学期望，利用积的数学期望等于数学期望的积即可；若计算独立的和的方差，就可以利用和的方差等于方差的和，常数因子变成平方提到方差符号外就可以了。但要对于不独立的随机变量的函数的方差，协方差就要参与其中了，如

$$\mathrm{Var}(X\pm Y)=\mathrm{Var}(X)+\mathrm{Var}(Y)\pm 2\mathrm{Cov}(X,Y)$$

推广到一般

$$\mathrm{Var}(X_1+\cdots+X_n)=\sum_{i=1}^{n}\mathrm{Var}(X_i)+2\sum_{i\neq j}\mathrm{Cov}(X_i,X_j)$$

如此等等，求多维随机变量的函数的数字特征多用间接法，只要熟练理解和掌握一些数字特征的相关运算公式，然后通过先“化整为零”后再“聚零为整”即可解决问题。

【例 3.4.121】 设 X_1 与 X_2 独立同分布，其共同分布为 $N(\mu,\sigma^2)$，试求 $Y=aX_1+bX_2$ 与 $Z=aX_1-bX_2$ 的相关系数，其中 a 与 b 为非零常数。

解

$$E(Y)=E(aX_1+bX_2)=(a+b)\mu$$
$$E(Z)=E(aX_1-bX_2)=(A-B)\mu$$
$$\mathrm{Var}(Y)=\mathrm{Var}(aX_1+bX_2)=(a^2+b^2)\sigma^2$$
$$\mathrm{Var}(Z)=\mathrm{Var}(aX_1-bX_2)=(a^2+b^2)\sigma^2$$
$$E(YZ)=E[(aX_1+bX_2)(aX_1-bX_2)]$$

$$= E[a^2X_1^2 - b^2X_2^2] = (a^2 - b^2)(\sigma^2 + \mu^2)$$

$$\mathrm{Cov}(Y,Z) = E(YZ) - E(Y)E(Z) = (a^2 - b^2)\sigma^2$$

由上得

$$\mathrm{Corr}(Y,Z) = \frac{\mathrm{Cov}(Y,Z)}{\sqrt{\mathrm{Var}(Y)}\sqrt{\mathrm{Var}(Z)}} = \frac{(a^2 - b^2)\sigma^2}{(a^2 + b^2)\sigma^2} = \frac{a^2 - b^2}{a^2 + b^2}$$

由于在计算中涉及协方差，所以有关协方差的运算性质也不可忽视。如 $\mathrm{Cov}(aX, bY) = ab\mathrm{Cov}(X, Y)$，$\mathrm{Cov}(X_1 + X_2, Y) = \mathrm{Cov}(X_1, Y) + \mathrm{Cov}(X_2, Y)$，等等。

【例 3.4.122】 设二维随机变量(X, Y)服从二维正态分布 $N(0,0,1,1,\rho)$，求：

① $E[\max\{X, Y\}]$；

② $X - Y$ 与 XY 的协方差及相关系数。

解 ① 由于 $\max\{X, Y\} = \frac{1}{2}(X + Y + |X - Y|)$，所以

$$E[\max\{X, Y\}] = E\left[\frac{1}{2}(X + Y + |X - Y|)\right] = \frac{1}{2}E|X - Y|$$

因为 $X - Y \sim N(0,2(1-\rho))$，所以

$$E[\max\{X, Y\}] = \frac{1}{2\sqrt{2\pi}\sqrt{2(1-\rho)}}\int_{-\infty}^{+\infty} |x| \exp\left\{-\frac{x^2}{4(1-\rho)}\right\} dx = \sqrt{\frac{1-\rho}{\pi}}$$

② 因为

$$\begin{aligned}\mathrm{Cov}(X - Y, XY) &= \mathrm{Cov}(X, XY) - \mathrm{Cov}(Y, XY)\\ &= E(X^2Y) - E(X)E(XY) - E(Y^2X) + E(Y)E(XY)\end{aligned}$$

所以由 $E(X) = E(Y) = 0$，得

$$\mathrm{Cov}(X - Y, XY) = E(X^2Y) - E(XY^2)$$

再由对称性知 $E(X^2Y) = E(XY^2)$，所以得

$$\mathrm{Cov}(X - Y, XY) = 0, \quad \mathrm{Corr}(X - Y, XY) = 0$$

在解概率论问题时，还要注意公式的变形使用，因为一个公式从共性方面讲都是数量关系式，既然是数量关系式，就可以由此及彼，也可以由彼及此。

【例 3.4.123】 已知随机变量 X 与 Y 分别服从正态分布 $N(1,3^2)$ 和 $N(0,4^2)$，且 X 与 Y 的相关系数 $\rho = -\frac{1}{2}$，设 $Z = \frac{X}{3} + \frac{Y}{2}$，求 $E(Z)$，$\mathrm{Var}(Z)$，$\mathrm{Corr}(X,Z)$。

解 由题知 $E(X) = 1$，$E(Y) = 0$，$\mathrm{Var}(X) = 3^2$，$\mathrm{Var}(Y) = 4^2$，从而，有

$$E(Z) = E\left(\frac{X}{3} + \frac{Y}{2}\right) = \frac{1}{3}E(X) + \frac{1}{2}E(Y) = \frac{1}{3}$$

$$\begin{aligned}\mathrm{Var}(Z) &= \mathrm{Var}\left(\frac{X}{3} + \frac{Y}{2}\right) = \mathrm{Var}\left(\frac{X}{3}\right) + \mathrm{Var}\left(\frac{Y}{2}\right) + 2\mathrm{Cov}\left(\frac{X}{3}, \frac{Y}{2}\right)\\ &= \frac{1}{9}\mathrm{Var}(X) + \frac{1}{4}\mathrm{Var}(Y) + 2 \times \frac{1}{3} \times \frac{1}{2}\mathrm{Cov}(X, Y)\\ &= \frac{1}{9}\mathrm{Var}(X) + \frac{1}{4}\mathrm{Var}(Y) + \frac{1}{3}\rho\sqrt{\mathrm{Var}(X)}\sqrt{\mathrm{Var}(Y)} = 3\end{aligned}$$

$$\begin{aligned}\mathrm{Cov}(X,Z) &= \mathrm{Cov}\left(X, \frac{X}{3} + \frac{Y}{2}\right) = \frac{1}{3}\mathrm{Cov}(X, X) + \frac{1}{2}\mathrm{Cov}(X, Y)\\ &= \frac{1}{3}\mathrm{Var}(X) + \frac{1}{2}\rho\sqrt{\mathrm{Var}(X)}\sqrt{\mathrm{Var}(Y)} = 0\end{aligned}$$

故 $\mathrm{Corr}(X,Z)=0$。

【例 3.4.124】 已知随机变量(X,Y)的协方差矩阵为$\begin{pmatrix}4 & 6\\ 6 & 9\end{pmatrix}$，计算$(X+Y,X-Y)$的协方差矩阵。

解 由协方差矩阵的定义，知

$$\mathrm{Var}(X)=4,\quad \mathrm{Var}(Y)=9,\quad \mathrm{Cov}(X,Y)=\mathrm{Cov}(Y,X)=6$$

从而

$$\mathrm{Var}(X+Y)=\mathrm{Var}(X)+\mathrm{Var}(Y)+2\mathrm{Cov}(X,Y)=4+9+2\times2\times3=25$$

$$\mathrm{Var}(X-Y)=\mathrm{Var}(X)+\mathrm{Var}(Y)-2\mathrm{Cov}(X,Y)=4+9-2\times2\times3=1$$

$$\begin{aligned}\mathrm{Cov}(X+Y,X-Y)&=\mathrm{Cov}(X,X-Y)+\mathrm{Cov}(Y,X-Y)\\&=\mathrm{Cov}(X,X)+\mathrm{Cov}(X,-Y)+\mathrm{Cov}(Y,X)+\mathrm{Cov}(Y,-Y)\\&=4-6+6-9=-5\end{aligned}$$

所以，所求协方差阵为$\begin{pmatrix}25 & -5\\ -5 & 1\end{pmatrix}$。

矩阵传信息，信息定矩阵，这一切都得益于对定义的理解与识记。

(4) 条件数学期望

条件数学期望 $E(X|Y=y)$是y 的函数，只要条件分布的数学期望存在，则定义

$$E(X\mid Y=y)=\begin{cases}\sum\limits_i x_iP(X=x_i\mid Y=y) & (X,Y)\text{为离散随机变量}\\ \int_{-\infty}^{+\infty}xp(x\mid y)\mathrm{d}x & (X,Y)\text{为连续随机变量}\end{cases}$$

有了条件数学期望，我们可立即得到下述一个更为深刻的结论：

定理 3.4.7 （重期望公式）设(X,Y)是二维随机变量，且 $E(X)$存在，则

$$E(X)=E(E(X\mid Y))$$

证明可参阅有关概率论教科书。

虽然条件数学期望在概率论中并不太显眼，但从方法论角度上看它是很有意义的，因为在此理论下产生的方法在实际中很有用。比如，要求在一个取值于很大范围上的指标 X 的均值$E(X)$，我们可以去找一个与 X 有关的量 Y，用 Y 的不同取值把大范围划分成若干个小区域，先在小区域上求 X 的平均，再对此类平均求加权平均，即可得到大范围上 X 的平均$E(X)$①。显然，这种“化整为零，聚零为整”为在大范围上求平均带来了极大便利。

【例 3.4.125】 口袋中有编号为 $1,2,\cdots,n$ 的 n 个球，从中任取 1 球，若取到 1 号球，则得 1 分，且停止摸球；若取到 i 号球（$i\geqslant2$），则得 i 分，且将此球放回，重新摸球。如此下去，试求得到的平均总分数。

解 记 X 为得到的总分数，Y 为第一次取到的球的号码，则

$$P(Y=1)=P(Y=2)=\cdots=P(Y=n)=\frac{1}{n}$$

因为 $E(X|Y=1)=1$，当 $i\geqslant2$ 时，$E(X|Y=i)=i+E(X)$，所以

---

① 茆诗松，程依明，濮晓龙. 概率论与数理统计教程[M]. 北京：高等教育出版社，2019：181.

$$E(X)=\sum_{i=1}^{n}E(X\mid Y=i)P(Y=i)$$
$$=\frac{1}{n}[1+2+\cdots+n+(n-1)E(X)]$$

由此解得 $E(X)=\frac{n(n+1)}{2}$。

【例 3.4.126】 设电力公司每月可以供应某工厂的电力 X 服从(10,30)(单位:10^4 kW)上的均匀分布,而该工厂每月实际需要的电力 Y 服从(10,20)(单位:10^4 kW)上的均匀分布,如果工厂能从电力公司得到足够的电力,则每10^4 kW 电可创造 30 万元的利润,若工厂从电力公司得不到足够的电力,则不足部分由工厂通过其他途径得到的电力每10^4 kW 只有 10 万元的利润。试求该厂每个月的平均利润。

解 由题知,每个月供应电力 $X\sim U(10,30)$,而工厂实则需要电力 $Y\sim U(10,20)$。若设工厂每个月的利润为 Z 万元,则有

$$Z=\begin{cases}30Y & (Y\leqslant X)\\ 30X+10(Y-X) & (Y>X)\end{cases}$$

于是,当 $10\leqslant x<20$ 时,Z 的条件期望为

$$E(Z\mid X=x)=\int_{10}^{x}30yp_Y(y)\mathrm{d}y+\int_{x}^{20}(10y+20x)p_Y(y)\mathrm{d}y$$
$$=\int_{10}^{x}30y\frac{1}{10}\mathrm{d}y+\int_{x}^{20}(10y+20x)\frac{1}{10}\mathrm{d}y$$
$$=\frac{3}{2}(x^2-100)+\frac{1}{2}(20^2-x^2)+2x(20-x)$$
$$=50+40x-x^2$$

当 $20\leqslant x<30$ 时,Z 的条件期望为

$$E(Z\mid X=x)=\int_{10}^{20}30yp_Y(y)\mathrm{d}y$$
$$=\int_{10}^{20}30y\frac{1}{10}\mathrm{d}y=450$$

由重期望公式,得

$$E(Z)=E(E(Z\mid X))$$
$$=\int_{10}^{20}E(Z\mid X=x)p_X(x)\mathrm{d}x+\int_{20}^{30}E(Z\mid X=x)p_X(x)\mathrm{d}x$$
$$=\frac{1}{20}\int_{10}^{20}(50+40x-x^2)\mathrm{d}x+\frac{1}{20}\int_{20}^{30}450\mathrm{d}x$$
$$=25+300-\frac{700}{6}+225\approx 433$$

所以,该厂每月的平均利润约为 433 万元。

上述两例,可见一斑。大处着眼,小处着手,各个击破,聚小成大。不但获得了所需结果,又大大减少了犯错误的风险。

3.5 大数定律与中心极限定理

大数定律与中心极限定理是概率论中理论性较强的一部分内容，因为理论性强，所以内容较抽象，学起来有一定的难度。由于它们揭示的都是大量随机现象的规律，所以最终的结果都是通过极限形式表现的，严谨一些讲，就是“依概率收敛”与“按分布收敛”。正因为如此，有的书上把这两部分合起来统称为“极限定理”。

为从理论和方法上方便理解大数定律与中心极限定理的内涵和应用，有必要对“两种收敛性”“切比雪夫不等式”加以回顾。

3.5.1 依概率收敛①

设$\{X_n\}$为一随机变量序列，X 为一随机变量，如果对任意的 $\varepsilon>0$，有 $P(|X_n-X|\geqslant\varepsilon)\to 0(n\to\infty)$，则称序列$\{X_n\}$依概率收敛于 X，记作 $X_n\xrightarrow{P}X$。

依概率收敛的含义是：X_n 对 X 的绝对偏差不小于任一给定量的可能性将随着 n 增大而愈来愈小。或者说，绝对偏差$|X_n-X|$小于任一给定量的可能性将随着 n 增大而愈来愈接近于1，即有 $P(|X_n-X|<\varepsilon)\to 1\ (n\to\infty)$。

显然，依概率收敛和大家熟知的微积分中的收敛是不同的，微积分中收敛阐述的是必然事实，用“$\varepsilon-N$”法可表述为：对任给的 $\varepsilon>0$，当 $n>N$ 时，必有$|x_n-a|<\varepsilon$ 成立。而依概率收敛带有随机性，虽然对任给的 $\varepsilon>0$，当 n 很大时，事件“$|x_n-a|<\varepsilon$”发生的概率为 1，但也可能会出现“$|x_n-a|\geqslant\varepsilon$”，只不过机会小一些而已。

3.5.2 按分布收敛②

设随机变量 $X,X_1,X_2,\cdots$的分布函数分别为 $F(x),F_1(x),F_2(x),\cdots$。若对 $F(x)$的任一连续点 x，都有$\lim\limits_{n\to\infty}F_n(x)=F(x)$，则称 $\{F_n(x)\}$弱收敛于 $F(x)$，记作 $F_n(x)\xrightarrow{W}F(x)$，也称相应的随机变量序列$\{X_n\}$按分布收敛于 X，记作 $X_n\xrightarrow{L}X$。

之所以称其为“弱收敛”，因为它比在每一点上都收敛的确“弱”了些。

在两种不同场合给出了两种不同的收敛，但从定义的内涵明显可以看出：“依概率收敛”比按“按分布收敛”的收敛性更强。理论上可以证明：

定理 3.5.1 $X_n\xrightarrow{P}X\Rightarrow X_n\xrightarrow{L}X$。

详细的证明可参阅茆诗松、程依明、濮晓龙编写的《概率论与数理统计教程》。值得注意的是，此定理的逆定理不成立，但有：

① 茆诗松，程依明，濮晓龙．概率论与数理统计教程[M]．北京：高等教育出版社，2019：186.

② 茆诗松，程依明，濮晓龙．概率论与数理统计教程[M]．北京：高等教育出版社，2019：80.

定理 3.5.2 若 c 为常数,则 $X_n \xrightarrow{P} c$ 的充要条件是:$X_n \xrightarrow{L} c$。

3.5.3 切比雪夫不等式

设随机变量 X 的数学期望和方差都存在,则对任意的常数 $\varepsilon>0$,有

$$P\{|X-E(X)|\geqslant\varepsilon\}\leqslant\frac{\mathrm{Var}(X)}{\varepsilon^2}$$

或

$$P\{|X-E(X)|<\varepsilon\}\geqslant 1-\frac{\mathrm{Var}(X)}{\varepsilon^2}$$

详细的证明可参阅茆诗松、程依明、濮晓龙编写的《概率论与数理统计教程》或有关概率论的教科书。

切比雪夫不等式是概率论中为数不多的几个重要不等式之一,因为除了是研究大数定理的理论基础外,它还在估计概率、确定随机变量序列的个数等实际问题中有着重要应用。

切比雪夫不等式给出了偏差概率的上界,它从概率的意义上说明了方差的确是度量随机变量分布离散程度的数字特征,同时,鲜明的结构刻画了偏差概率、偏差大小、期望与方差的数量联系,所以利用它可以进行相关量之间的推算和估计。具体做法为想问题,找联系,凑成模式解问题。

【例 3.5.1】 设 X_i 是相互独立且同分布的随机变量($i=1,2,\cdots,n$),试估计 $P(|\overline{X}-\mu|<4)\geqslant\alpha$ 的 α。

看问题,结构很清晰,策略很显明。只要能证明 $E(\overline{X})=\mu$,取 $\varepsilon=4$,根据切比雪夫不等式 $\alpha=\frac{\mathrm{Var}(\overline{X})}{\varepsilon^2}=\frac{\mathrm{Var}(\overline{X})}{16}$,由题中信息 $\mathrm{Var}(\overline{X})$ 可求,于是问题就迎刃而解。

解

$$E(\overline{X})=E\left(\frac{1}{n}\sum_{i=1}^{n}X_i\right)=\frac{1}{n}\sum_{i=1}^{n}E(X_i)=\frac{1}{n}\cdot n\mu=\mu$$

$$\mathrm{Var}(\overline{X})=\mathrm{Var}\left(\frac{1}{n}\sum_{i=1}^{n}X_i\right)=\frac{1}{n^2}\sum_{i=1}^{n}\mathrm{Var}(X_i)=\frac{1}{n^2}\cdot n\mathrm{Var}(X_i)=\frac{8}{n}$$

所以,依据切比雪夫不等式

$$P(|\overline{X}-\mu|<\varepsilon)\leqslant 1-\frac{\mathrm{Var}(\overline{X})}{\varepsilon^2}=1-\frac{8}{n\varepsilon^2}$$

当 $\varepsilon=4$ 时,即为

$$P\{|\overline{X}-\mu|<4\}\geqslant 1-\frac{8}{4^2n}=1-\frac{1}{2n}$$

即 $\alpha=1-\frac{1}{2n}$。

【例 3.5.2】 随机地掷 6 枚骰子,利用切比雪夫不等式估计 6 枚骰子出现点数之和在 15 点到 27 点之间的概率。

解 以 X_i 记第 i($i=1,2,\cdots,6$)枚骰子出现的点数,显然 X_i 相互独立,6 枚骰子出现点数的总和 $X=\sum_{i=1}^{6}X_i$,所以

$$E(X_i)=\frac{1}{6}(1+2+3+4+5+6)=\frac{21}{6}$$

$$\mathrm{Var}(X_i)=\frac{1}{6}\left[\left(1-\frac{21}{6}\right)^2+\left(2-\frac{21}{6}\right)^2+\cdots+\left(6-\frac{21}{6}\right)^2\right]=\frac{35}{12}$$

从而

$$E(X)=6\times\frac{21}{6}=21,\quad \mathrm{Var}(X)=6\times\frac{35}{12}=\frac{35}{2}$$

由切比雪夫不等式，得

$$P(15<X<27)=P(|X-2|<6)\geqslant 1-\frac{\frac{35}{2}}{6^2}=\frac{37}{12}$$

【例3.5.3】① 设每次试验中，事件 A 发生的概率均为 $\frac{3}{4}$，用切比雪夫不等式估计，需要进行多少次独立重复试验，才能使事件发生的频率在0.74～0.76之间的概率至少为0.90?

解 设 X 为在 n 次独立重复试验中 A 发生的次数，显然 $X\sim B\left(n,\frac{3}{4}\right)$。则

$$E\left(\frac{X}{n}\right)=\frac{1}{n}E(X)=\frac{1}{n}\times n\times\frac{3}{4}=\frac{3}{4}$$

$$\mathrm{Var}\left(\frac{X}{n}\right)=\frac{1}{n^2}\mathrm{Var}(X)=\frac{1}{n^2}\times\frac{3}{4}\times\frac{1}{4}=\frac{3}{16n}$$

由切比雪夫不等式，得

$$P\left\{0.74\leqslant\frac{X}{n}\leqslant 0.76\right\}=P\left\{\left|\frac{X}{n}-0.75\right|\leqslant 0.01\right\}$$

$$\geqslant 1-\mathrm{Var}\left(\frac{X}{n}\right)/(0.01)^2=1-\frac{30000}{16n}$$

令 $1-\frac{30000}{16n}\geqslant 0.90$，则

$$n\geqslant 187500$$

故至少应进行187500次试验才能达到使事件 A 发生的频率在0.74～0.76之间的概率至少为0.90。

上述各例不管是估计概率，还是估计 n 等，其共性都是抓住了 ε 的任意性，通过求相关随机变量的数学期望后确定出 ε 的具体值，形成切比雪夫不等式与待求问题的结构和谐式，从而使得待求走向圆满。

值得一提的是，利用切比雪夫不等式除了为下面研究大数定律提供理论依据外，它在研究随机变量大范围的规律也提供了行之有效的途径，其基本思路是：化整为零，利用切比雪夫不等式各个击破。

【例3.5.4】 若随机变量 X 的方差存在，则 $\mathrm{Var}(X)=0$ 的充要条件是 X 几乎处处为某个常数 a，即 $P(X=a)=1$。

证明 充分性：

$$\text{若 } P(X=a)=1,\quad \text{则 } \mathrm{Var}(X)=\mathrm{Var}(a)=0$$

必要性：

① 孙清华，孙昊. 概率论与数理统计内容、方法与技巧[M]. 武汉：华中科技大学出版社，2002:263.

因为

$$P(|X-E(X)|>0)=P\left(\bigcup_{n=1}^{+\infty}\left\{|X-E(X)|\geqslant\frac{1}{n}\right\}\right)$$
$$\leqslant\sum_{n=1}^{+\infty}P\left\{|X-E(X)|\geqslant\frac{1}{n}\right\}$$
$$\leqslant\sum_{n=1}^{+\infty}\frac{\mathrm{Var}(X)}{(1/n)^2}=0$$

所以

$$P(|X-E(X)|=0)=1$$

即

$$P(X=E(X))=1$$

此举不仅证明了结论，而且还进一步证明了 $a=E(X)$。

3.5.4 常见的大数定律及应用

大数定律是阐明大量随机现象平均结果稳定性的一系列定理。它的一般形式为

$$\lim_{n\to\infty}P\left\{\left|\frac{1}{n}\sum_{i=1}^{n}X_i-\frac{1}{n}\sum_{i=1}^{n}E(X_i)\right|<\varepsilon\right\}=1\quad(\forall\varepsilon>0)$$

即有

$$\frac{1}{n}\sum_{i=1}^{n}X_i\xrightarrow{P}\frac{1}{n}\sum_{i=1}^{n}E(X_i)$$

3.5.4.1 伯努利大数定律

设 u_n 是 n 次独立重复试验中事件 A 发生的次数，p 是事件 A 发生的概率，则对于 $\forall\varepsilon>0$，有

$$\lim_{n\to\infty}P\left\{\left|\frac{u_n}{n}-p\right|<\varepsilon\right\}=1$$

即有

$$\frac{u_n}{n}\xrightarrow{P}p$$

其证明方法就是“切比雪夫不等式加夹逼定理”。

证明 令 X_i 为第 i 次试验中事件 A 发生的次数，则 $X_i\sim0-1$ 分布，$E(X_i)=p$，$\mathrm{Var}(X_i)=p(1-p)(i=1,2,\cdots,n)$，且 $X_1,X_2,\cdots X_n$ 相互独立，$u_n=\sum_{i=1}^{n}X_i$，从而

$$E(u_n)=E\left(\sum_{i=1}^{n}X_i\right)=\sum_{i=1}^{n}E(X_i)=np$$

$$\mathrm{Var}(u_n)=\mathrm{Var}\left(\sum_{i=1}^{n}X_i\right)=\sum_{i=1}^{n}\mathrm{Var}(X_i)=np(1-p)$$

由切比雪夫不等式，得

$$1\geqslant P\left\{\left|\frac{u_n}{n}-p\right|<\varepsilon\right\}\geqslant1-\frac{\mathrm{Var}\left(\frac{u_n}{n}\right)}{\varepsilon^2}=1-\frac{np(1-p)}{n^2\varepsilon^2}=1-\frac{p(1-p)}{n\varepsilon^2}$$

当 $n\to+\infty$ 时，上式右端趋于 1，因此由夹逼定理，得

$$\lim_{n\to\infty}P\left\{\left|\frac{u_n}{n}-p\right|<\varepsilon\right\}=1$$

伯努利大数定律表明，随着 n 的增大，事件 A 发生的频率 $\frac{u_n}{n}$ 与概率 p 的偏差 $\left|\frac{u_n}{n}-p\right|$ 大于预先给定的精度 ε 的可能性愈来愈小，小到可以忽略不计。这就是频率稳定于概率的含义。在此 200 年后，数学家博雷尔证明了一个更强的强大数定理，即在伯努利大数定律的同样条件下，$\frac{u_n}{n}$ 以概率 1 收敛于 p。

伯努利大数定律有两方面的重要应用：

① 填补了概率的"统计定义"的理论空白，让"概率是频率稳定的中心值"由经验走向严谨理论；

② 利用"随机投点法"近似计算定积分。这部分在前面有关章节已提到，有兴趣的读者可参考茆诗松、程依明、濮晓龙编写的《概率论与数理统计教程》(第 3 版)204～205 页。

3.5.4.2 切比雪夫大数定理

设 $X_1,X_2,\cdots X_n,\cdots$ 是一列两两互不相关的随机变量，且方差有公共上界，即存在常数 $c>0$，使所有的 $\mathrm{Var}(X_i)\leqslant c(i=1,2,\cdots)$，则对 $\forall\,\varepsilon>0$，有

$$\lim_{n\to\infty}P\left\{\left|\frac{1}{n}\sum_{i=1}^{n}X_i-\frac{1}{n}\sum_{i=1}^{n}E(X_i)\right|<\varepsilon\right\}=1$$

根据条件，直接利用切比雪夫不等式即可得到。

切比雪夫大数定律也可表示为

$$\lim_{n\to\infty}P\{|\overline{X}-E(\overline{X})|<\varepsilon\}=1$$

此式表明，当 n 充分大时，n 个两两不相关(或独立)随机变量的平均 $\overline{X}=\frac{1}{n}\sum_{i=1}^{n}X_i$ 的离散程度是很小的，较为密集地聚集在它们平均值的数学期望 $E(\overline{X})=\frac{1}{n}\sum_{i=1}^{n}E(X_i)$ 附近。这正是大数定律刻画的一般事实。

3.5.4.3 马尔科夫大数定律

对于随机变量序列 $X_1,X_2,\cdots,X_n,\cdots$，若有 $\frac{1}{n^2}\mathrm{Var}\left(\sum_{i=1}^{n}X_i\right)\to 0$，则对 $\forall\,\varepsilon>0$，均有

$$\lim_{n\to\infty}P\left\{\left|\frac{1}{n}\sum_{i=1}^{n}X_i-\frac{1}{n}\sum_{i=1}^{n}E(X_i)\right|<\varepsilon\right\}=1$$

由切比雪夫大数定律自然而得。

上述三个大数定律都满足切比雪夫不等式的条件，所以利用切比雪夫不等式及"夹逼定理"都可以证得。而辛钦大数定律就不能如此轻松了，因为它没有关于方差的信息，所以不能直接应用切比雪夫不等式。

3.5.4.4 辛钦大数定律

设 $X_1,X_2,\cdots,X_n,\cdots$ 为一独立同分布的随机变量序列，若 $E(X_i)=\mu(i=1,2,\cdots)$ 存

在，则对于$\forall\varepsilon>0$，有

$$\lim_{n\to\infty}P\left\{\left|\frac{1}{n}\sum_{i=1}^{n}X_i-\mu\right|<\varepsilon\right\}=1$$

即

$$\frac{1}{n}\sum_{i=1}^{n}X_i\xrightarrow{P}\mu$$

由于$X_1,X_2,\cdots,X_n,\cdots$独立同分布，且$E(X_i)=\mu(i=1,2,\cdots)$，所以，要证明$\frac{1}{n}\sum_{i=1}^{n}X_i\xrightarrow{P}\mu$，只需证明$\frac{1}{n}\sum_{i=1}^{n}X_i\xrightarrow{L}\mu$。依据分布函数序列$\{F_n(x)\}$弱收敛于分布函数$F(x)$的充要条件是$\{F_n(x)\}$的特征函数序列$\{\varphi_n(t)\}$收敛于$F(x)$的特征函数$\varphi(t)$，令$Y_n=\frac{1}{n}\sum_{i=1}^{n}X_i$，只需证$\varphi_{Y_n}(t)\to e^{i\mu t}$即可。

证明 因为$\{X_n\}$同分布，所以它们有相同的特征函数，记其为$\varphi(t)$。由$\varphi'(t)/i=E(X_i)=\mu$，从而$\varphi(t)$在0点展开式为

$$\varphi(t)=\varphi(0)+\varphi'(0)t+o(t)=1+iat+o(t)$$

由于$X_1,X_2,\cdots,X_n,\cdots$独立同分布，所以$Y_n=\frac{1}{n}\sum_{i=1}^{n}X_i$的特征函数为

$$\varphi_{Y_n}(t)=\left[\varphi\left(\frac{t}{n}\right)\right]^n=\left[1+ia\frac{t}{n}+o\left(\frac{1}{n}\right)\right]^n$$

对任意的t，有

$$\lim_{n\to\infty}\left[\varphi\left(\frac{t}{n}\right)\right]^n=\lim_{n\to\infty}\left[1+ia\frac{t}{n}+o\left(\frac{1}{n}\right)\right]^n=e^{i\mu t}$$

由于$e^{i\mu t}$是退化分布的特征函数，所以有

$$Y_n\xrightarrow{P}u$$

即有

$$\lim_{n\to\infty}P\left\{\left|\frac{1}{n}\sum_{i=1}^{n}X_i-\mu\right|<\varepsilon\right\}=1$$

辛钦大数定律表明，独立同分布的随机变量序列$X_1,X_2,\cdots$的n个随机变量的平均值依概率收敛于分布的数学期望。基于此，可以利用“平均值法”近似计算定积分，在前面有关章节中有所提及，有兴趣的读者可参阅茆诗松、程依明、濮晓龙编写的《概率论与数理统计教程》（第3版）208～209页。

上述大数定律证明所用的方法都是演绎推理法，即在推理形式合乎逻辑的条件下，运用演绎法从真实的前提出发一步一步推出真实的结论。

从整体而论，伯努利大数定理和切比雪夫大数定律是对理论事实的陈述，而马尔科夫大数定律和辛钦大数定律是在不同环境下来判断随机变量序列是否满足大数定律的，由于在已知前提下转化为计算方差和均值，结果的判断就简单的多了。

【例 3.5.5】 设$\{X_k\}$为独立随机变量序列，且

$$P(X_k=\pm 2^k)=\frac{1}{2^{2k+1}},\quad P(X_k=0)=1-\frac{1}{2^{2k}}\quad(k=1,2,\cdots)$$

证明：$\{X_k\}$服从大数定律。

显然，由于题中只知 $X_1, X_2, \cdots$ 独立而不同分布，只能用马尔科夫大数定律来判断。

证明 因为 $X_1, X_2, \cdots$ 相互独立，且 $E(X_k)=0, \mathrm{Var}(X_k)=1$。所以 $\frac{1}{n^2}\mathrm{Var}(\sum_{k=1}^{n} X_k) = \frac{1}{n} \to 0\ (n \to \infty)$。由马尔科夫大数定律知 $\{X_n\}$ 服从大数定律。

【例 3.5.6】 设 $\{X_n\}$ 为独立同分布的随机变量序列，其共同分布为

$$P\left(X_n = \frac{2^k}{k^2}\right) = \frac{1}{2^k} \quad (k = 1, 2, \cdots)$$

试问 $\{X_n\}$ 是否服从大数定律？

显然，由于题中已知为 $\{X_n\}$ 为独立同分布，所以可直接用辛钦大数定律来判断。

证明 因为 $E(X_n) = \sum_{k=1}^{+\infty} \frac{2^k}{k^2} \cdot \frac{1}{2^k} = \sum_{k=1}^{+\infty} \frac{1}{k^2} = \frac{\pi^2}{6} < +\infty$，即 $E(X_n)$ 存在，所以由辛钦大数定律知 $\{X_n\}$ 服从大数定律。

除上述大数定律外，还有泊松大数定律、伯恩斯坦大数定理、格涅坚科大数定律等，在此不再赘述。

3.5.5 中心极限定理及其应用

中心极限定理和大数定律一样都是通过极限理论来研究概率问题的，研究的对象都是随机变量序列。但不同的是，大数定律是阐述大量随机现象平均结果稳定性的，而中心极限定理是研究随机变量和的极限分布在什么条件下为正态分布的，它是历史上近两个世纪概率论研究的中心问题，所以称为中心极限定理。中心极限定理揭示了产生正态分布的源泉，是应用正态分布解决各种实际问题的理论基础，因此，中心极限定理的意义远远超过了概率论的范围。

3.5.5.1 林德伯格-列维中心极限定理

设 $\{X_n\}$ 是独立同分布的随机变量序列，且 $E(X_i) = \mu, \mathrm{Var}(X_i) = \sigma^2 > 0$，则对任意的 x，有

$$\lim_{n\to\infty} P\left\{\frac{\sum_{i=1}^{n} X_i - n\mu}{\sqrt{n}\sigma} \leqslant x\right\} = \int_{-\infty}^{x} \frac{1}{\sqrt{2\pi}} e^{-\frac{t^2}{2}} dt = \Phi(x)$$

由于 X_i 的分布不明确，所以试图利用常规的求随机变量分布的方法求出 $\dfrac{\sum_{i=1}^{n} X_i - n\mu}{\sqrt{n}\sigma}$ 的分布，根据结构做判断是难以完成的，但若能证明 $\left\{\dfrac{\sum_{i=1}^{n} X_i - n\mu}{\sqrt{n}\sigma}\right\}$ 的分布函数弱收敛于标准正态分布结论即得。根据概率论的理论，只要证出其特征函数列收敛于标准正态分布的特征函数即可。

证明 令 $Y_n=\dfrac{\sum\limits_{i=1}^{n}X_i-n\mu}{\sqrt{n}\sigma}$，并设 $X_i-\mu$ 的特征函数为 $\varphi(t)$，则 Y_n 的特征函数为

$$\varphi_{Y_n}(t)=\left[\varphi\left(\frac{t}{\sigma\sqrt{n}}\right)\right]^n$$

又因为 $E(X_i-\mu)=0,\mathrm{Var}(X_i-\mu)=\sigma^2$，所以有

$$\varphi'(0)=0,\quad \varphi''(0)=-\sigma^2$$

于是特征函数 $\varphi(t)$ 有展开式

$$\varphi(t)=\varphi(0)+\varphi'(0)t+\varphi''(0)\frac{t^2}{2}+o(t^2)=1-\frac{1}{2}\sigma^2t^2+o(t^2)$$

从而有

$$\lim_{n\to+\infty}\varphi_{Y_n}(t)=\lim_{n\to+\infty}\left[1-\frac{t^2}{2n}+o\left(\frac{t^2}{n}\right)\right]^n=\mathrm{e}^{-\frac{t^2}{2}}$$

而 $\mathrm{e}^{-\frac{t^2}{2}}$ 正是 $N(0,1)$ 分布的特征函数，定理得证。

林德伯格-列维中心极限定理表明：只要 $\{X_n\}$ 独立同分布，方差存在，不管原来的分布是什么，只要 n 充分大，它的和是渐近于正态分布的，即标准和渐近于标准正态分布。基于此，它有着广泛的应用。如：

(1) 产生正态随机数。可参阅茆诗松、程依明、濮晓龙编写的《概率论与数理统计教程》(第 3 版)213 页。

(2) 计算独立同分布背景下的和的概率。

【例 3.5.7】 一台仪器同时收到 50 个信号，其中第 i 个信号的长度为 $U_i(i=1,2,\cdots,50)$。设 U_i 是相互独立的，且都服从(0,10)内的均匀分布，试求：$P(\sum\limits_{i=1}^{50}U_i>300)$。

解 因为 $E(U_i)=5,\mathrm{Var}(U_i)=\dfrac{25}{3}$，所以 $E(\sum\limits_{i=1}^{50}U_i)=250,\mathrm{Var}(\sum\limits_{i=1}^{50}U_i)=\dfrac{1250}{3}$。

利用林德伯格-列维中心极限定理，得

$$P(\sum_{i=1}^{50}U_i>300)\approx 1-\Phi\left(\frac{300-250}{\sqrt{\frac{1250}{3}}}\right)=1-\Phi(2.45)$$
$$=1-0.9929=0.0071$$

由于正态分布的概率有表可查，所以也可已知区间的概率定区间。

【例 3.5.8】 为计算方便，在进行加法运算时，对每个加数都四舍五入到百分位，其各加数的舍入误差可以认为是 $[-0.5\times10^{-2},0.5\times10^{-2}]$ 上服从均匀分布的相互独立的随机变量，现有 300 个加数相加，试以 99% 的概率判定其误差所在的范围。

解 用 $X_i(i=1,2,\cdots,300)$ 表示第 i 个加数的舍入误差，显然 $X_1,X_2,\cdots,X_{300}$ 相互独立，令 $X=\sum\limits_{i=1}^{300}X_i$，由题知，$E(X_i)=0,\mathrm{Var}(X_i)=\dfrac{1}{12}\times10^{-4}(i=1,2,\cdots,300)$。

所以有 $E(X)=E(\sum\limits_{i=1}^{300}X_i)=0,\mathrm{Var}(X)=\mathrm{Var}(\sum\limits_{i=1}^{300}X_i)=300\mathrm{Var}(X_i)=2.5\times10^{-4}$。

设所求的范围为$[-\delta,\delta]$，由题知$P\{|X|\leqslant\delta\}=0.99$。再由林德伯格-列维中心极限定理，得

$$P\{|X|\leqslant\delta\}=P\left\{\left|\frac{X}{\sqrt{25\times10^{-4}}}\right|\leqslant\frac{\delta}{5\times10^{-2}}\right\}\approx2\Phi(20\delta)-1=0.99$$

由$\Phi(20\delta)=0.995$，查标准正态分布概率值表，得$20\delta=2.58$。

所以$\delta=0.129$，所求的误差范围为$[-0.129,0.129]$。

从上述两例我们可以看出，在独立同分布的背景下利用林德伯格-列维中心极限定理转化为止态分布，然后利用熟知的处理正态分布的方法来解决问题。由于对于正态分布的相关概率我们都是通过查表求概率的，其中不外乎由已知x求$\Phi(x)$，或已知$\Phi(x)$求x，从而演化成了上述问题。其解决问题的途径凸显了利用林德伯格-列维中心极限定理解决问题的方法和途径。

3.5.5.2　棣莫弗-拉普拉斯(De Moivre-Laplace)中心极限定理

设$X\sim B(n,p)$，则对任意实数x，有

$$\lim_{n\to\infty}P\left\{\frac{X-np}{\sqrt{npq}}\leqslant x\right\}=\int_{-\infty}^{x}\frac{1}{\sqrt{2\pi}}\mathrm{e}^{-\frac{t^2}{2}}\mathrm{d}t=\Phi(x)$$

证明　设随机变量序列$X_1,X_2,\cdots$相互独立且$X_i\sim B(1,p)(i=1,2,\cdots)$，那么

$$X=\sum_{i=1}^{n}X_i\sim B(n,p),\quad E(X)=np,\quad \mathrm{Var}(X)=npq$$

由林德伯格-列维中心极限定理，得

$$\lim_{n\to\infty}P\left\{\frac{X-np}{\sqrt{npq}}\leqslant x\right\}=\lim_{n\to\infty}P\left\{\frac{\sum_{i=1}^{n}X_i-np}{\sqrt{npq}}\leqslant x\right\}=\Phi(x)$$

从证明的过程可以看出，棣莫弗-拉普拉斯中心极限定理是林德伯格-列维中心极限定理的特例，它是历史上最早的中心极限定理，它有效地解决了二项分布的概率近似计算，所以又称为“二项分布的正态逼近”，和“二项分布的泊松逼近”相比，一般在p较小时，用泊松分布近似，在$np>5$和$n(1-p)>5$时，用正态分布近似较好。由于二项分布是离散型分布，二正态分布是连续型分布，为了提高精度，可以做一些修正。比如：

将$P(k_1\leqslant X\leqslant k_2)$可先修正为$P(k_1-0.5\leqslant X\leqslant k_2+0.5)$后再利用正态近似；

将$P(X=k)$先修正为$P(k-0.5<X<k+0.5)$后再利用正态近似，等等。

显然，利用棣莫弗-拉普拉斯中心极限定理解决问题的背景是n重伯努利试验，在此背景下通过转化、修正后利用正态分布的理论与方法获解。

【例3.5.9】　进行独立重复试验，每次试验中事件A发生的概率为0.25，试问能以95%的把握保证1000次试验中事件A发生的频率与概率相差多少？此时A发生的次数在什么范围内？

显然，此研究问题的背景是1000次伯努利试验，自然可以利用棣莫弗-拉普拉斯中心极限定理解决。

解　记Y_n为1000次试验中事件A发生的次数，则$Y_n\sim B(1000,0.25)$，且$E(Y_n)=$

250，$\mathrm{Var}(Y_n)=187.5$。设事件 A 发生的频率$\left(\frac{Y_n}{1000}\right)$与概率 0.25 的差为 k，根据题意，可得如下不等式：

$$P\left(\left|\frac{Y_n}{1000}-0.25\right|\leqslant k\right)\geqslant 0.95$$

即

$$P(|Y_n-250|\leqslant 1000k)\geqslant 0.95$$

利用棣莫弗-拉普拉斯中心极限定理和修正可得

$$P\left(\left|\frac{Y_n-250}{\sqrt{187.5}}\right|\leqslant\frac{1000k+0.5}{\sqrt{187.5}}\right)\geqslant 0.95$$

$$2\Phi\left(\frac{1000k+0.5}{\sqrt{187.5}}\right)-1\geqslant 0.95$$

由此得

$$\Phi\left(\frac{1000k+0.5}{\sqrt{187.5}}\right)\geqslant 0.975$$

查表得

$$\frac{1000k+0.5}{\sqrt{187.5}}\geqslant 1.96$$

从中解得 $k\geqslant 0.02634$，这表明在 1000 次试验中事件 A 发生的频率与概率相差不小于 0.02634，或者说，在 1000 次试验中事件 A 发生的次数在 250 ± 27 次间，即在 223 次到 277 次间。

由棣莫弗-拉普拉斯中心极限定理得

$$P(Y_n\leqslant y)\approx\Phi(y)=\beta$$

基于此，可以解决如下三类问题：(1) 已知 n,y，求 β；(2) 已知 n,β，求 y；(3) 已知 y,β，求 n。有兴趣的读者可参阅茆诗松、程依明、濮晓龙编写的《概率论与数理统计教程》(第 3 版)215～217 页。

大数定律和中心极限定理都是通过极限理论来研究概率问题的，前者阐述的是依概率收敛，后者讲的是按分布收敛，虽然在应用时各自有独到的场合，但有时在一个复杂的概率问题中，需要二者密切配合，才能使得问题迎刃而解。

【例 3.5.10】 设$\{X_n\}$为独立同分布的随机变量序列，$E(X_i)=0$，$\mathrm{Var}(X_i)=1(i=1,2,\cdots,n)$，证明：$Y_n=\sqrt{n}\dfrac{X_1+X_2+\cdots+X_n}{X_1{}^2+X_2{}^2+\cdots+X_n{}^2}$的分布函数弱收敛于正态分布 $N(0,1)$。

证明 由题设知 $X_1,X_2,\cdots$满足林德伯格-列维中心极限定理的条件，故有

$$\lim_{n\to\infty}P\left(\frac{1}{\sqrt{n}}\sum_{i=1}^{n}X_i\leqslant x\right)=\frac{1}{\sqrt{2\pi}}\int_{-\infty}^{x}\mathrm{e}^{-\frac{t^2}{2}}\mathrm{d}t$$

即 $\frac{1}{\sqrt{n}}\sum_{i=1}^{n}X_i$ 依分布收敛于标准正态分布。

因 $X_1,X_2,\cdots$独立同分布，从而 $X_1^2,X_2^2,\cdots$也独立同分布，且有 $E(X_i^2)=\mathrm{Var}(X_i)-$

$(E(X_i))^2=1<\infty$，故由辛钦大数定律知

$$\frac{1}{n}\sum_{i=1}^{n}X_i^2 \xrightarrow{P} E(X_i^2)=1$$

从而

$$Y_n=\sqrt{n}\,\frac{X_1+X_2+\cdots+X_n}{X_1{}^2+X_2{}^2+\cdots+X_n{}^2}=\frac{\dfrac{1}{\sqrt{n}}\sum\limits_{i=1}^{n}X_i}{\dfrac{1}{n}\sum\limits_{i=1}^{n}X_i^2} \xrightarrow{L} X\sim N(0,1)$$

即 $Y_n=\sqrt{n}\dfrac{X_1+X_2+\cdots+X_n}{X_1{}^2+X_2{}^2+\cdots+X_n{}^2}$的分布函数弱收敛于正态分布 $N(0,1)$。

除了独立同分布下的中心极限定理外，还有独立不同分布下的中心极限定理，像林德伯格中心极限定理、李亚普诺夫中心极限定理等，有兴趣的读者可参阅茆诗松、程依明、濮晓龙编写的《概率论与数理统计教程》（第 3 版）第 217～220 页。

参 考 文 献

[1] 茆诗松,程依明,濮晓龙.概率论与数理统计教程[M].北京:高等教育出版社,2019.

[2] 孙清华,孙昊.概率论与数理统计内容、方法与技巧[M].武汉:华中科技大学出版社,2002.

[3] 张德然.概率论思维论[M].合肥:中国科学技术大学出版社,2004.

[4] 叶立军.数学方法论[M].杭州:浙江大学出版社,2008.

[5] 徐利治.漫谈数学的学习与研究方法[M].大连:大连理工大学出版社,1989.

[6] 中华书局编辑部.诸子集成·墨子闲话·天志中[M].北京:中华书局,1986.

[7] 理查德·格里格,菲利普·津巴多著,王垒,等 .心理学与生活[M].北京:人民邮电出版社,2004.

[8] 顾泠元.数学思想方法[M].北京:中央广播电视大学出版社,2016.

[9] 恩格斯.路德维希·费尔巴哈和德国古典哲学的终结[M].北京:人民教育出版社,1972.

[10] 吴炯圻,林培榕.数学思想方法:创新与应用能力的培养[M].厦门:厦门大学出版社,2009.

[11] 孙荣恒.趣味随机问题[M].北京:科学出版社,2005.

[12] 张楚廷.教育中什么在妨碍创造[J].高等教育研究,2002.23(6):1-5.

[13] 朱秀娟,洪再吉.概率统计问答150题[M].长沙:湖南科学技术出版社,1985.

[14] 茆诗松,程依明,濮晓龙.概率论与数理统计习题与解答[M].北京:高等教育出版社,2018.

[15] 陈希孺.机会的数学[M].北京:清华大学大学出版社,2002.

[16] 马文.概率应用及思维方法[M].重庆:重庆大学出版社,1989.

[17] 吴传生.概率论与数理统计[M].3版.北京:高等教育出版社,2015.

[18] 魏宗舒.概率论与数理统计教程[M].2版.北京:高等教育出版社,2008.

[19] 盛骤,谢式千,潘承毅.概率论与数理统计[M].4版.北京:高等教育出版社,2008.

[20] 孙道德.概率论与数理统计[M].北京:高等教育出版社,2019.

[21] 龚冬宝,王宁.概率论与数理统计典型题解法·技巧·注释[M].西安:西安交通大学出版社,2001.

[22] 张德然.关于判断两个连续随机变量独立性的一个简易方法[J].居巢学刊,1989(2).

[23] 张德然.求随机变量数学期望的常见方法和技巧[J].阜阳师范学院学报(自然科学版),1992(1).

[24] 张德然.求连续随机变量函数分布的通用方法:分布函数法[J].工科数学,1994(1).

[25] 张德然.蒲丰投针问题的推广及应用[J].阜阳师范学院学报(自然科学版),1997(1).

[26] 张德然,茆诗松.高中概率统计教学中关于随机性数学思维的培养[J].课程·教材·教法,2003(9).

[27] 张德然,张栋栋.概率论问题中的殊途各异简析[J].阜阳师范学院学报(自然科学版),2003(4).

[28] 张栋栋,张德然.系统影响下复杂事件的概率与几种重要分布的高阶矩的递推求解[J].阜阳师范学院学报(自然科学版),2004(2).

[29] 张德然.一个重要的摸球问题及其应用[J].数学传播,2002(2).

[30] 张德然,赵克全,石蓉荣.概率统计"知"的层面上关于"善学"的引导与创新实践研究[J].韶关学院学报,2019(2).

[31] 张德然,袁云云,石蓉荣.关于随机性数学思维的挖掘与培养:以概率论与数理统计为例[J].菏泽学院学报,2019(5).

[32] 陈家鼎.概率与统计[M].2版.北京:北京大学出版社,2017.

[33] 陈希孺.概率论与数理统计[M].合肥:中国科学技术大学出版社,2017.